12 생각하는 수학

제2판

퍼즐을 이용한
창의성 신장 I

김향숙 · 박진석 · 방승진 · 도석수 · 김영미 지음
인제대학교 창의력교육센터

KM 경문사

머리말

21세기 지식정보사회의 패러다임에 내재되어 있는 핵심 가치 중의 하나는 단순히 지식을 전수받아 보급하는 차원을 넘어서 누가 핵심 지식을 어떻게 창출해 낼 것인가라는 것이다. 이러한 시대적 요청에 따라, 지식정보시대를 앞당기는 근본토대 중의 하나는 교육에 있다고 믿는 사람이 많다.

시대가 변했다고 하여 학문의 본질이 달라지지는 않지만 학문을 하는 방법은 많이 변했다고 생각한다. 이 책은 퍼즐을 통한 수학수업에서의 창의성 신장을 위한 예제들을 다루면서, 퍼즐을 이용한 이러한 다양한 예제들이 현 교과과정내의 문제에 활용 및 적용 가능하게 하는데 중점을 두었다.

내용구성은

제1장 활동퍼즐,
제2장 관계퍼즐,
제3장 수퍼즐,
제4장 공간지각퍼즐,
제5장 탐구주제

로 꾸며 보았으며, 학생들에게 흥미로운 소재를 통한 수학적 가치를 알게함은 물론이고 특히 수학을 전공하는 학생, 예비수학교사 및 수학교사들에게 퍼즐 및 게임을 통한 수학의 아름다움을 경험하게 함으로써 이 책을 접한 독자가 수학을 가르칠 때 학생들에게 수학에 대한 호기심을 자극하여 자기 주도적 학습방법 및 창의적 사고 계발을 스스로 터득할 수 있도록 하는데 목적을 두고 이 책을 만들었다.

인제대학교 창의력교육센터가 개발한 '생각하는 수학' 시리즈 18권 중의 하나로 이 책이 만들어지게 되었다. '생각하는 수학' 시리즈는 Mathematica, 엑셀, GSP, Flash, 종이접기, 문제일반화, 통계, 발문, PBL, 퍼즐, 기하 다시 보기 등의 다양한 주제를 다루면서, 교사가 학생들에게 호기심을 유발시키고, 교사와 학생이 하고 싶어 하는 수학을 만드는데 도움을 주는 교수학습 자료 제공에 목적을 두고 있으며, 특히 이 시리즈들은 수학교실에서 학생과 교사가 하나 되어 체험을 통해 좀 더 즐거워하며 수학을 하고, 나아가 구체물을 통해 수학을 보고, 느끼고, 만져봄으로써 교실 수업을 살아 있게 하는데 뜻을 두고 개발되었다.

제2판에서는 초판의 내용을 수정・보충하였으며, 특히 책의 디자인을 가독성을 높일 수 있도록 새로 단장하였다. 부족하고 어설픈 내용들을 계속 수정하면서 보완할 생각이므로 독자들의 많은 조언을 부탁드리며, 창의력교육센터 연구원들은 앞으로도 우리나라 창의력교육 기반 조성에 도움이 되는 더 좋은 교재를 개발하는데 노력을 다할 것을 약속드리며, 특히 지면을 빌어 우리나라교육의 미래가 창의력교육에 달려 있음을 믿고 애쓰는 모든 분들께 진심으로 감사를 드린다.

끝으로 이 교재가 나오기까지 애쓰신 창의력교육센터 연구원들 창의력 직무연수 및 워크샵에 참여하여 좋은 의견을 주신 교사분들과 경문사 임직원 분들께 감사를 전한다.

2009년 7월

저자 씀

차례

Chapter 00

퍼즐이야기

0.1 퍼즐이란?

'퍼즐'은 어려운 문제 또는 생각하게 하는 문제라는 뜻을 가지고 있으나 넓은 의미로는 학문적인 것보다 놀이로 풀어 보는 '수수께끼' 전반을 가리킨다. 그러나 퀴즈와는 달리 추리를 통해서만 풀 수 있는 문제라는 점이 특이하다. 이 책에서는 수학 퍼즐을 주로 다루며, 이 수학퍼즐을 활동퍼즐, 관계퍼즐, 수퍼즐, 공간지각퍼즐 등으로 나누어 다룰 것이다.

0.2 퍼즐의 교육적 효과

퍼즐이 학생들에게 미치는 교육적 영향은 다음과 같다.

가. 집중력 향상

가장 큰 교육적인 기능으로 집중력 향상을 들 수 있다. 산만하고 움직임이 많은 아이들, 좋아하는 캐릭터를 갖고 싶어하는 아이들에게 흥미를 줄 수 있는 퍼즐 제품을 접해 주면서 한 곳에 집중할 수 있는 여건을 조성해 주면 산만함을 줄일 수 있는 교육적 효과가 있다.

나. 인내력향상

퍼즐을 완성하는 과정에서 끝까지 퍼즐을 완수하려 한다. 이때 인내력을 키워주는 중요한 역할을 하게 된다.

다. 성취용 강화

퍼즐을 다 맞춘 후의 뿌듯함을 누구나 가져 보았다면 공감이 가는 부분이다. 스스로 작업을 완성했다는 성취감은 아이들에게 대단한 자부심을 갖게 한다.

라. 어휘력 증진

언어 퍼즐은 빈칸 하나에 글자 한 자를 집어넣어 번호가 매겨진 낱말 설명이나 힌트와 맞아 떨어지는 낱말을 채워 넣는 것이다. 그렇기 때문에 퍼즐을 풀어나가는 동안 오락을 즐기는 것뿐만 아니라 동시에 어휘 실력을 향상시켜 준다.

마. 논리적 사고력 향상

퍼즐은 그 퍼즐 안에 일정한 풀이의 원리를 가지고 있다. 즉, 추리를 통해야만 퍼즐을 풀어낼 수 있는 것이다. 아무생각 없이 손만 바쁘게 움직인다고 퍼즐을 풀 수 있는 것이 아니라 문제를 이해하기 위해 퍼즐 안의 힌트들 간의 상호 관계를 잘 관찰해서 모든 조각들을 하나의 데이터로 인식해야만 그 퍼즐을 풀 수 있는 것이다. 퍼즐을 풀어내기 위해선 논리적으로 사고할 수 있어야만 한다. 그러므로 퍼즐을 많이 풀다보면 논리적으로 사고하는 능력과 습관을 기를 수 있게 한다.

Chapter 01

활동퍼즐

1.1 스도쿠 퍼즐

가. 스도쿠

스도쿠의 원리는 18세기 스위스 수학자 레온하르트 오일러에 의해 만들어졌다. 1783년 오일러는 라틴 사각형이라는 것을 만들었는데, 각 가로줄과 세로줄에 각 라틴 문자가 정확히 한 번씩만 사용 되었다.

우리가 알고 있는 모습으로 스도쿠 퍼즐이 등장한 것은 약 30년 전으로, 뉴욕 델 매거진이 발간한 "수학 퍼즐과 논리 문제"에 "숫자 위치(Number Place)"라는 이름으로 처음 게재되었고 지금까지도 발간되고 있다.

델 매거진은 오일러의 라틴 사각형 아이디어를 발전시켜 가로 9줄× 세로 9줄의 큰 모눈 사각형이 다시 3 × 3칸 짜리 9구역으로 나뉜 모양의 퍼즐을 만들어냈다. 1~9까지의 수가 가로줄, 세로줄, 상자에 한 번씩만 나타나야 하는 것으로 퍼즐의 규칙을 정했다.

나. 스도쿠 퍼즐 활동

[1] 모든 가로줄, 세로줄에 1에서 9를 한 번씩 사용한다.

[2] 작은 정사각형 9칸으로 이루어진 정사각형 9개 내부에 1에서 9를 한 번씩 사용한다.

문제 1

4			6	8				
8	6	7		1				
							8	
	9				2	3		5
2		6	1				7	
	4							
				6		2	9	8
				9	1			6

풀이

4	3	2	6	8	9	7	5	1
8	6	7	5	1	3	4	2	9
9	5	1	4	2	7	6	8	3
1	9	4	8	7	2	3	6	5
3	7	5	9	4	6	8	1	2
2	8	6	1	3	5	9	7	4
6	4	9	2	5	8	1	3	7
5	1	3	7	6	4	2	9	8
7	2	8	3	9	1	5	4	6

문제 2

				1	2		3	4
				5	6		7	1
7	4						1	2
3	1						6	5
4	2			8	5			
9	3			6	7			

풀이

6	9	7	8	1	2	5	3	4
2	8	3	4	5	6	9	7	1
1	5	4	9	7	3	2	8	6
8	6	2	5	3	1	7	4	9
7	4	5	6	9	8	3	1	2
3	1	9	7	2	4	8	6	5
5	7	8	1	4	9	6	2	3
4	2	6	3	8	5	1	9	7
9	3	1	2	6	7	4	5	8

문제 3

				1	2		3	4
				5	3		6	1
5	2						1	7
8	1						4	6
7	8			2	5			
6	4			7	8			

풀이

9	6	8	7	1	2	5	3	4
2	7	4	9	5	3	8	6	1
1	3	5	4	8	6	7	2	9
4	9	7	2	6	1	3	8	5
5	2	6	8	3	4	9	1	7
8	1	3	5	9	7	2	4	6
3	5	2	1	4	9	6	7	8
7	8	1	6	2	5	4	9	3
6	4	9	3	7	8	1	5	2

문제 4

5		4				7		9
	7							
2		9				8		5
4	6			1			8	7
	2						4	
3		5					9	
						2		4
1		2					7	

풀이

5	3	4	2	8	6	7	1	9
6	7	8	1	5	9	4	3	2
2	1	9	4	7	3	8	6	5
8	5	1	9	4	7	6	2	3
4	6	3	5	1	2	9	8	7
9	2	7	3	6	8	5	4	1
3	8	5	7	2	4	1	9	6
7	9	6	8	3	1	2	5	4
1	4	2	6	9	5	3	7	8

문제 5

		4	9					6
		3	7		8	4		
					4			7
9				7				
7		8			9			3
				6				
			1		7			2
			8	4				

풀이

2	1	4	9	5	3	7	8	6
8	5	7	4	1	6	2	3	9
6	9	3	7	2	8	4	1	5
1	3	6	2	8	4	9	5	7
9	2	5	3	7	1	6	4	8
7	4	8	6	5	9	1	2	3
3	7	1	5	6	2	8	9	4
4	8	9	1	3	7	5	6	2
5	6	2	8	4	9	3	7	1

나의 노트

1.2 색깔 스도쿠 퍼즐

[1] 모든 가로줄, 세로줄에 1에서 9를 한 번씩 사용한다.

[2] 큰 정사각형 작은 정사각형 (9개로 이루어짐) 내부에 1에서 9를 한 번씩 사용한다.

[3] 두 개의 주대각선에 1에서 9를 한 번씩 사용한다.

[4] 짙은 회색의 정사각형에 들어가는 숫자는 모두 큰 정사각형 내부의 다른 숫자들보다 크다.

[5] 옅은 회색의 정사각형에 들어가는 숫자는 모두 홀수들이다.

Q 문제1

					8			
	4							3
							7	
	2				1			
				9				5
	6							

풀이

3	9	5	2	7	8	4	6	1
2	4	8	6	1	9	7	5	3
6	1	7	4	3	5	8	2	9
1	7	3	5	4	6	9	8	2
8	5	6	9	2	3	1	7	4
4	2	9	7	8	1	5	3	6
7	8	4	3	9	2	6	1	5
5	3	1	8	6	4	2	9	7
9	6	2	1	5	7	3	4	8

문제 2

				3				
4						1		
			3					
	2						9	
							5	
							1	3
		3	8			9		

풀이

9	1	7	2	3	4	5	8	6
4	5	2	6	7	8	1	3	9
8	3	6	9	1	5	7	2	4
6	9	5	3	8	2	4	7	1
7	2	1	5	4	6	3	9	8
3	4	8	1	9	7	2	6	5
1	6	9	4	2	3	8	5	7
2	8	4	7	5	9	6	1	3
5	7	3	8	6	1	9	4	2

문제 3

		4	7					3
				9			6	
	3							
					4		8	

풀이

5	7	3	8	6	1	9	4	2
2	8	4	7	5	9	6	1	3
1	6	9	4	2	3	8	5	7
3	4	8	1	9	7	2	6	5
7	2	1	5	4	6	3	9	8
6	9	5	3	8	2	4	7	1
8	3	6	9	1	5	7	2	4
4	5	2	6	7	8	1	3	9
9	1	7	2	3	4	5	8	6

1.3 땅나누기 퍼즐

2×2 크기의 격자판이 있다. 이 격자판을 2가지의 방으로 나누는 문제를 생각해 보자. 이때 격자 위의 각 숫자는 그 방을 이루는 정사각형의 개수를 나타내고, 이 숫자를 편의상 '방 번호'라고 한다. 또, 격자판 밖에 적힌 숫자는 각 정사각형에 적힌 방 번호의 합이다.

다음 [예제]를 보면 2이라고 적힌 방은 2개의 정사각형이 연결된 방이다. 격자 밖의 3은 그 줄의 각 정사각형에 적힌 숫자의 합이다. ■은 없는 방이다.

[예제]

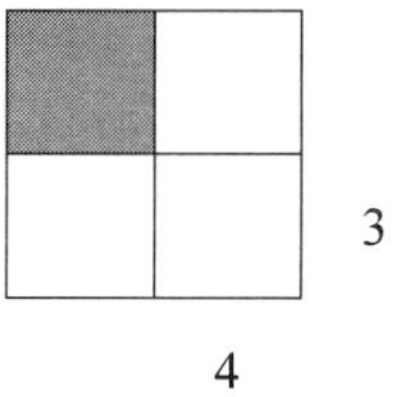

[풀이]

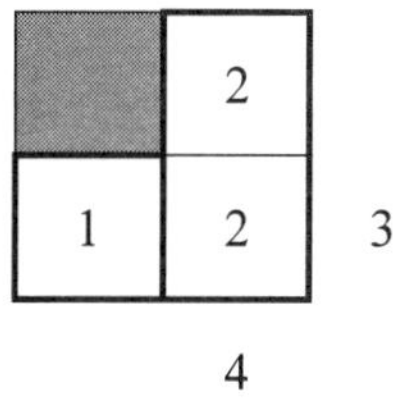

자! 이제 문제를 풀어보자.

4×4 크기의 격자판을 6가지의 방으로 나누는 문제를 생각해 보자. 이때 격자 위의 숫자는 그 방을 이루는 정사각형의 개수를 나타낸다. 격자판 밖에 적힌 숫자는 각 정사각형에 적힌 방 번호의 합이다.

Q 문제 1

				18
				13
				12
				12
11	**13**	**11**	**20**	

풀이

4	4	5	5	18
4	4	0	5	13
2	2	3	5	12
1	3	3	5	12
11	13	11	20	

문제 2

				10
				13
				15
				17
11	9	15	20	

풀이

1	2	2	5	10
3	0	5	5	13
3	3	4	5	15
4	4	4	5	17
11	9	15	20	

문제 3

				17
				15
15		14		

풀이

5	5	5	1	
5	4	4	4	17
5	4	3	3	15
0	2	2	3	
15		14		

문제 4

				19
				11
	13	13		

풀이

5	5	5	4	19
5	5	1	4	
2	0	4	4	
2	3	3	3	11
	13	13		

5×5 크기의 격자판을 1, 2, 4, 5, 6, 7개의 정사각형으로 이루어진 6가지의 방으로 나누는 문제를 생각해 보자. 이때 격자 위의 숫자는 그 방을 이루는 정사각형의 개수를 나타낸다. 격자판 밖에 적힌 숫자는 각 정사각형에 적힌 방 번호의 합이다.

Q 문제 5

					17
					25
					27
					27
					30
19	19	26	33	34	

풀이

1	2	5	7	7	17
4	2	5	7	7	25
4	4	5	7	7	27
4	5	5	6	7	27
6	6	6	6	6	30
19	19	26	33	34	

Q 문제 6

					23
					31
					24
17		26	30		

풀이

2	2	6	6	7	23
1	6	6	7	7	
6	6	5	7	7	31
4	5	5	5	7	
4	4	4	5	7	24
17		26	30		`

6×6 크기의 격자판이 있다. 이 격자판을 8가지의 방으로 나누는 문제다. 이때 격자 위의 숫자는 그 방을 이루는 정사각형의 개수를 나타낸다. 격자판 밖에 적힌 숫자는 각 정사각형에 적힌 방 번호의 합이다.

Q 문제 7

						46
						28
	30			47		

풀이

4	4	4	7	7	2	
4	7	7	7	8	2	
7	7	8	8	8	8	46
6	6	6	6	8	3	
6	1	5	5	8	3	28
6	5	5	5	8	3	
	30			47		

나의 노트

1.4 무게측정 퍼즐

저울이 균형을 이루도록 추를 매달아야 한다. 이때, 추는 1g, 2g, 3g, 4g, …의 규칙으로 1g씩 늘어나야 한다. 저울의 모양이 아래의 [예제]와 같다면 추를 모두 5개 달아야 하므로 1g에서 5g까지 다섯 개의 추를 사용해야 한다. 또, 추의 무게는 저울의 중심에서 멀어진 눈금의 수만큼 곱해진다. 즉, 아래 저울에서 왼쪽으로 3만큼 멀어진 3g 짜리 추의 무게는 3×3=9(g)인 셈이고, 오른쪽으로 3만큼 떨어진 4g 짜리 추의 무게는 4×3=12(g)가 된다. 그렇다면 아래의 저울은 무게의 균형을 이루고 있는가? (단, 저울의 대와 실의 무게는 무시해도 좋을 만큼 가볍다.)

[예제]

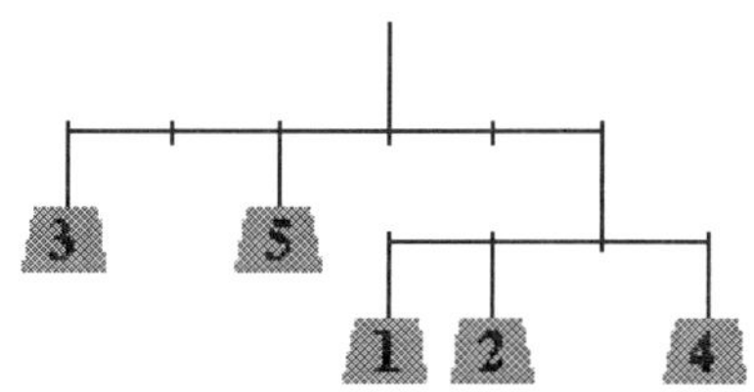

[풀이] 이 저울은 왼쪽무게 = 오른쪽 무게 = 14이므로 균형을 이룬다.

이제 위 [예제]를 살펴보았으므로 다음 문제를 풀어보기로 하자.

Q 문제 1

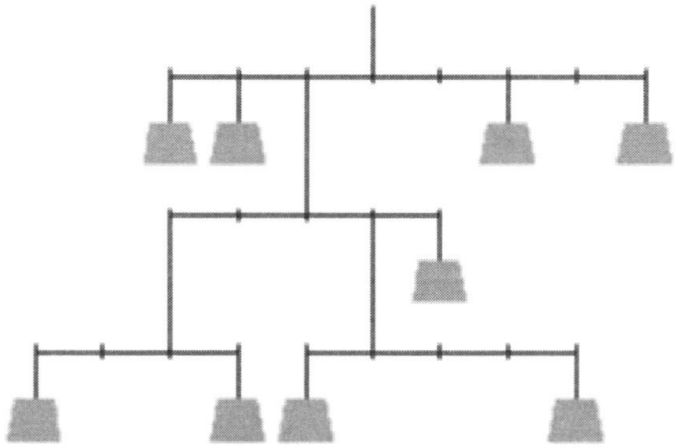

풀이

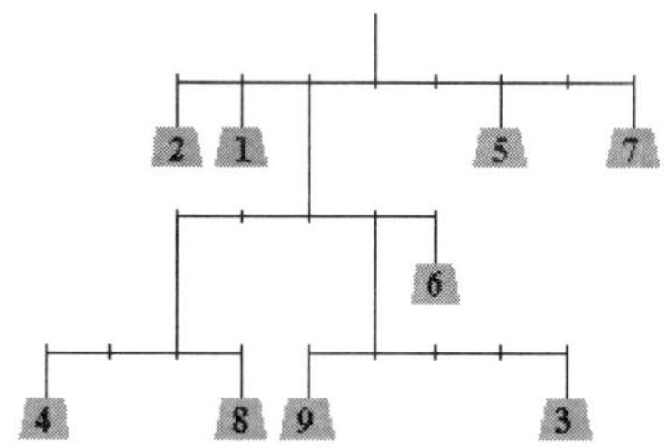

문제 2

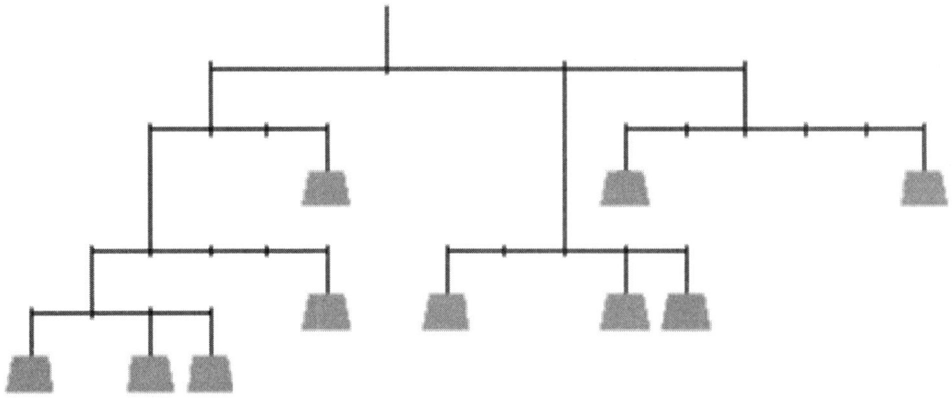

풀이

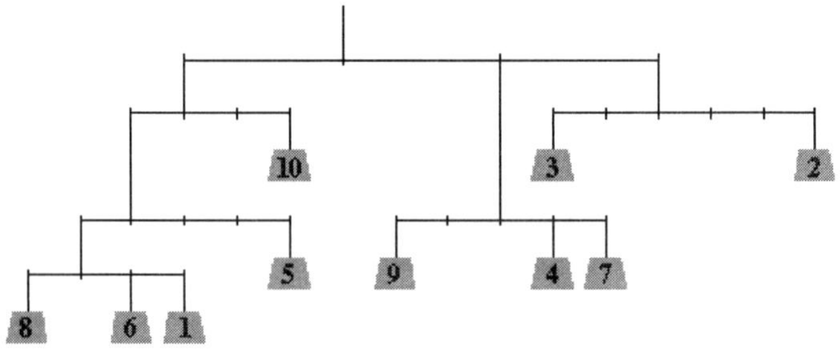

나의 노트

Q 문제 3

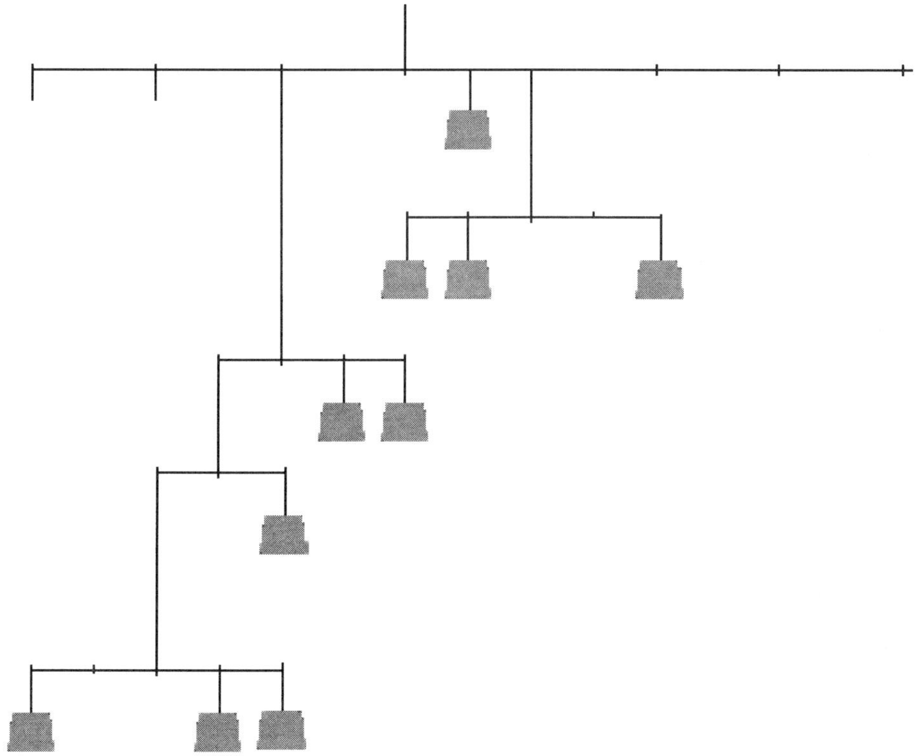

풀이

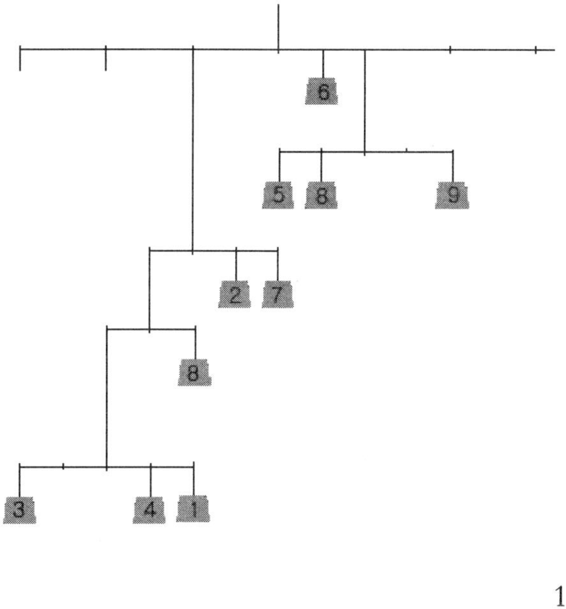

Q 문제 4

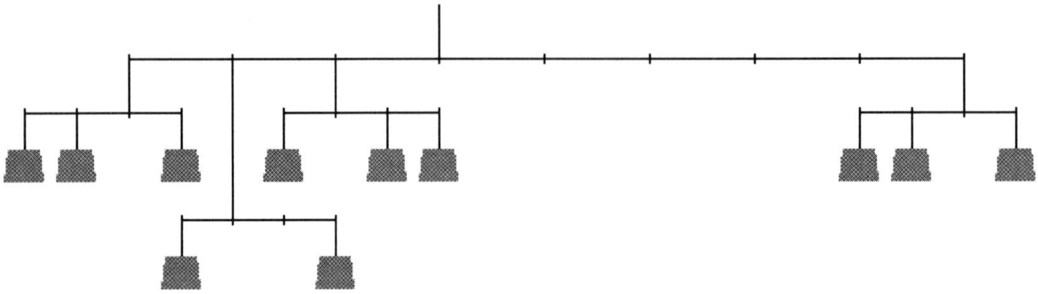

풀이

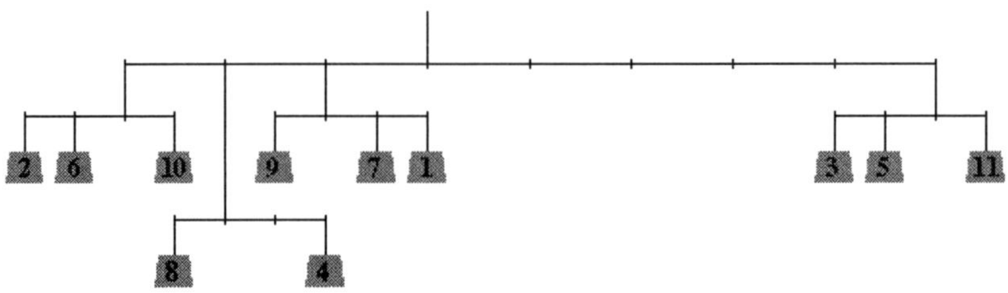

나의 노트

1.5 노노그램 퍼즐

가. 노노그램 퍼즐

노노그램 퍼즐은 네모네모로직으로 잘 알려져 있다. 네모네모로직이란 일본의 테츠야니시오라는 사람이 1988년에 만들어낸 퍼즐게임으로 네모난 모눈종이에 숨겨져 있는 그림을 숫자들의 조합을 보고 알아내는 게임이다. 최근에는 칼라퍼즐이 나와 흥미를 더해가고 있다. 「네모네모로직은 예술입니다. 지금까지 이와 같은 퍼즐은 존재하지 않습니다. 처음엔 가볍게 시작하지만, 퍼즐을 다 풀어 숨겨진 그림이 나타날 때의 기쁨은 직접 해본 사람이 아니고는 맛볼 수 없는 것입니다.」 - 테츠야니시오

나. 노노그램 퍼즐 체험하기

사각형 밖에 있는 수의 배열에 따라 주어진 규칙대로 빈칸을 색칠하여 숨은 그림을 완성하는 퍼즐이다. 다시 말해서 만약 사각의 밖의 수의 배열이 차례로 1, 4, 3이라면 연속해서 색칠해야 할 네모 칸의 수가 차례로 한 칸, 네 칸, 세 칸이어야 하고, 그렇게 연속적으로 색칠된 부분은 서로 한 칸 이상은 떨어져 있어야 한다. 따라서 왼쪽과 위쪽에 주어진 수의 배열에 맞게 색칠을 해야 하므로 가로와 세로를 꼼꼼히 따져봐야 한다.

나의 노트

자! 이제 노노그램 퍼즐 문제를 풀어보자.

Q 문제 1

													3				
				2	2	1	1	1	1	1	1	2	2	7	7		
			4	2	9	1	1	1	1	1	1	9	1	1	1	14	4
		11															
	2	5															
	2	5															
	1	4															
	1	4															
	2	5															
	2	5															
1	1	1															
1	1	1															
1	1	1															
1	1	1															
1	1	1															
1	1	1															
1	1	1															
		12															

풀이

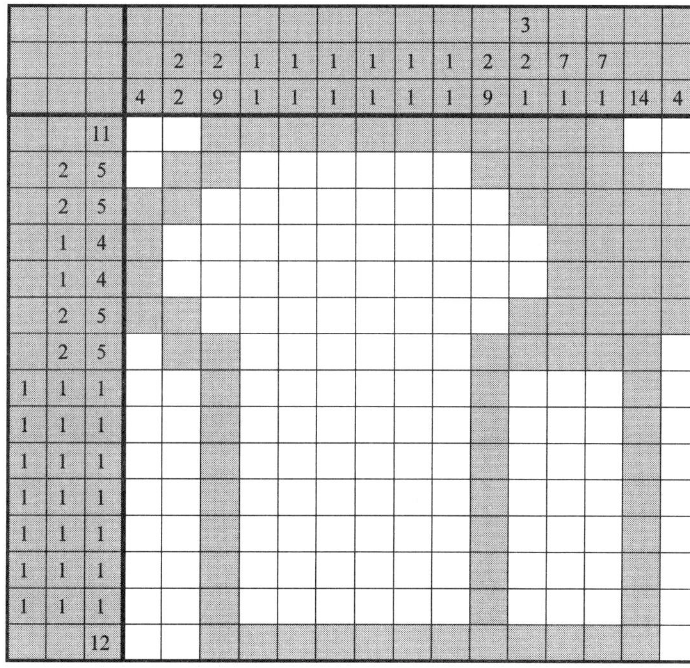
3
2 2 1 1 1 1 1 1 2 2 7 7
4 2 9 1 1 1 1 1 1 9 1 1 1 14 4
11
2 5
2 5
1 4
1 4
2 5
2 5
1 1 1
1 1 1
1 1 1
1 1 1
1 1 1
1 1 1
1 1 1
12

나의 노트

1.6 가로쿠 퍼즐

대각선이 그어진 색칠된 정사각형 \의 대각선 위쪽에 적힌 수는 그 사각형 옆의 가로 사각형 내의 수들의 합이고, 대각선 아래쪽의 수는 그 사각형 아래의 세로 사각형 내의 수들의 합이다. 예를 들면, 아래의 [예제]에서 둘째 행의 6\7의 7은 그 칸 오른쪽 가로의 합이고, 6은 그 칸 아래쪽 세로의 합이다.

[예제]

\	\	34\	4\	29\	\
\	6\7				\
\17					17\
\14			17\16		
\	\30				
\	\23				\

[풀이]

\	\	34\	4\	29\	\
\	6\7	4	1	2	\
\17	1	8	3	5	17\
\14	5	9	17\16	7	9
\	\30	7	9	6	8
\	\23	6	8	9	\

Q 문제 1

■	13\	21\	8\	■	■	9\	29\	■	■	6\	11\
\9				■	12\8			■	17\8		
\12				12\21				10\9			
\7			18\11			19\18					■
\22					16\14					23\	■
■	\5			8\14				11\9			8\
■	■	17\25					7\18				
■	4\16					9\10			6\5		
\10				\12				\10			
\10			■	\5			■	\6			■

풀이

■	13\	21\	8\	■	■	9\	29\	■	■	6\	11\
\9	3	4	2	■	12\8	2	6	■	17\8	3	5
\12	1	5	6	12\21	5	7	9	10\9	1	2	6
\7	2	5	18\11	4	7	19\18	7	4	6	1	■
\22	7	5	2	8	16\14	4	2	6	2	23\	■
■	\5	2	3	8\14	3	6	5	11\9	1	8	8\
■	■	17\25	3	5	8	9	7\18	3	7	2	6
■	4\16	6	5	3	2	9\10	2	8	6\5	4	1
\10	1	4	5	\12	2	5	5	\10	2	7	1
\10	3	7	■	\5	1	4	■	\6	4	2	■

문제 2

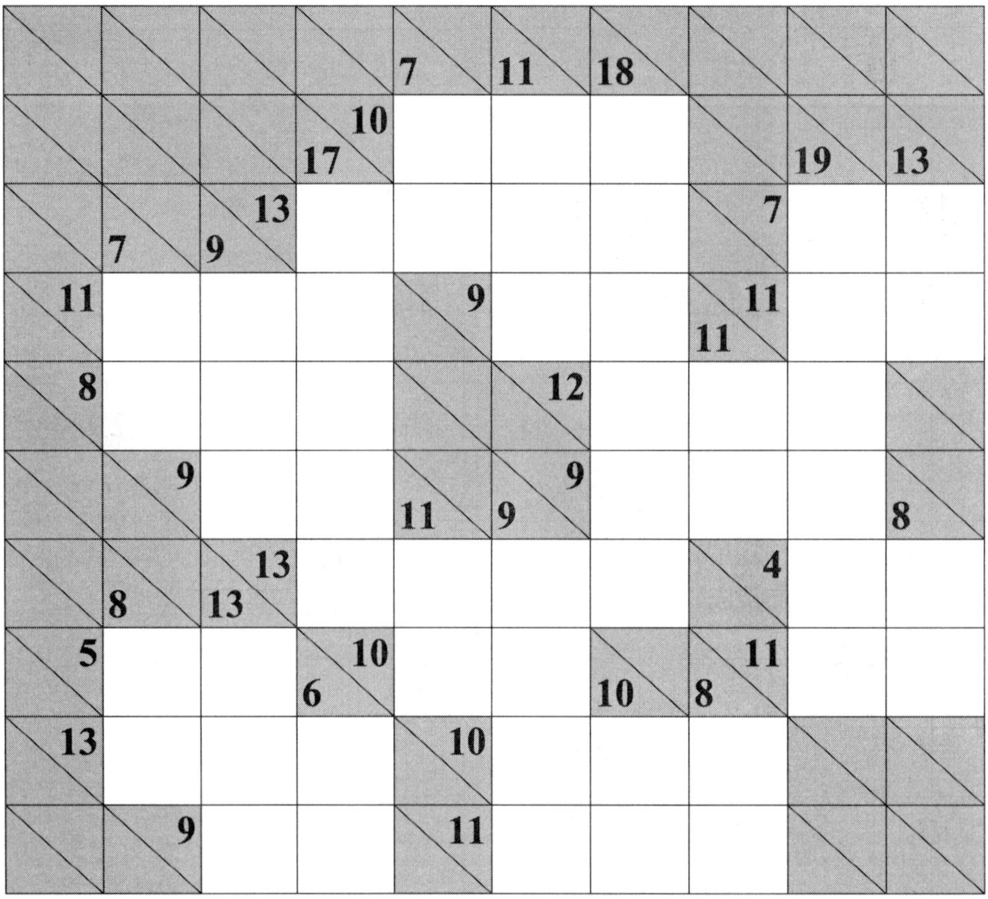

풀이

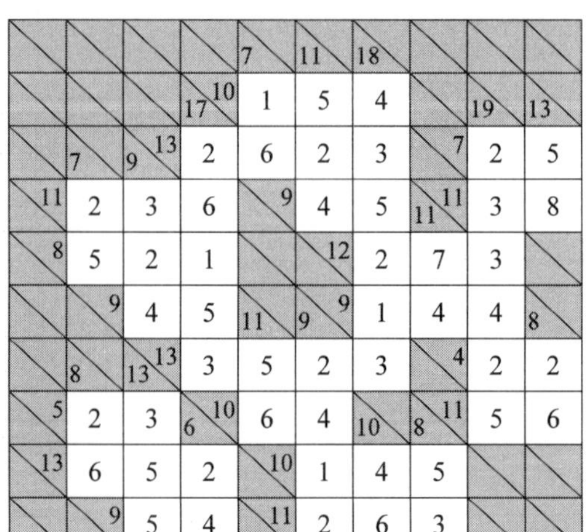

1.7 숫자 퍼즐

흰색 빈칸에 1부터 11까지의 숫자를 단 한 번씩만 넣어서 모든 등식이 만족되도록 하여라.

문제 1

	×		+		=	
+		÷		+		
	×		-		=	
=		=		=		

풀이

1	×	6	+	5	=	11
+		÷		+		
7	×	2	-	4	=	10
=		=		=		
8		3		9		

문제 2

	+		+		=	
+		+		+		
	+		-		=	
=		=		=		

풀이

2	+	5	+	1	=	8
+		+		+		
7	+	6	-	3	=	10
=		=		=		
9		11		4		

1.8 전함 퍼즐

전함의 위치를 찾아보자.

전함을 나타내는 번호는 1부터 5까지의 숫자를 사용하고 있다. 사각형 밖에 적혀 있는 숫자는 그 위치(열 또는 행)에 놓인 전함에 적힌 수들의 합이다. 만약 바깥에 숫자가 적히지 않았다면 어떤 전함이 배치되어도 상관없다는 뜻이다.

아래 [예제]의 전함은 3×1 크기이다. 이때 3×1은 가로 3칸이고 세로 1칸인 사각형 또는 세로 3칸이고 가로 1칸인 사각형을 말한다. 셋째 행의 오른쪽 8은 1+5+2의 결과이고, 넷째 열과 다섯째 열의 7은 3+4의 결과이다.

[예제]

					2
					2
					8
					15
					18
3	**15**	**13**	**7**	**7**	

[풀이]

		2			2
		2			2
1	5	2			8
1	5	3	3	3	15
1	5	4	4	4	18
3	15	13	7	7	

나의 노트

1.8.1 전함의 크기가 같은 경우

(1) **(2×1)전함인 경우**

Q 문제 1

				2
				7
				5
				2
4	6	5	1	

풀이

2				2
2	3	1	1	7
	3	2		5
		2		2
4	6	5	1	

Q 문제 2

				5
				6
				3
				4
4	8	1	5	

풀이

	3		2	5
1	3		2	6
1		1	1	3
2	2			4
4	8	1	5	

문제 3

				3
				5
				4
1	8	7	2	

풀이

	2		1	3
	2	2	1	5
1	1	2		4
	3	3		
1	8	7	2	

문제 4

				4
				2
				4
3		4		

풀이

		2	2	4
1	1			2
1	2	2	3	
1			3	4
3		4		

문제 5

				5
				4
				5
2	4		8	

풀이

2	2	1		5
		1	3	
	1		3	4
	1	2	2	5
2	4		8	

(2) (3×1)전합인 경우

문제 1

					3
					3
					4
					7
					4
3	2	3	3	10	

풀이

				3	3
				3	3
1				3	4
1	2	2	2		7
1		1	1	1	4
3	2	3	3	10	

문제 2

					1
					10
					5
					4
					7
5	4	4	5	9	

풀이

1					1
1	2	2	2	3	10
1			1	3	5
			1	3	4
2	2	2	1		7
5	4	4	5	9	

문제 3

					9
					3
					6
					6
					3
6	6	6	3	6	

풀이

	3	3	3		9
2		1			3
2	1	1		2	6
2	1	1		2	6
	1			2	3
6	6	6	3	6	

문제 4

					6
					6
					3
5		3	7		

풀이

2	2	2			6
	3	1	1	1	
1	3		2		6
1	3		2		
1			2		3
5		3	7		

문제 5

					4
					7
					6
4		5		10	

풀이

	2	1	1	1	
	2		2		4
	2		2	3	7
3	3	3	2	3	
1	1	1		3	6
4		5		10	

1.8.2 전함의 크기가 다른 경우

$n \times 1$ 인 전함인 경우에 전함번호를 $n(n=1,\ 2,\ 3,\ \ldots)$으로 표시하자.

Q 문제 1

				6
				7
				6
				2
2	5	9	5	

풀이

1		3	2	6
	2	3	2	7
1	2	3		6
	1		1	2
2	5	9	5	

Q 문제 2

				1
				10
				6
				4
4	5	4	8	

풀이

			1	1
1	3	3	3	10
2	2		2	6
1		1	2	4
4	5	4	8	

Q 문제 3

				7
				4
11		3		

풀이

2	2	1	2	7
3			2	
3	2	2	1	
3	1			4
11		3		

Q 문제 4

				7
				7
	3	4		

풀이

2	2		3	7
1		2	3	
2		2	3	7
2	1		1	
	3	4		

문제 5

					4
					13
					9
					9
					5
16	4	4	11	5	

풀이

	1		3		4
4	2	2	3	2	13
4			3	2	9
4	1	2	2		9
4				1	5
16	4	4	11	5	

문제 6

					16
					6
					5
					7
					14
4	11	8	10	15	

풀이

	4	4	4	4	16
1		1	2	2	6
	2			3	5
	2		2	3	7
3	3	3	2	3	14
4	11	8	10	15	

문제 7

					8
					14
					12
					13
					13
25	3	11	5	16	

풀이

5	1		2		8
5		3	2	4	14
5		3		4	12
5		3	1	4	13
5	2	2		4	13
25	3	11	5	16	

문제 8

					7
					7
					5
					16
9		8		11	

풀이

2	1		1	3	7
2		2		3	7
1		2		3	
	1		2	2	5
4	4	4	4		16
9		8		11	

문제 9

					10
					5
					7
	3	8		12	

풀이

1		3	3	3	10
	1	2	2		
2				3	5
2		1		3	
	2	2		3	7
	3	8		12	

문제 10

										5
										5
										10
										10
										3
										0
										9
										7
										3
										7
25	0	11	2	2	3	7	5	4	0	

풀이

4								1		5
4				1						5
4		3				2		1		10
4		3		1		2				10
		3								3
										0
					3	3	3			9
3		2	2							7
3										3
3							2	2		7
25	0	11	2	2	3	7	5	4	0	

나의 노트

1.9 펜토미노 4-4-4 퍼즐

적어도 한변은 만나도록 정사각형 5개를 나열한 모양을 펜토미노라 한다. 이때 뒤집거나 회전해서 겹쳐지는 것은 같은 펜토미노로 취급한다. 펜토미노 조각은 다음과 같다.

위 12 조각을 모두 한 번씩 사용해서 각 세트가 4개씩의 조각으로 이루어진 3개의 세트로 나누고, 그 3개의 세트가 만든 모양이 서로 합동이 되도록 아래와 같이 조각을 맞추어 보자.

[예제와 풀이]

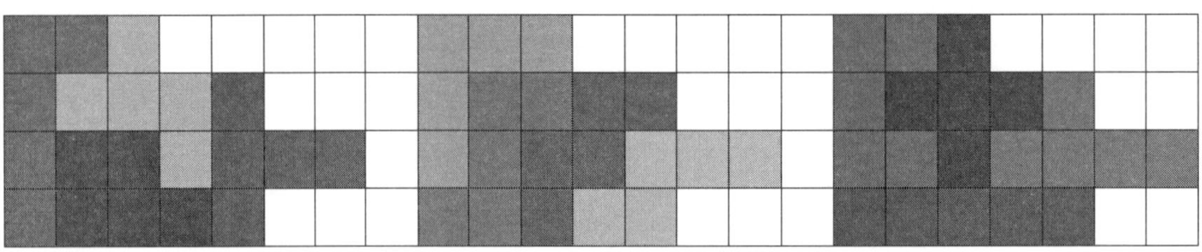

Q 문제 1

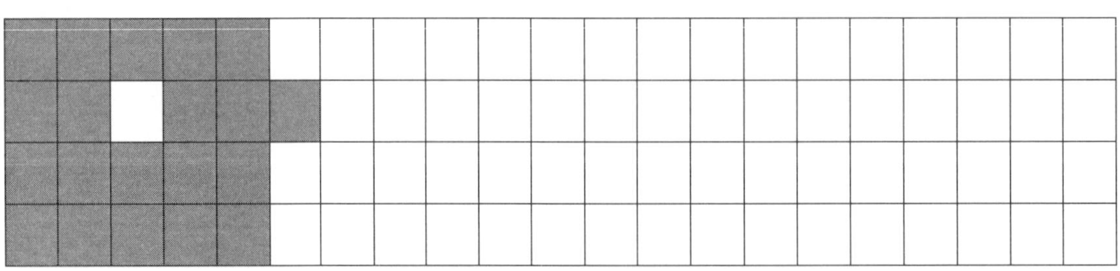

풀이

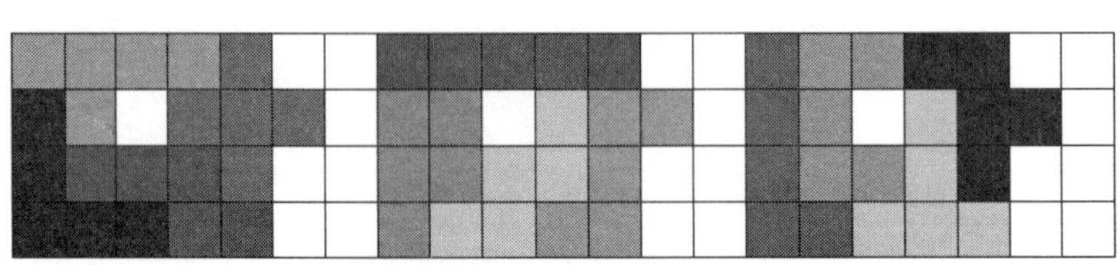

Q 문제 2

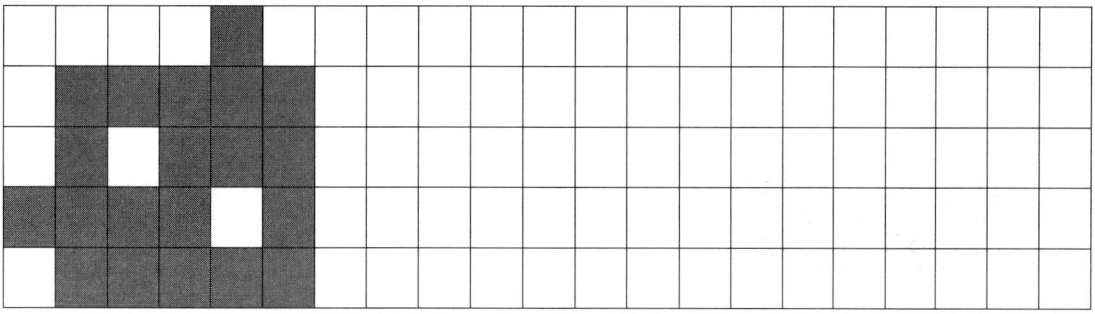

풀이

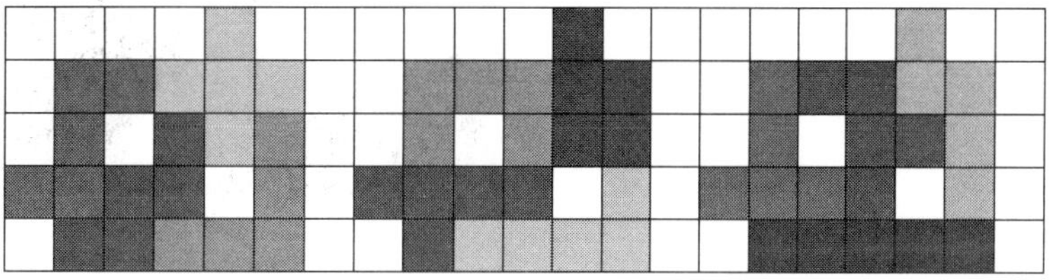

Q 문제 3

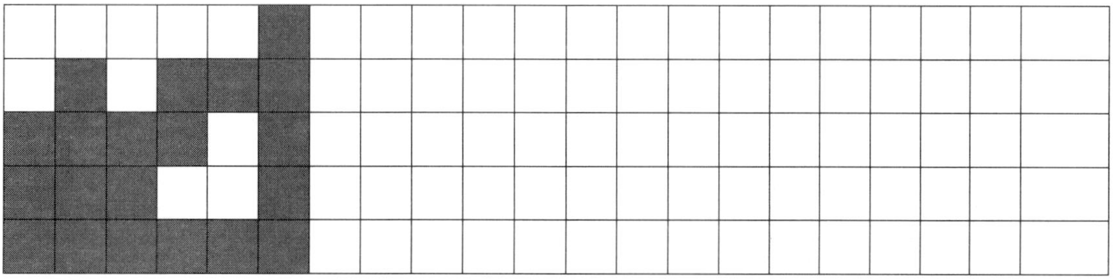

풀이

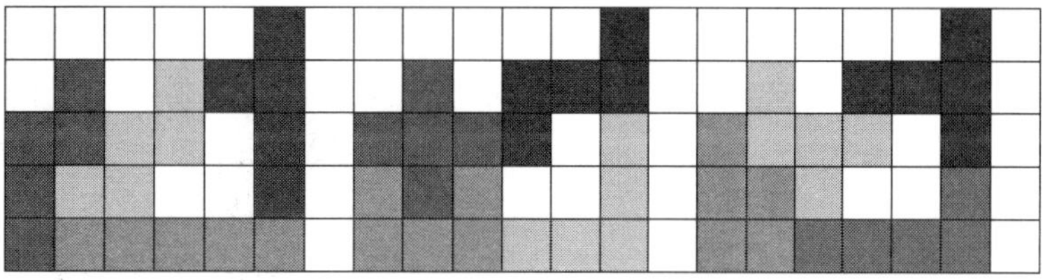

문제 4

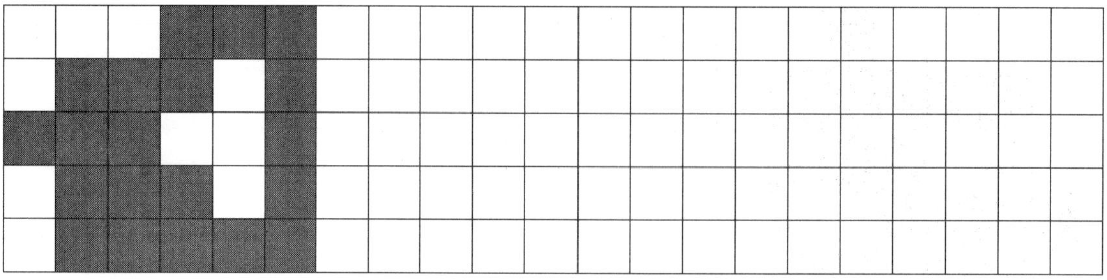

풀이

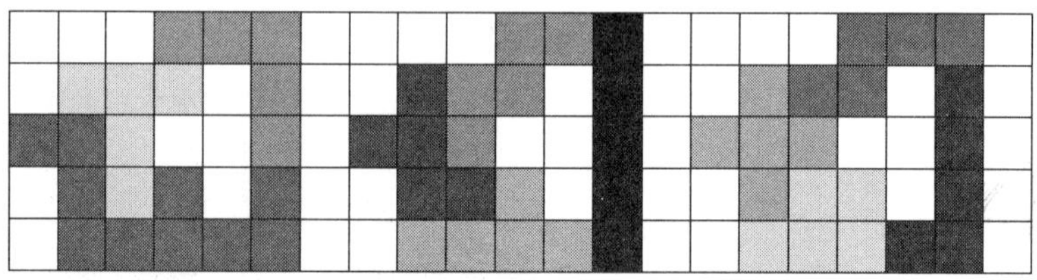

문제 5

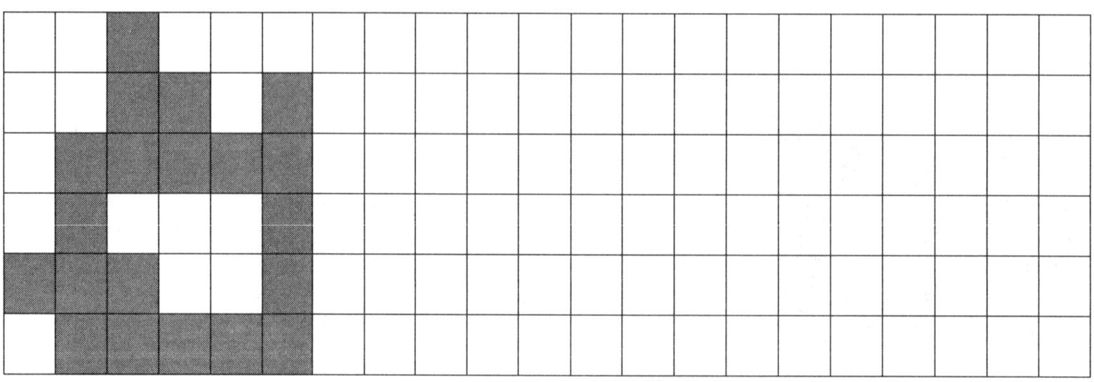

풀이

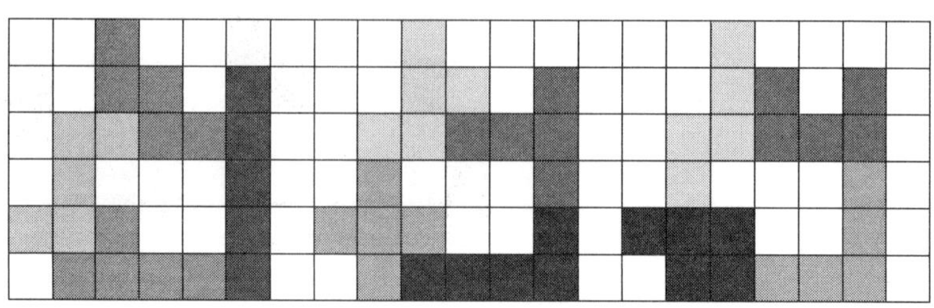

문제 6

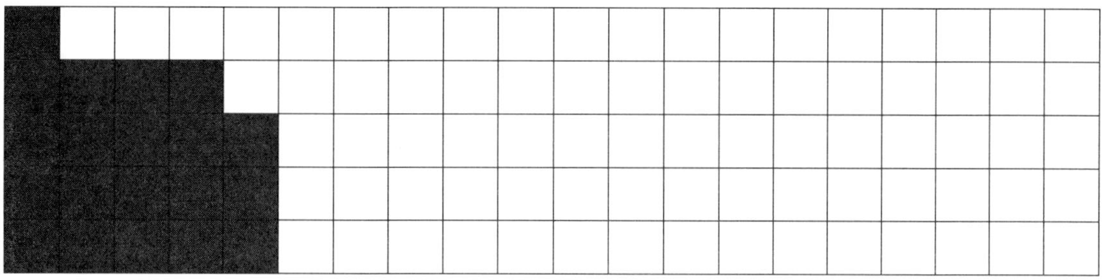

풀이

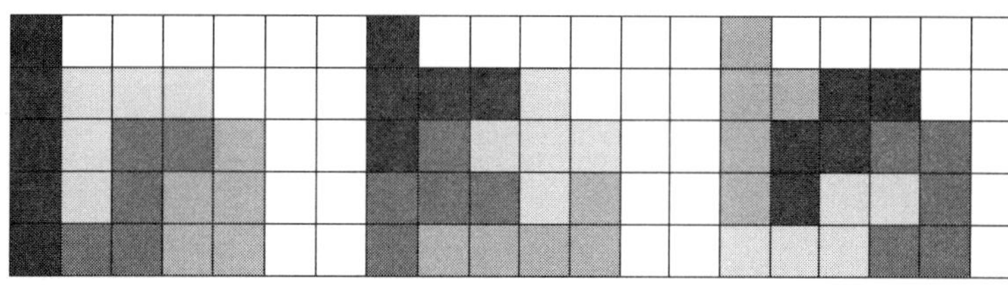

문제 7

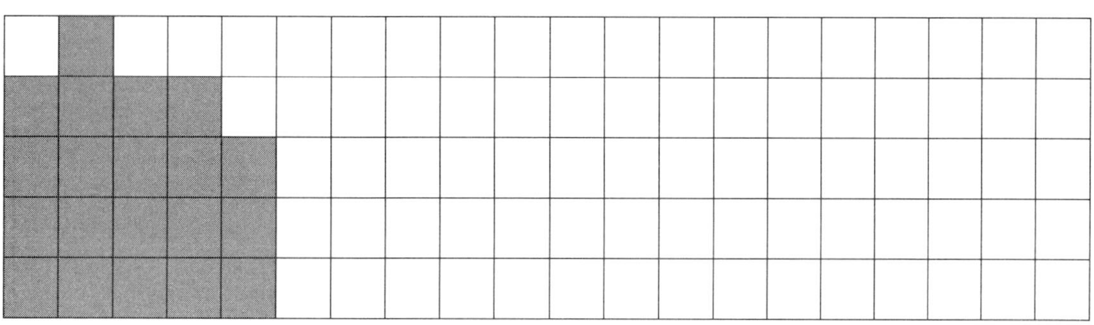

풀이

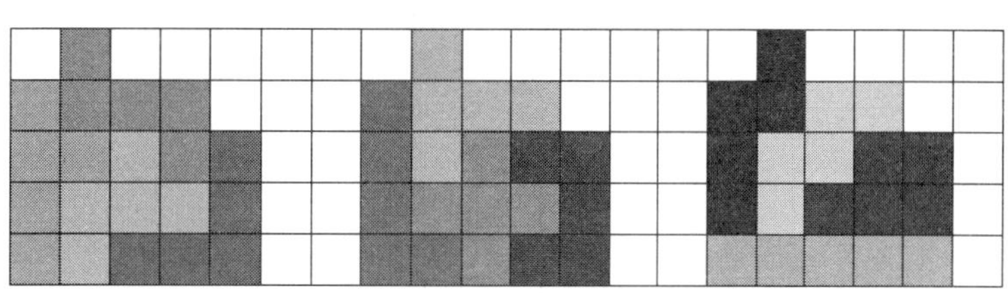

문제 8

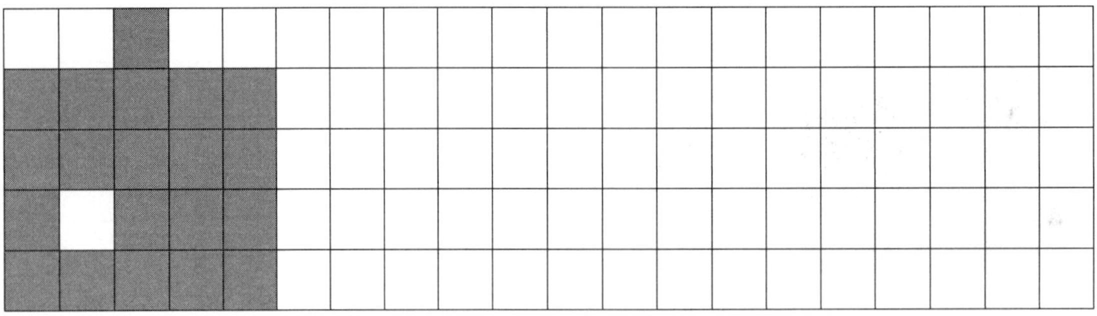

풀이

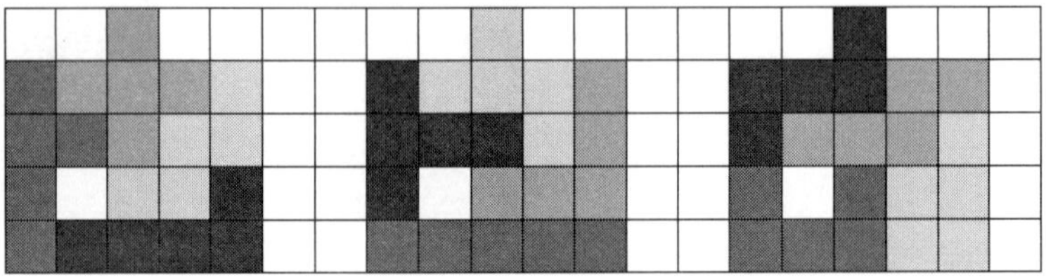

문제 8 펜토미노 4-4-4 퍼즐을 마음껏 만들어 보자.

나의 노트

Chapter 02

관계퍼즐

2.1 등대 찾기 퍼즐

표의 적당한 칸 중에는 등대(㊉)가 한 칸 안에 한 개씩 놓여 있다고 하자. 표의 칸에 표시된 숫자는 그 숫자가 들어있는 가로줄과 세로줄에 놓여 있는 모든 등대 수의 합을 나타낸다고 하자. 이때 등대가 들어갈 위치를 찾아 그 칸에 ㊉으로 표시해보자.

문제 1

0				
			3	
	3			
		4		
				2

풀이

0				
	㊉		3	㊉
	3	㊉		
	㊉	4	㊉	
		㊉		2

문제 2

		0		
				2
	4			
3				
			4	

풀이

		0		
			⊛	2
⊛	4			⊛
3	⊛		⊛	
	⊛		4	⊛

문제 3

			3	
	5			
				0
3				
		3		

풀이

	⊛		3	
⊛	5		⊛	
				0
3	⊛	⊛		
	⊛	3	⊛	

문제 4

2					
	4				
		2			
			4		
					4
				0	

풀이

2	⊛				
	4	⊛			⊛
		2	⊛		
	⊛		4		⊛
⊛			⊛		4
				0	

문제 5

	0				
4					
				3	
					3
			3		
		3			

풀이

	0				
4		⊛			⊛
⊛				3	⊛
			⊛		3
			3	⊛	
⊛		3	⊛		

문제 6

		0				
	4					
					3	
			4			
						4
4						
				3		

풀이

		0				
⊛	4				⊛	
			⊛		3	
	⊛		4			⊛
⊛				⊛		4
4	⊛				⊛	
			⊛	3		⊛

문제 7

			5			
						4
		4				
				3		
	5					
					2	
3						

풀이

		⊛	5			⊛
			⊛		⊛	4
	⊛	4		⊛		
			⊛	3		
⊛	5	⊛				⊛
				⊛	2	
3	⊛		⊛			

2.2 거울 퍼즐

아래의 그림에서 왼쪽 위에 비친 빛(광원 ⟶)은 거울에 의해 수직으로 반사하게 된다. ①에서 ⑦까지의 거울 중 한 개의 반사거울의 방향을 바꿔 오른쪽 위의 화살표 방향(⟶)으로 비취게 하려면 어떤 거울의 방향을 바꿔야 하는가?

Q 문제 1

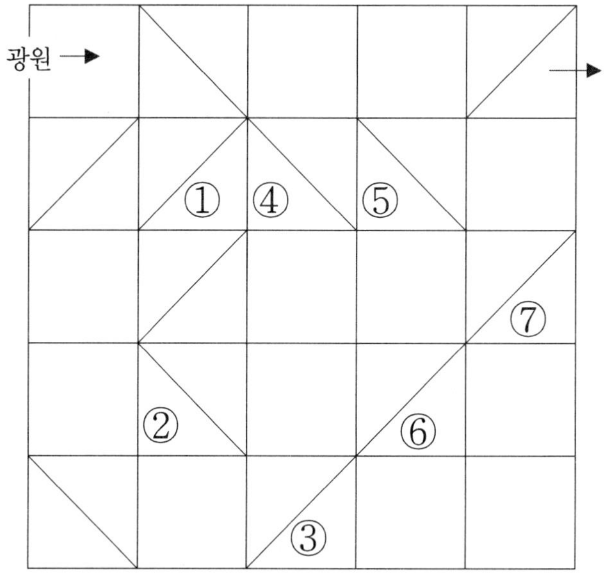

풀이

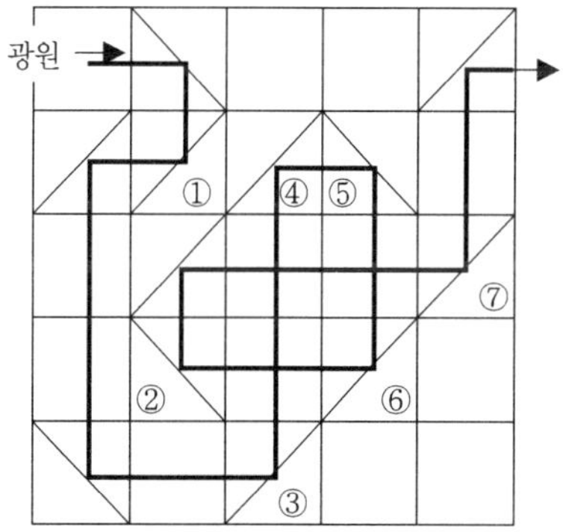

정답 : ④ 거울

위 Q 문제 1 과 같은 방법으로 아래 문제들을 풀어보자.

Q 문제 2

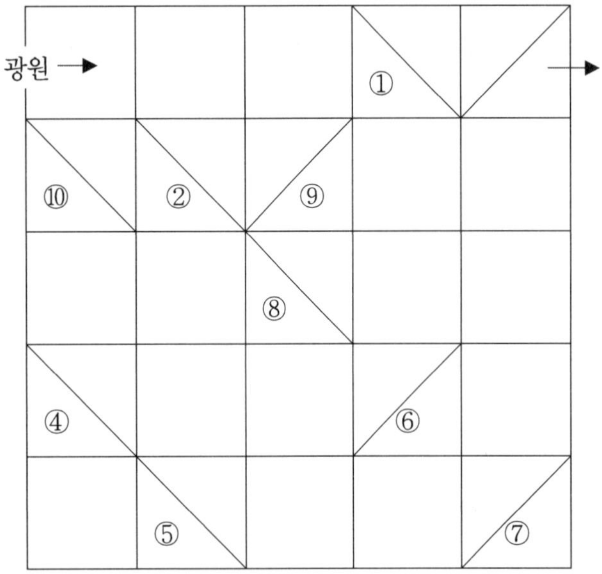

풀이

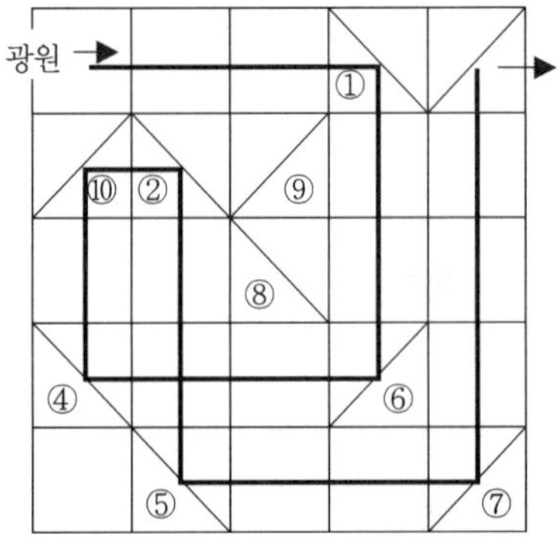

정답 : ⑩ 거울

Q 문제 3

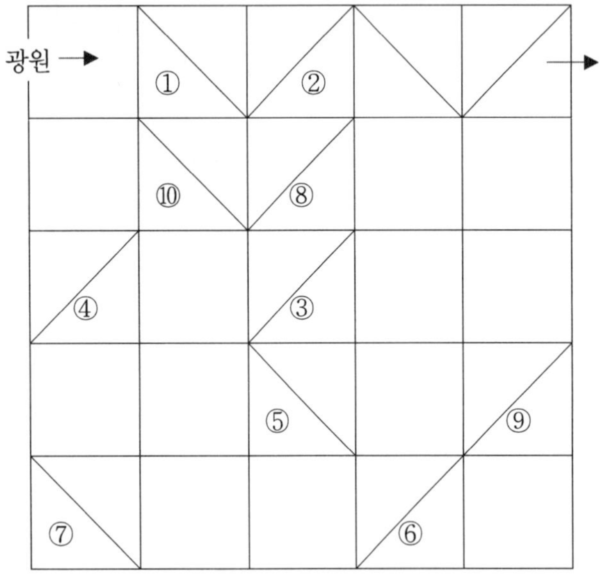

풀이

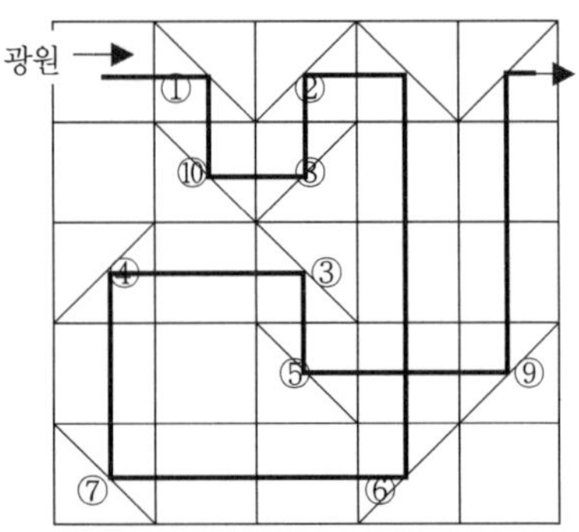

정답 : ③ 거울

문제 4

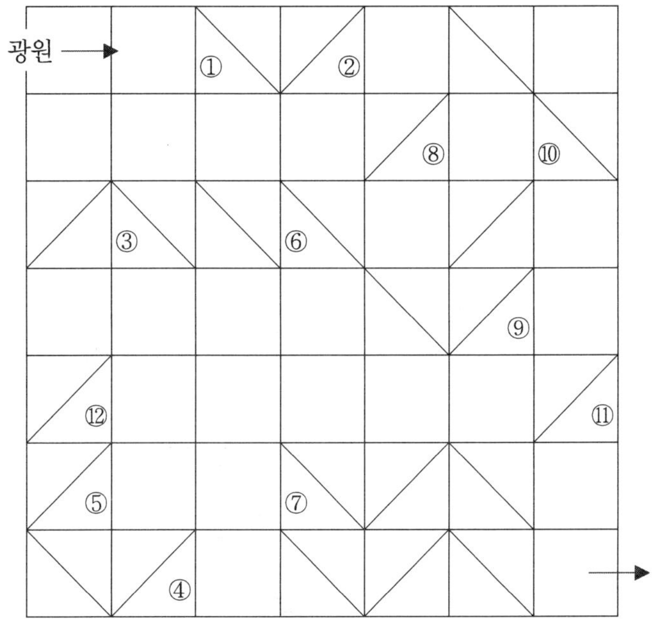

풀이

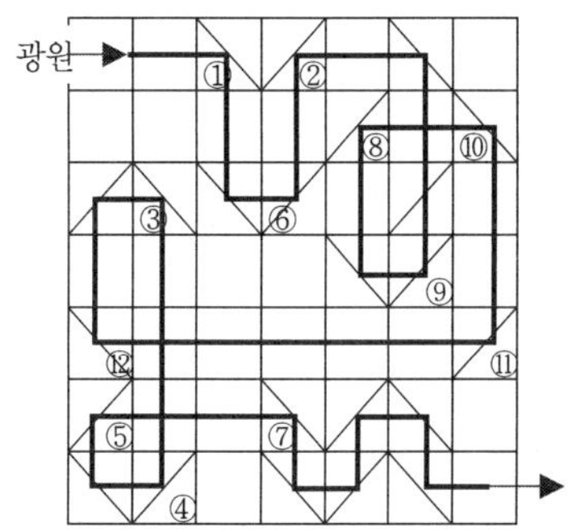

정답 : ⑥, ⑫ 거울

문제 5

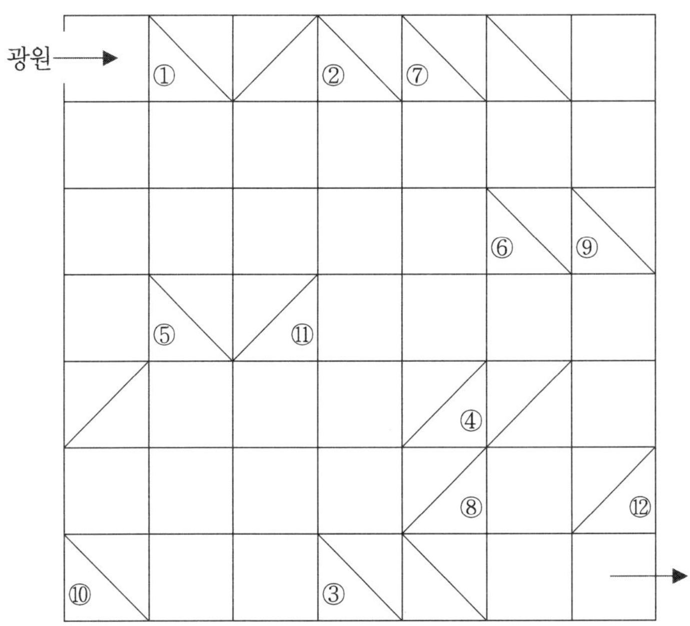

풀이

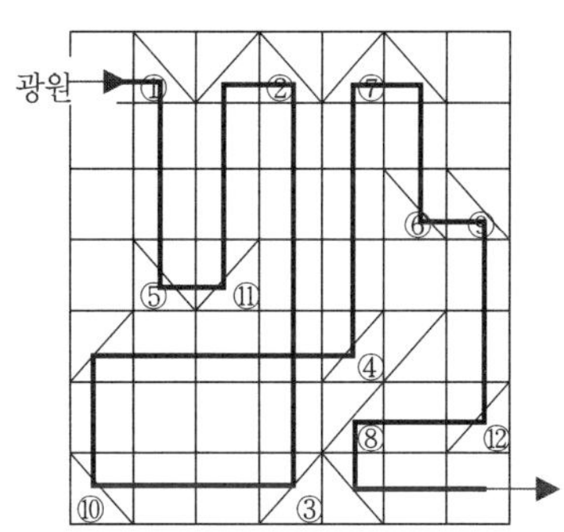

정답 : ③, ⑦ 거울

문제 6

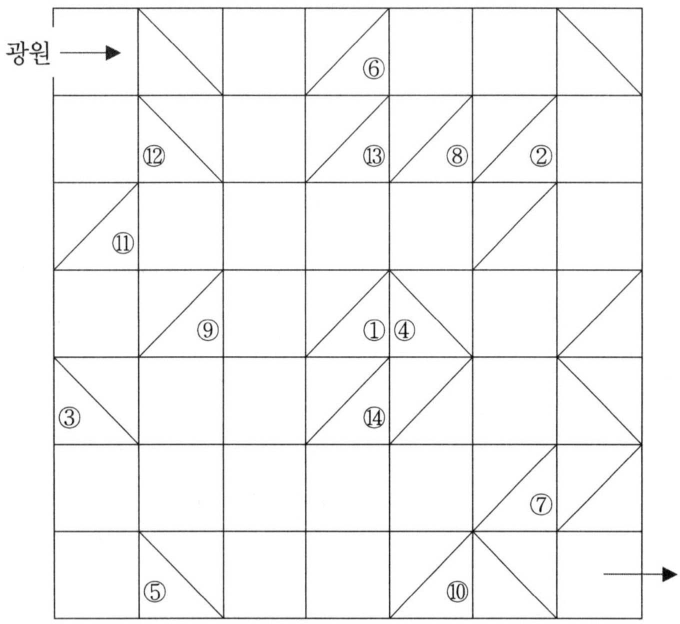

풀이

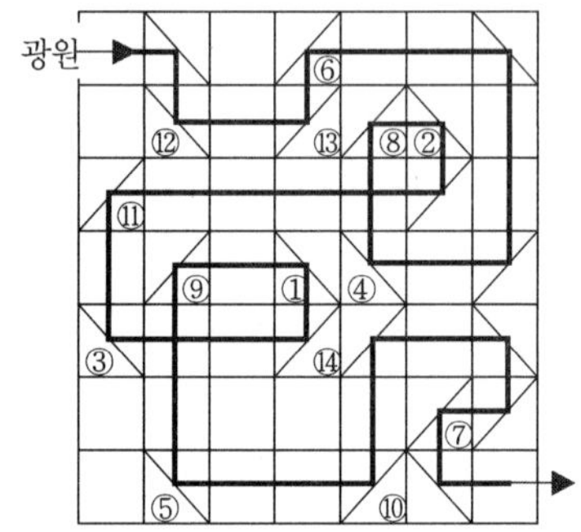

정답 : ①, ② 거울

나의 노트

2.3 별 찾기 문제 퍼즐

표 밖에 표시된 수는 각각의 행과 열에 얼마나 많은 별(✡)이 들어가는지를 나타낸다. 표 안의 각각의 화살표는 그 방향으로 적어도 하나의 별이 있다는 것을 나타낸다. A, B, C, D 중에 별이 없는 위치는 어디인가?

Q 문제 1

	2	1	1	2
2	A	↓	↙	
1	→	↖		↑
1	D	↗	↘	
2	→	C	B	

풀이

	2	1	1	2
2	✡	↓	↙	✡
1	→	↖	✡	↑
1	✡	↗	↘	
2	→	✡		✡

정답 : B 위치

나의 노트

문제 2

	1	1	2	1
1	↓	↘	D	↓
1	↘	A	C	←
1	↗			B
2				←

풀이

	1	1	2	1
1	↓	↘	✡	↓
1	↘	✡		←
1	↗			✡
2	✡		✡	←

정답 : C 위치

문제 3

	1	2	1	1
1	↘		↙	
1	↗		D	↙
1	B		A	↖
2		C	↑	

풀이

	1	2	1	1
1	↘	✡	↙	
1	↗		✡	↙
1	✡			↖
2		✡	↑	✡

정답 : A 위치

Q 문제 4

	1	2	1	1	1
1			↙	↙	C
1					
2	B				A
1	↘				
1		D	↗		↑

풀이

	1	2	1	1	1
1			↙	↙	✡
1			✡		
2	✡	✡			
1	↘			✡	
1		✡	↗		↑

정답 : A 위치

Q 문제 5

	1	2	1	1	1
1		↓	↙		
2	→	A		C	
1					
1			B		←
1		D		↑	↖

풀이

	1	2	1	1	1
1		↓	↙	✡	
2	→	✡			✡
1	✡				
1			✡		←
1		✡		↑	↖

정답 : C 위치

문제 6

	1	1	2	1	1
1			A	↙	
1	↘				
1		D			
2			B		C
1		↗	↑	E	↑

풀이

	1	1	2	1	1
1			✡	↙	
1	↘				✡
1		✡			
2	✡		✡		
1		↗	↑	✡	↑

정답 : C 위치

나의 노트

2.4 화살표 방향 퍼즐 1

작은 정사각형 칸 안의 숫자는 그 숫자를 가리키는 화살표의 수와 같다. 아래의 [예제]에서 숫자 7을 가리키는 화살표가 포함된 칸을 진하게 표시해보면 이들 화살표의 개수는 일곱 개임을 알 수 있다.

[예제]

	↘	↓	↙	
→	**2**	**7**	**2**	←
→	**4**	**4**	**4**	←
↗	**0**	**5**	**1**	←
	↗	↑	↖	

이와 같은 규칙으로 주어진 표를 완성하였을 때, A, B에 들어갈 수의 곱은 얼마인가?

Q 문제 1

	↓	↙	↓	
↘				←
→	**A**			↙
↗			**B**	↖
	↑	↑	↑	

풀이

	↓	↙	↓	
↘	4	4	3	←
→	5	2	4	↙
↗	2	2	3	↖
	↑	↑	↑	

정답 : 15

문제 2

	↓	↓	↙	
→		**A**		←
↘				↙
→	**B**			←
	↗	↗	↑	

풀이

	↓	↓	↙	
→	3	4	3	←
↘	2	1	2	↙
→	4	4	5	←
	↗	↗	↑	

정답 : 16

문제 3

	↓	↘	↓	↙	
→			**A**		←
→					←
↘				**B**	↖
↗					↙
	↑	↗	↑	↑	

풀이

	↓	↘	↓	↙	
→	4	2	8	3	←
→	4	4	4	5	←
↘	4	0	2	2	↖
↗	3	0	3	1	↙
	↑	↗	↑	↑	

정답 : 16

Q 문제 4

	↘	↓	↓	↙	
→	**A**				↙
→					↙
→				**B**	←
→					↖
	↑	↗	↖	↑	

풀이

	↘	↓	↓	↙	
→	2	4	3	2	↙
→	2	3	4	3	↙
→	5	3	4	7	←
→	2	4	4	2	↖
	↑	↗	↖	↑	

정답 : 14

Q 문제 5

	↓	↓	↙	↓	
→				**B**	←
→		**A**			←
→					↖
↗					←
	↑	↑	↖	↑	

풀이

	↓	↓	↙	↓	
→	4	5	4	4	←
→	5	5	2	5	←
→	5	3	1	3	↖
↗	3	4	1	3	←
	↑	↑	↖	↑	

정답 : 20

2.5 화살표 방향 퍼즐 2

작은 정사각형 칸 안의 숫자는 그 칸을 가리키는 화살표의 수와 같다. 아래의 [예제]에서 수직과 수평을 가리키는 화살표의 총 개수는 얼마인가?

[예제]

	↓	
↗	**2**	←
	↗	

위 [예제]의 답은 2개이다. 이와 같은 규칙으로 다음 문제들을 풀어보자.

Q 문제 1

	5	**3**	**5**	
	4	**1**	**3**	
	2	**0**	**3**	

풀이

	↓	↙	↓	
→	5	3	5	←
→	4	1	3	↖
↗	2	0	3	↙
	↑	↗	↑	

정답 : 7개

Q 문제 2

	1	3	1	
	5	4	4	
	3	7	2	

풀이

	↘	↓	↓	
↘	1	3	1	↙
→	5	4	4	←
→	3	7	2	←
	↑	↑	↖	

정답 : 8개

Q 문제 3

	2	1	4	1	
	5	3	2	3	
	5	2	2	2	
	3	3	5	2	

풀이

	↓	↘	↓	↙	
↘	2	1	4	1	↙
→	5	3	2	3	↖
↗	5	2	2	2	↙
↗	3	3	5	2	←
	↑	↗	↖	↖	

정답 : 5개

문제 4

	2	2	2	2	
	2	2	2	2	
	2	2	2	2	
	2	2	2	2	

풀이

	↘	↙	↘	↙	
↘	2	2	2	2	↙
↗	2	2	2	2	↖
↘	2	2	2	2	↙
↗	2	2	2	2	↖
	↗	↖	↗	↖	

정답 : 0 개

문제 5

	4	1	5	2	
	3	3	2	4	
	7	1	3	3	
	3	4	3	2	

풀이

	↓	↙	↓	↙	
→	4	1	5	2	↙
↘	3	3	2	4	←
→	7	1	3	3	↖
↗	3	4	3	2	←
	↑	↗	↖	↑	

정답 : 8 개

2.6 건물 평면도 퍼즐

아래의 [예제]는 왼쪽부터 순서대로 1층, 2층, 4층, 3층인 4개의 건물이 일렬로 놓여 있는 평면도이다. 왼쪽 화살표 '3 ⇨' 기호는 화살표 방향인 왼쪽에서 오른쪽을 바라보았을 때, 1층, 2층, 4층 건물 3개만 보인다는 뜻이며, 이때 화살표 ⇨ 옆에 숫자 3을 쓰기로 한다.

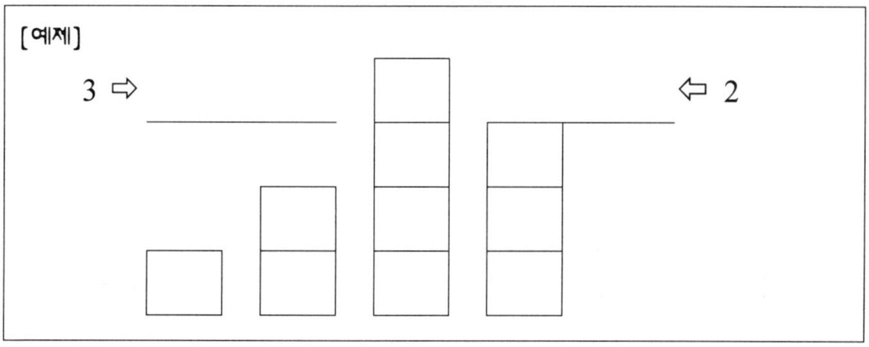

아래 표는 정사각형으로 배치된 1층, 2층, 3층, 4층 가운데 몇 층인지 모르는 건물들의 평면도를 바라보았을 때 각 방향과 그 숫자를 [예제]의 방법으로 나타낸 것이다. A와 B에 들어갈 숫자의 합을 구하여라(단, 각 가로와 세로에 배치된 건물은 반드시 1층, 2층, 3층, 4층이 중복 없이 들어간다).

Q 문제 1

	2 ↓	1 ↓	2 ↓	3 ↓	
2 →				B	← 3
3 →		3			← 2
3 →	A		3		← 1
1 →					← 2
	↑ 1	↑ 3	↑ 3	↑ 2	

풀이

	2 ↓	1 ↓	2 ↓	3 ↓	
2 →	3	4	2	1	← 3
3 →	1	3	4	2	← 2
3 →	2	1	3	4	← 1
1 →	4	2	1	3	← 2
	↑ 1	↑ 3	↑ 3	↑ 2	

정답 : 3

Q 문제 2

	3 ↓	1 ↓	2 ↓	3 ↓	
2 →			3		← 3
3 →		A			← 2
1 →				B	← 2
2 →	3				← 1
	↑ 2	↑ 3	↑ 3	↑ 1	

풀이

	3 ↓	1 ↓	2 ↓	3 ↓	
2 →	1	4	3	2	← 3
3 →	2	3	4	1	← 2
1 →	4	1	2	3	← 2
2 →	3	2	1	4	← 1
	↑ 2	↑ 3	↑ 3	↑ 1	

정답 : 6

Q 문제3

	2 ↓	2 ↓	2 ↓	1 ↓	
3 →			2		← 1
1 →					← 2
2 →			A	2	← 2
2 →	B				← 3
	↑ 3	↑ 1	↑ 2	↑ 4	

풀이

	2 ↓	2 ↓	2 ↓	1 ↓	
3 →	1	3	2	4	← 1
1 →	4	2	1	3	← 2
2 →	3	1	4	2	← 2
2 →	2	4	3	1	← 3
	↑ 3	↑ 1	↑ 2	↑ 4	

정답 : 6

문제4

	3 ↓	3 ↓	2 ↓	1 ↓	2 ↓	
3 →			4			← 2
5 →		2		A		← 1
2 →						← 2
1 →						← 4
2 →	B			2		← 3
	↑ 2	↑ 3	↑ 1	↑ 4	↑ 4	

풀이

	3 ↓	3 ↓	2 ↓	1 ↓	2 ↓	
3 →	2	1	4	5	3	← 2
5 →	1	2	3	4	5	← 1
2 →	3	5	2	1	4	← 2
1 →	5	4	1	3	2	← 4
2 →	4	3	5	2	1	← 3
	↑ 2	↑ 3	↑ 1	↑ 4	↑ 4	

정답 : 8

문제 5

	4 ↓	2 ↓	3 ↓	1 ↓	2 ↓	
3 →						← 2
3 →	3	A				← 1
3 →			5			← 3
2 →				B	1	← 3
1 →		2				← 2
	↑ 1	↑ 2	↑ 2	↑ 4	↑ 2	

풀이

	4 ↓	2 ↓	3 ↓	1 ↓	2 ↓	
3 →	2	4	1	5	3	← 2
3 →	3	1	4	2	5	← 1
3 →	1	3	5	4	2	← 3
2 →	4	5	2	3	1	← 3
1 →	5	2	3	1	4	← 2
	↑ 1	↑ 2	↑ 2	↑ 4	↑ 2	

정답 : 4

문제 6

	3 ↓	2 ↓	3 ↓	1 ↓	3 ↓	
3 →		B				← 2
2 →		5			4	← 2
4 →						← 1
1 →			A	3		← 4
2 →	4					← 2
	↑ 2	↑ 4	↑ 1	↑ 4	↑ 2	

풀이

	3 ↓	2 ↓	3 ↓	1 ↓	3 ↓	
3 →	1	4	3	5	2	← 2
2 →	3	5	2	1	4	← 2
4 →	2	3	1	4	5	← 1
1 →	5	2	4	3	1	← 4
2 →	4	1	5	2	3	← 2
	↑ 2	↑ 4	↑ 1	↑ 4	↑ 2	

정답 : 8

나의 노트

2.7 문자네모로직 퍼즐

아래 그림의 숫자는 그 숫자가 있는 줄에 놓인 문자 A, B, C, D의 개수를 나타낸 것이다. 가운데 16개의 빈칸에 A, B, C, D 중 알맞은 문자를 골라 채워라(단, 2는 연속된 문자를 나타낸다).

문제 1

					A				
				1					
			1	1	1	1			
		1					0		
D		0					1		B
		1					1		
	1	1					0		
			1	1	1	1			
					1				
					C				

풀이

					A				
				1					
			1	1	1	1			
		1	A	A	C	D	0		
D		0	B	C	A	C	1		B
		1	C	D	C	B	1		
	1	1	D	A	D	A	0		
			1	1	1	1			
					1				
					C				

나의 노트

문제 2

				A					
			2	1	1	0			
		1					1		
D		1					0		B
		1					1		
		1					1		
			1	1	1	1			
						1			
				C					

풀이

				A					
			2	1	1	0			
		1	C	B	A	D	1		
D		1	A	C	D	C	0		B
		1	A	B	C	D	1		
		1	B	A	D	C	1		
			1	1	1	1			
						1			
				C					

문제 3

				A					
			1						
			1	1	1	1			
	1	1					0		
D		1					1		B
		1					1		
		1					1		
			1	1	1	0			
				C					

풀이

				A					
			1						
			1	1	1	1			
	1	1	D	C	D	A	0		
D		1	A	B	A	D	1		B
		1	C	D	C	B	1		
		1	A	A	B	D	1		
			1	1	1	0			
				C					

문제 4

					A					
				1						
			1	1	1	1	1			
		1						1		
		1						1	1	
D		1						1		B
		1						1	1	
		1						1		
			1	1	1	1	1			
				1		1				
					C					

풀이

					A					
			1							
			1	2	1	0	2			
	1	1	A	D	A	B	D	1		
		0	C	A	C	C	B	1		
D	1	1	D	A	B	D	A	1		B
		0	B	B	C	C	A	2		
	1	1	A	C	D	B	D	1		
			1	1	1	1	0			
					1	1				
					C					

문제 5

					A					
			1							
			1	2	1	0	2			
	1	1						1		
		0						1		
D	1	1						1		B
		0						2		
	1	1						1		
			1	1	1	1	0			
					1	1				
					C					

풀이

					A					
			1				1			
			1	1	1	1	1			
		1	A	B	C	D	A	1		
		1	B	C	D	A	B	1	1	
D		1	C	D	A	B	C	1		B
	1	1	D	A	B	C	D	1		
		1	A	B	C	D	A	1		
			1	1	1	1	1			
					1					
					C					

문제 6

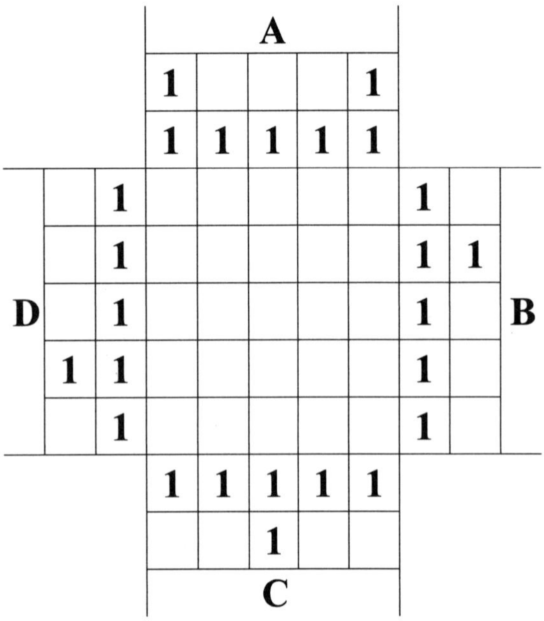
A
1 1
1 1 1 1 1
1 1
1 1 1
D 1 1 B
1 1 1
1 1
1 1 1 1 1
1
C

풀이

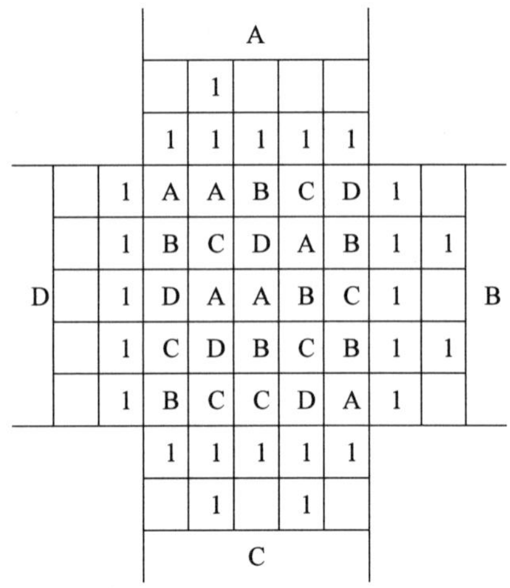
A
1
1 1 1 1 1
1 A A B C D 1
1 B C D A B 1 1
D 1 D A A B C 1 B
1 C D B C B 1 1
1 B C C D A 1
1 1 1 1 1
1 1
C

나의 노트

2.8 화살표 길이 합 퍼즐

숫자가 적힌 한 개의 작은 정사각형으로부터 나가는 수직화살표와 수평화살표가 그 바깥의 칸을 지나가는 개수의 합이 그 칸에 기록되어진 숫자와 같도록 화살표들을 그린다. ⑥에서 나가는 수직화살표와 수평 화살표를 그려보자(단, 숫자 붙여진 칸은 세지 않고 어떤 화살표도 만나거나 겹치지 않으며, 어떤 칸도 공백으로 남지 않는다. 또, ⑥은 6개의 화살표가 나가는 것을 의미한다).

Q 문제 1

풀이

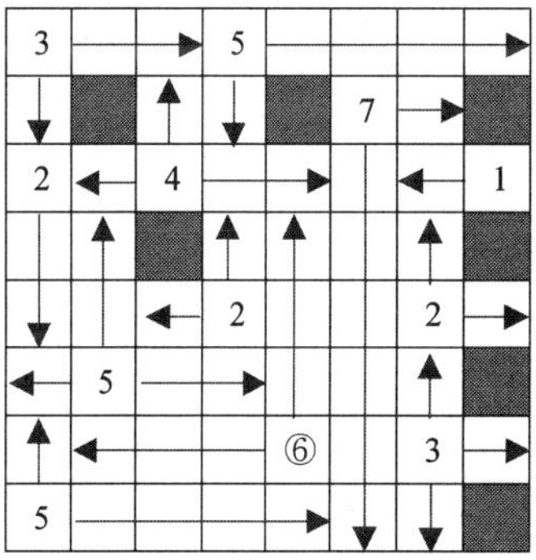

문제 2

풀이

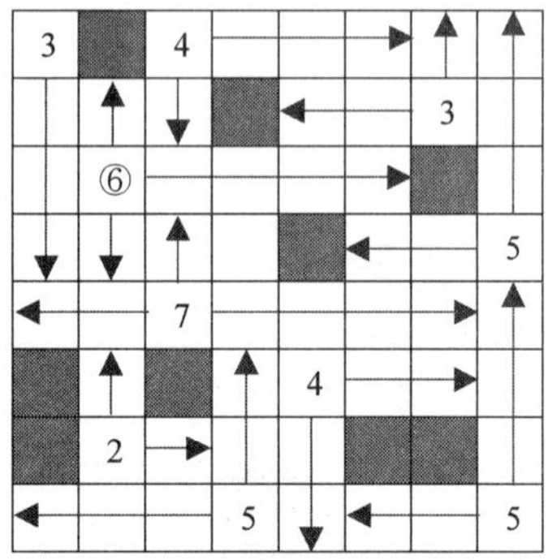

문제 3

풀이

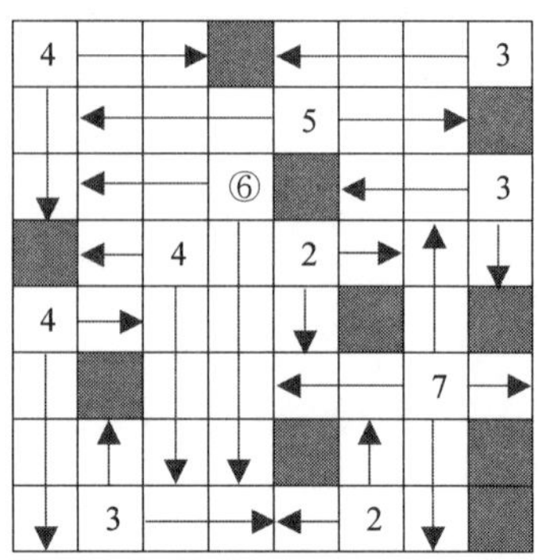

Q 문제 4

풀이

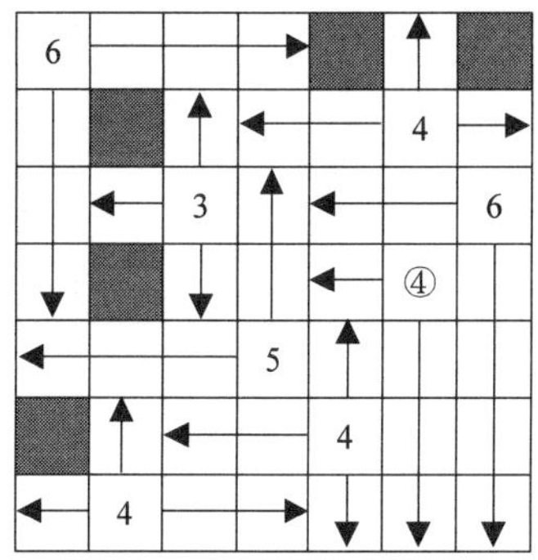

Q 문제 5

풀이

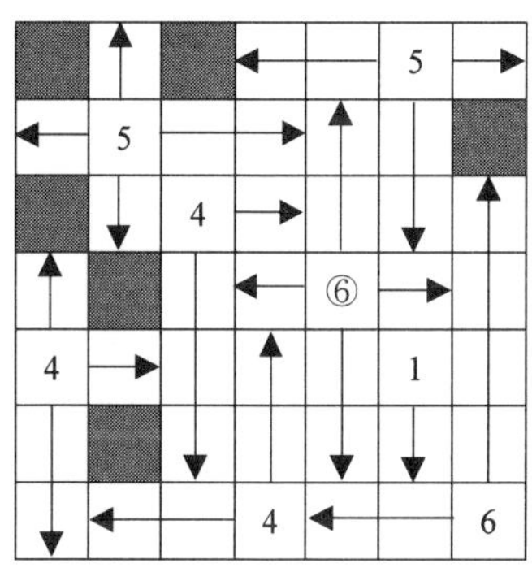

Q 문제 6

풀이

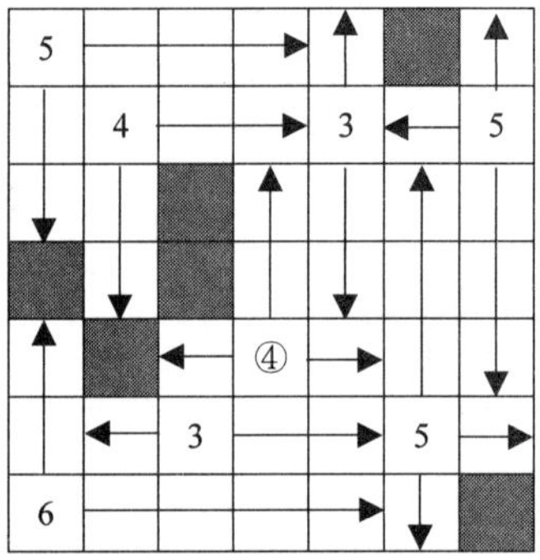

나의 노트

Chapter 03

수퍼즐

퍼즐을 풀려면 계산을 잘 해야 되는 것이 아니라 창의적인 사고력이 필요하다. 여러 가지 수퍼즐 문제를 해결해보자.

3.1 퍼즐성 문제

3.1.1 아래 표에서 가로줄과 세로줄 그리고 대각선에 놓인 다섯 개의 수의 합은 모두 55가 된다. A에 알맞은 수는 얼마인가?

문제 1

		8		
		6	6	
8	20			
			A	4
16	2			16

풀이

7	10	8	22	8
16	8	6	6	19
8	20	10	9	8
8	15	14	14	4
16	2	17	4	16

문제 2

	9	5	27	8
				20
	A	11		
4				4
14		17	1	16

풀이

6	9	5	27	8
16	7	6	6	20
15	16	11	6	7
4	16	16	15	4
14	7	17	1	16

문제 3

7	10	6	23	
		7		20
	21			6
8			A	4
	1	18	4	

풀이

7	10	6	23	9
15	8	7	5	20
9	21	10	9	6
8	15	14	14	4
16	1	18	4	16

3.1.2 어떤 규칙에 의해 다음과 같이 수를 배열하였다. 어떤 규칙인지를 찾은 후에 A에 알맞은 수를 구하여라.

Q 문제 1

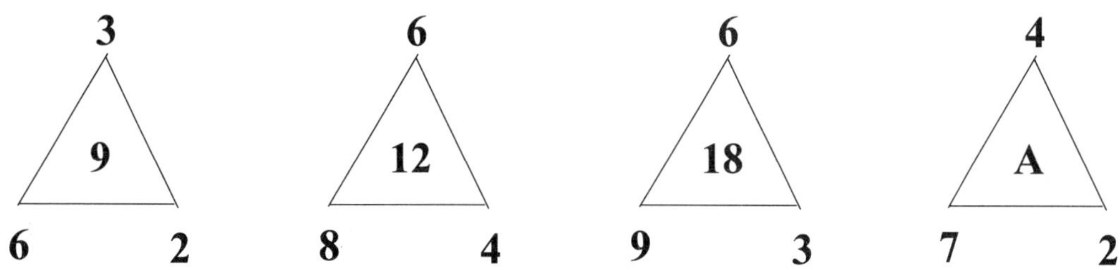

풀이 삼각형 위에 있는 숫자와 삼각형 왼쪽 아래 숫자를 곱한 후 오른쪽 아래의 숫자로 나누면 가운데 숫자가 된다.

예를 들면, 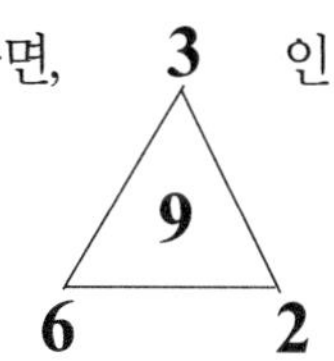 인 경우에 $3 \times 6 \div 2 = 9$.

정답 : $4 \times 7 \div 2 = 14$

Q 문제 2

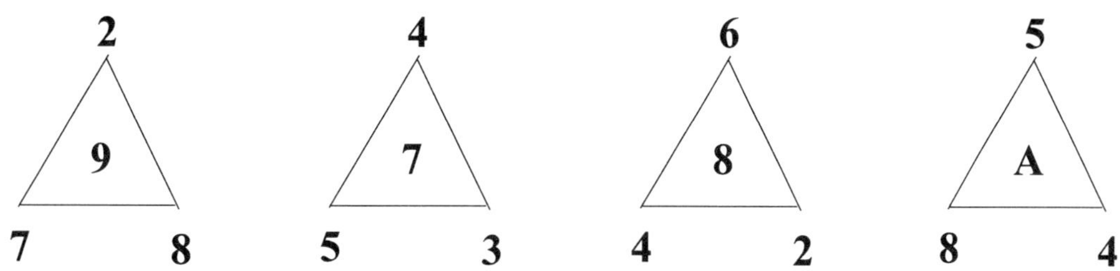

풀이 삼각형의 위에 있는 숫자와 삼각형 오른쪽 아래 숫자를 곱한 후 삼각형 왼쪽 아래 숫자를 빼면 숫자가 된다.

예를 들면, 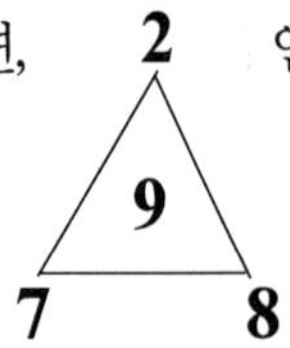 인 경우에 2 × 8 − 7 = 9.

정답 : 5 × 4 − 8 = 12

Q 문제 3

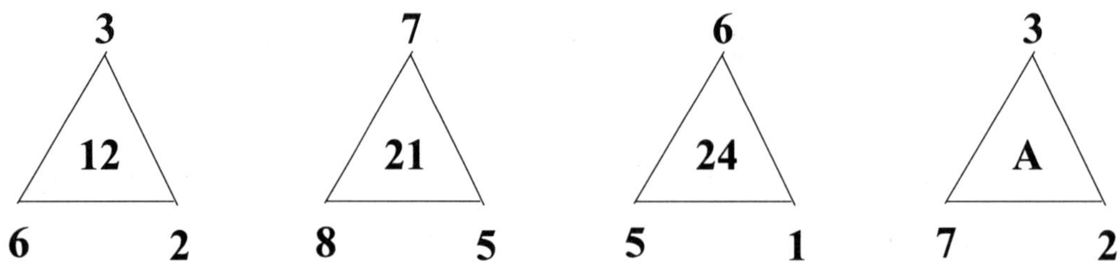

풀이 삼각형의 왼쪽 아래 숫자에서 오른쪽 아래 숫자를 뺀 후, 삼각형 위에 숫자와 곱하면 가운데 숫자가 됩니다.

예를 들면, 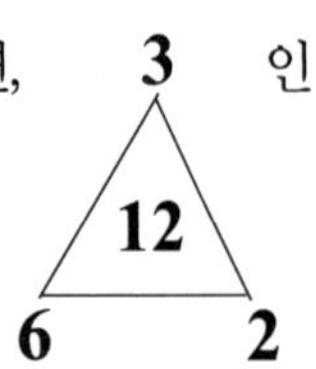 인 경우에 (6 − 2) × 3 = 12.

정답 : (7 − 2) × 3 = 15

나의 노트

3.1.3 아래의 표에 쓰인 문자 1L은 왼쪽으로 한 칸, 2R은 오른쪽으로 2칸, 4U는 위로 4칸, 3D는 아래로 3칸씩 이동하기로 약속한다. 이와 같은 규칙을 이용하여, 문자 'F'가 쓰인 칸까지 이동하려면 어느 문자가 쓰인 칸에서 출발 하여야 하는지 구하여라.

Q 문제 1

3R	1D	4R	2D	1D	3D	3D
1D	1L	1U	1U	1D	3L	2L
5R	2R	1R	3D	1D	1U	2D
1R	2D	1D	1D	1L	1U	4L
1U	2R	2L	2R	2R	1D	F
5U	3R	3U	1L	1U	1U	3U

풀이

3R	1D	4R	2D	1D	3D	3D
1D	1L	1U	1U	1D	3L	2L
5R	2R	1R	3D	1D	1U	2D
1R	2D	1D	1D	1L	1U	4L
1U	2R	2L	2R	2R	1D	F
5U	3R	3U	1L	1U	1U	3U

정답 : 1행의 2열에 있는 1D에서 시작한다.

Q 문제 2

2D	2D	1R	3D	2R	2D	2D
3D	4R	2L	1D	3D	2D	2L
3R	3R	2U	2D	2U	2D	1L
2R	2D	2R	2L	1R	1U	1L
2R	3U	3U	3R	3L	3L	3U
2U	4R	2L	1R	1L	F	2U

풀이

2D	2D	1R	3D	2R	2D	2D
3D	4R	2L	1D	3D	2D	2L
3R	3R	2U	2D	2U	2D	1L
2R	2D	2R	2L	1R	1U	1L
2R	3U	3U	3R	3L	3L	3U
2U	4R	2L	1R	1L	F	2U

정답 : 3행 3열의 2U에서 시작한다.

나의 노트

3.1.4 가로와 세로줄에 1에서 6까지의 숫자를 빠짐없이 한 번씩만 사용하여 빈칸을 채워라.

Q 문제 1

1			4		
					5
	2				
				4	
		5			3
3					

풀이

1	5	6	4	3	2
2	1	4	3	6	5
6	2	3	5	1	4
5	3	2	6	4	1
4	6	5	1	2	3
3	4	1	2	5	6

Q 문제 2

		4		3	
			5		
	2				6
5		2		4	
	3				1

풀이

2	1	4	6	3	5
6	4	3	5	1	2
3	2	1	4	5	6
1	5	6	3	2	4
5	6	2	1	4	3
4	3	5	2	6	1

문제 3

4			6		
				5	
	3				
6		3			1
			4		
	4				3

풀이

4	1	2	6	3	5
1	2	4	3	5	6
2	3	1	5	6	4
6	5	3	2	4	1
3	6	5	4	1	2
5	4	6	1	2	3

나의 노트

3.1.5 [예제]는 1, 2, 3의 세 숫자를 한 번씩만 사용하여 가로줄, 세로줄을 채운 것이다. 이 때, 표의 상, 하, 좌, 우에 쓰여진 숫자는 첫 번째에 나오는 숫자를 나타낸 것이다. [예제]와 같은 방법으로 아래 표를 1, 2, 3, 4의 문자를 사용하여 빈 칸을 채워라.

[예제]

	1 ↓		
	1	3	← 3
2 →	2		
		↑ 3	

Q 문제 1

	4 ↓						
							← 3
2 →							← 4
3 →							← 1
3 →							
							← 3
		↑ 3		↑ 3	↑ 4		

풀이

	4 ↓						
	4			2	1	3	← 3
2 →	2	1			3	4	← 4
3 →	3	2	4	1			← 1
3 →			3	4	2	1	
	1	4	2	3			← 3
		3	1		4	2	
		↑ 3		↑ 3	↑ 4		

Q 문제 2

	3 ↓						
							← 2
4 →							← 2
4 →							← 1
3 →							
							← 4
		↑ 2		↑ 2	↑ 3		

풀이

	3 ↓						
	3			4	1	2	← 2
4 →		4	1	3	2		← 2
4 →	4	3	2	1			← 1
3 →			3	2	4	1	
	2	1			3	4	← 4
	1	2	4			3	
		↑ 2		↑ 2	↑ 3		

나의 노트

3.1.6 표에는 자연수 1~12의 숫자를 각 가로와 세로줄에 각각 두 개만 채워 이 두 수의 곱이 가로 끝과 세로 끝의 수가 되어야 한다. 표를 완성하고, A와 B에 들어갈 숫자를 구하여라.

Q 문제 1

						30
			A			14
						24
						90
						11
		B				48
66	70	96	18	3	20	

풀이

6					5	30
	7		2			14
		8		3		24
	10		9			90
11				1		11
		12			4	48
66	70	96	18	3	20	

나의 노트

문제 2

						28
						20
		A				54
						12
B						55
						24
35	24	48	10	99	12	

풀이

7					4	28
	2		10			20
		6		9		54
	12		1			12
5				11		55
		8			3	24
35	24	48	10	99	12	

문제 3

						11
						18
		A				30
						32
B						35
						72
55	16	60	36	21	12	

풀이

11					1	11
	2		9			18
		10		3		30
	8		4			32
5				7		35
		6			12	72
55	16	60	36	21	12	

3.1.7 행과 열의 끝에 있는 수는 각각의 행과 열에 있는 세 수의 합을 의미한다. 특히 마지막 행의 맨 끝에 있는 수와 마지막 열의 맨 위 숫자는 각각 두 대각선 방향의 세 수의 합을 나타낸다. 빈 칸을 채워라(단, 0은 사용하지 않는다).

Q 문제 1

			5
		1	8
3			10
	2		5
9	7	7	7

풀이

			5
4	3	1	8
3	2	5	10
2	2	1	5
9	7	7	7

Q 문제 2

			9
1			8
		3	10
	2		5
7	8	8	5

풀이

			9
1	3	4	8
4	3	3	10
2	2	1	5
7	8	8	5

Q 문제 3

			10
		4	11
2			6
	1		6
10	6	7	10

풀이

			10
5	2	4	11
2	3	1	6
3	1	2	6
10	6	7	10

나의 노트

3.1.8 [예제]는 두 점을 선분을 사용하여 연결한 것이다. 표의 가장자리에 있는 수는 가로줄 또는 세로줄에 그은 선분이 들어있는 칸의 수를 나타낸 것이다. [예제]와 같은 방법으로 아래 표의 두 점을 선분으로 연결하여라.

[예제]

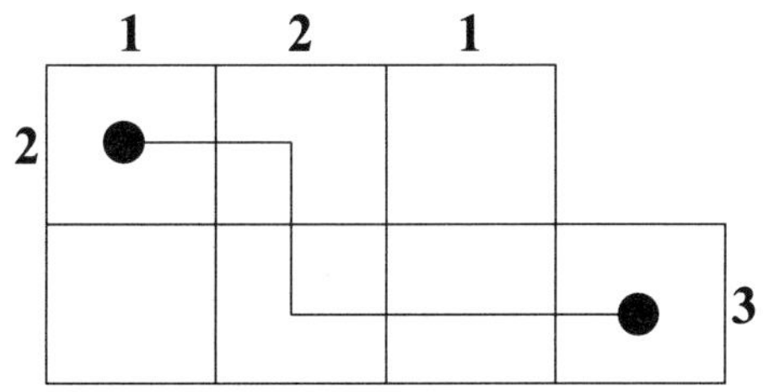

Q 문제 1

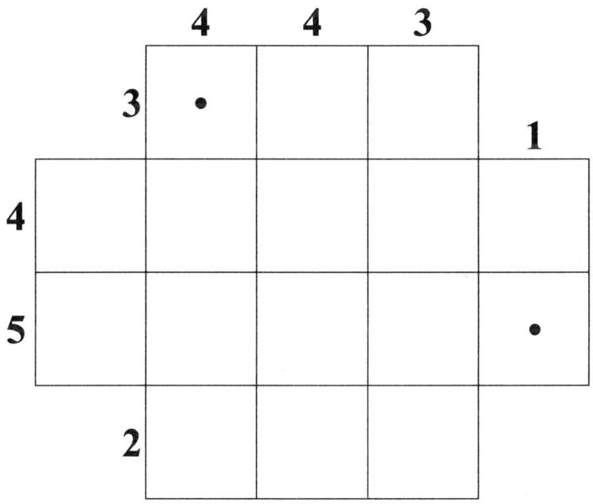

풀이

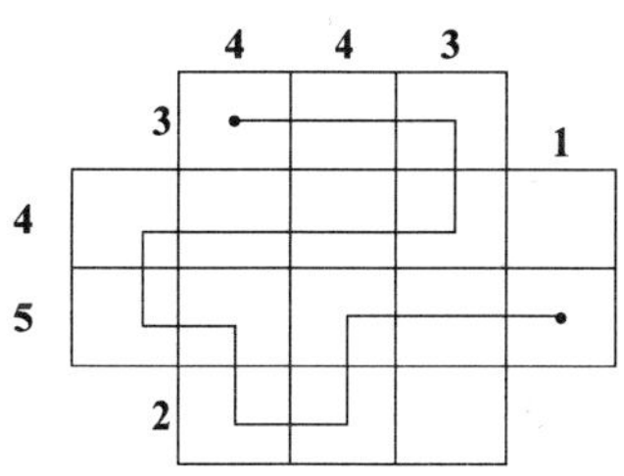

문제 2

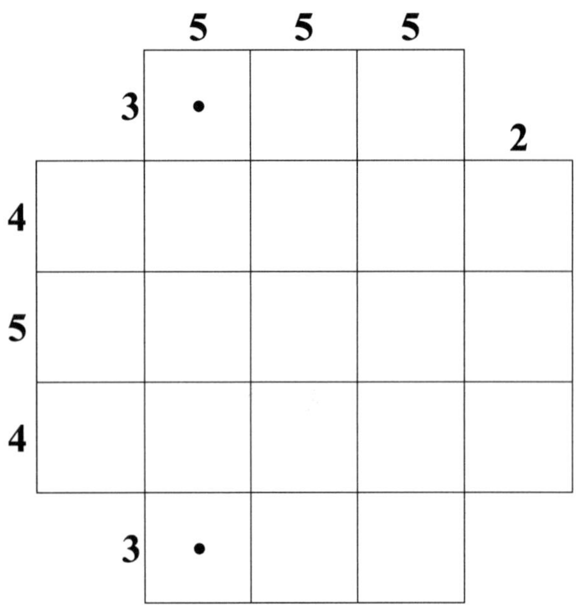

풀이

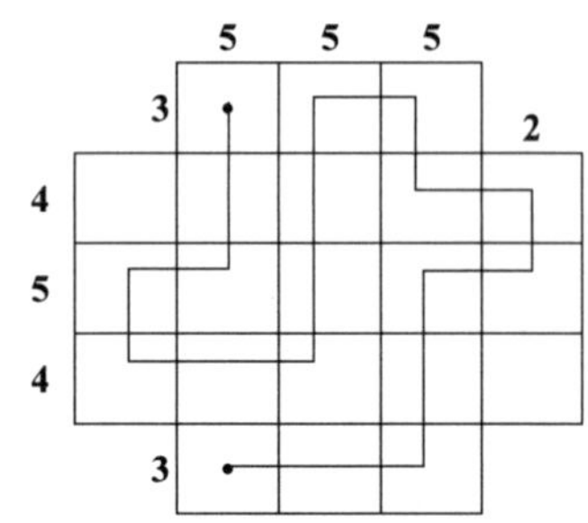

문제 3

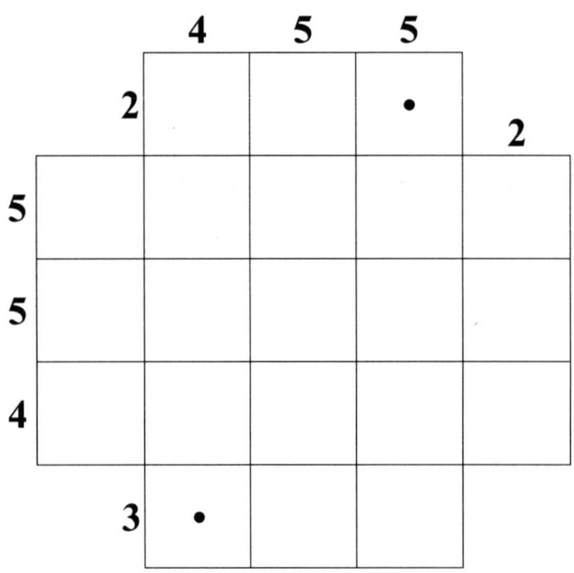

풀이

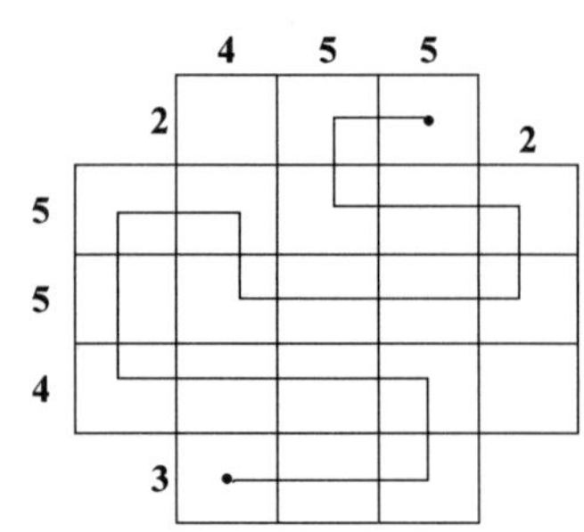

3.1.9 아래의 작은 원 안에 수들이 교점에서 정확하게 일치하도록 주어진 7개의 숫자를 써 넣을 때, ㄱ, ㄴ, ㄷ, ㄹ, ㅁ 에 알맞은 숫자는 얼마인가?

ㄱ=( ) ㄴ=( ) ㄷ=( )

ㄹ=( ) ㅁ=( )

Q 문제 1 00110, 11111, 01101, 11000, 10001, 00110, 10101

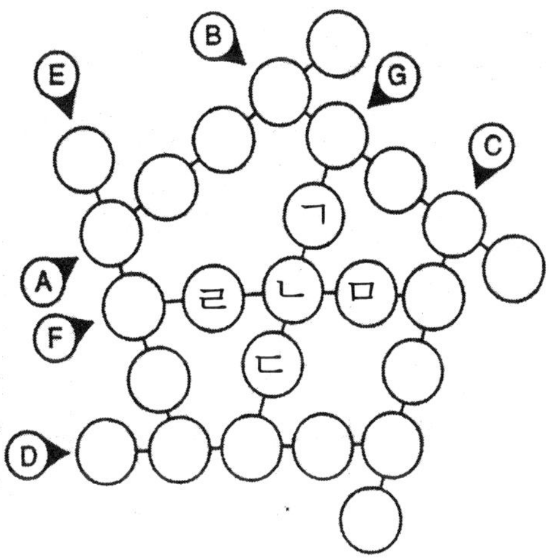

풀이

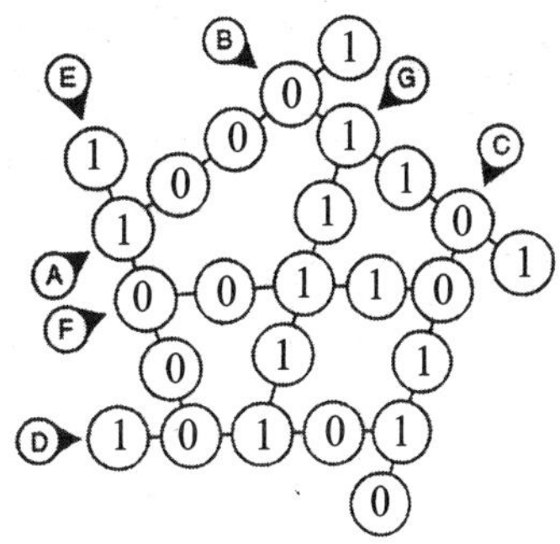

정답 : ㄱ=(1) ㄴ=(1) ㄷ=(1)

ㄹ=(0) ㅁ=(1)

Q 문제 2 01001, 11011, 11110, 01111, 01001, 10000, 01101

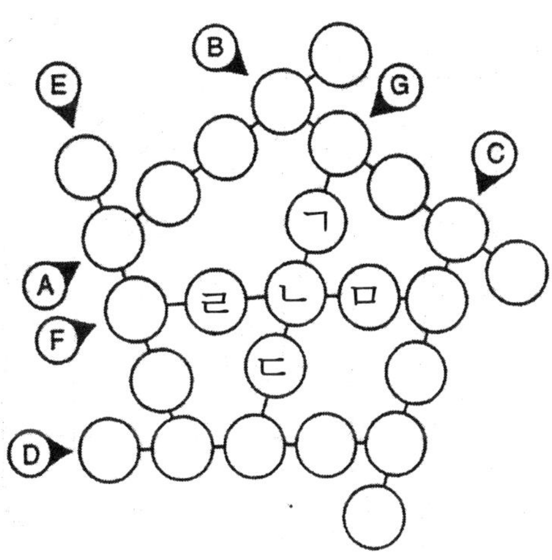

풀이

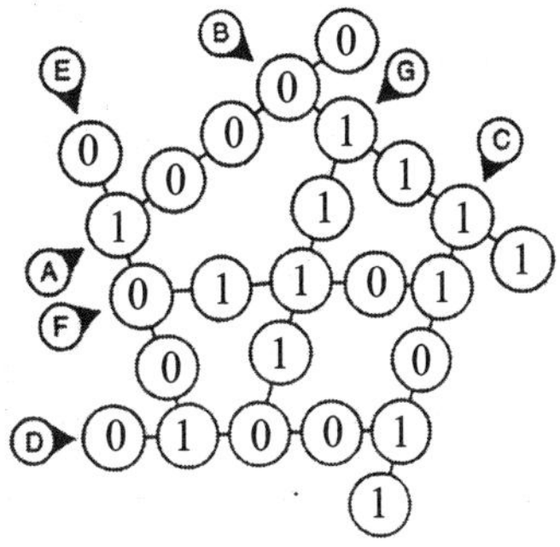

정답 : ㄱ=(1) ㄴ=(1) ㄷ=(1)

ㄹ=(1) ㅁ=(0)

문제 3 00011, 00101, 01000, 11011, 00010, 11010, 01101

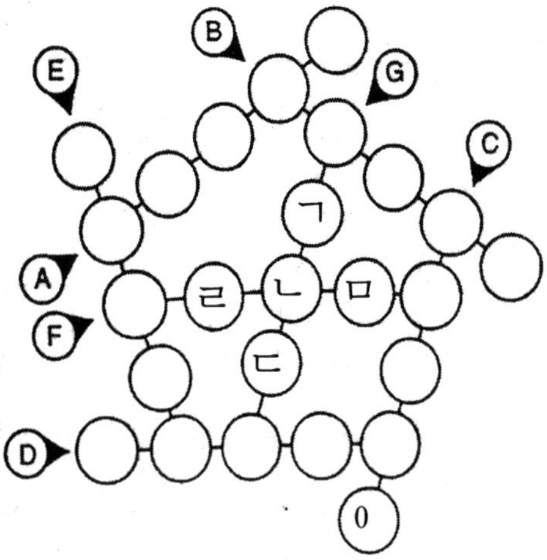

풀이

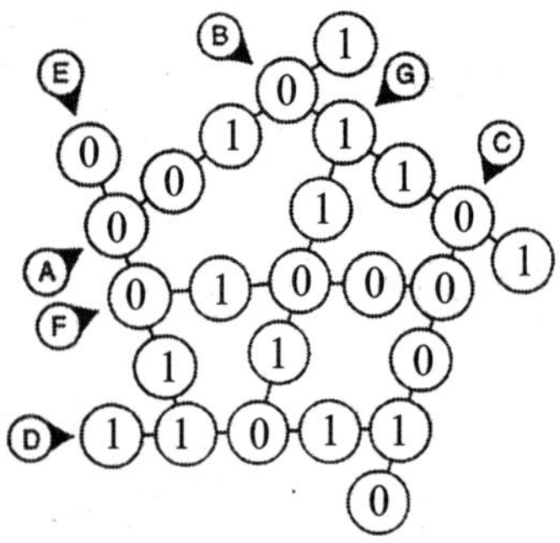

정답 : ㄱ=(1) ㄴ=(0) ㄷ=(1)

ㄹ=(1) ㅁ=(0)

나의 노트

3.1.10 아래에 있는 20개의 도미노를 이용하여, 주어진 도형을 나누었다. 가로에 놓인 도미노의 개수는 몇 개인가?(단, 어떠한 도미노도 두 번 사용할 수 없으며, 남지도 않는다. 각 도미노는 왼쪽에서 오른쪽, 오른쪽에서 왼쪽, 위에서 아래, 아래에서 위로의 4개의 가능한 위치가 있다).

0 0	1 1	2 3	3 4	4 4	5 5	6 6
0 1	1 2	2 4	3 5	4 6	5 6	
0 4	1 3					
0 5	1 4					
0 6	1 5					
	1 6					

Q 문제 1

		4	1	6	1		
6	4	4	5	4	3	1	3
6	0	1	6	0	2	1	2
		4	6	1	1		
		3	0	4	5		
		5	5	2	5		
		0	0	1	4		
		6	0	5	3		

풀이

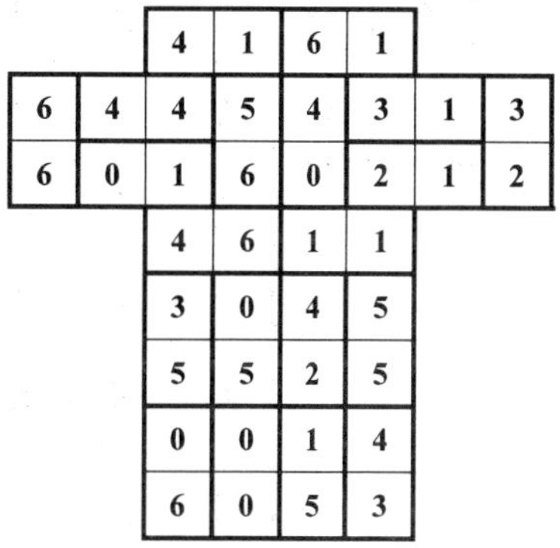

정답 : 8개

문제 2

		5	0	1	4		
1	6	0	0	0	4	2	5
6	4	3	2	1	2	4	5
		1	1	1	5		
		5	4	0	4		
		3	3	1	4		
		6	5	6	0		
		3	1	6	6		

풀이

		5	0	1	4		
1	6	0	0	0	4	2	5
6	4	3	2	1	2	4	5
		1	1	1	5		
		5	4	0	4		
		3	3	1	4		
		6	5	6	0		
		3	1	6	6		

정답 : 8개

문제 3

		1	4	4	1		
6	6	6	2	2	0	3	6
0	6	1	1	4	0	2	4
		4	5	6	0		
		3	1	1	5		
		0	4	5	0		
		4	3	3	5		
		1	1	5	5		

풀이

		1	4	4	1		
6	6	6	2	2	0	3	6
0	6	1	1	4	0	2	4
		4	5	6	0		
		3	1	1	5		
		0	4	5	0		
		4	3	3	5		
		1	1	5	5		

정답 : 10개

3.1.11 [예제]의 피라미드가 6개의 숫자로 이루어져 있다. 각 수들은 밑에 있는 두 칸 안에 숫자의 합을 2로 나눈 몫을 나타낸 것이다. [예제]와 같은 방법으로 아래 피라미드의 빈칸을 완성하여라(단, 칸에 들어가는 수는 한 자리 자연수이다).

[예제]

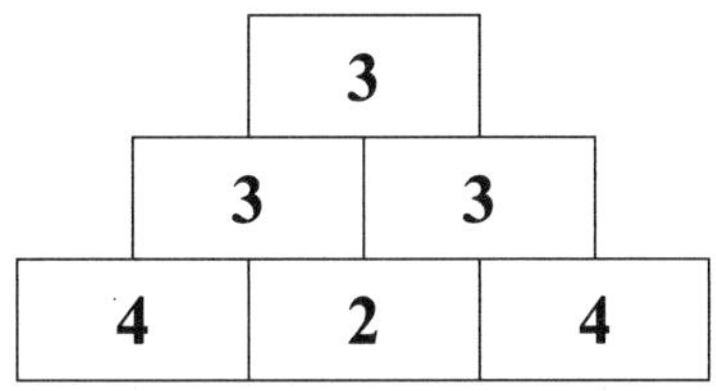

Q 문제 1

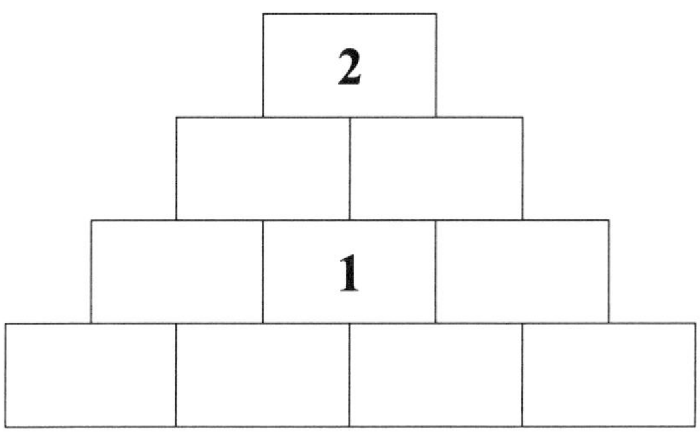

풀이

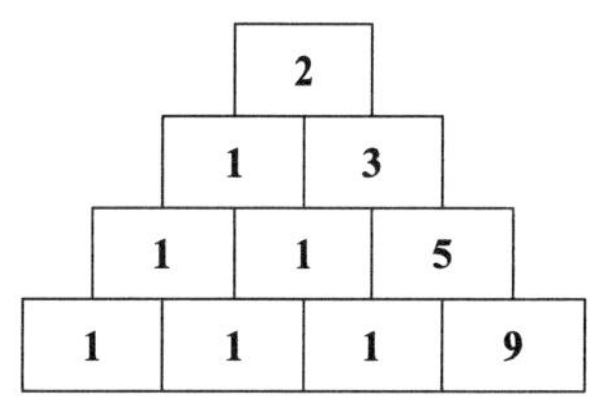

Q 문제 2

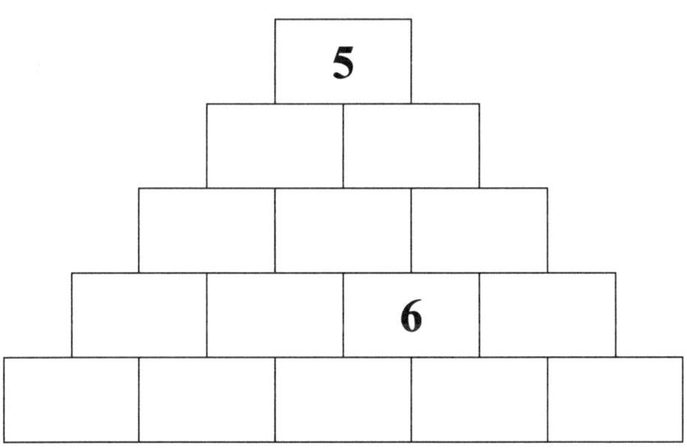

풀이

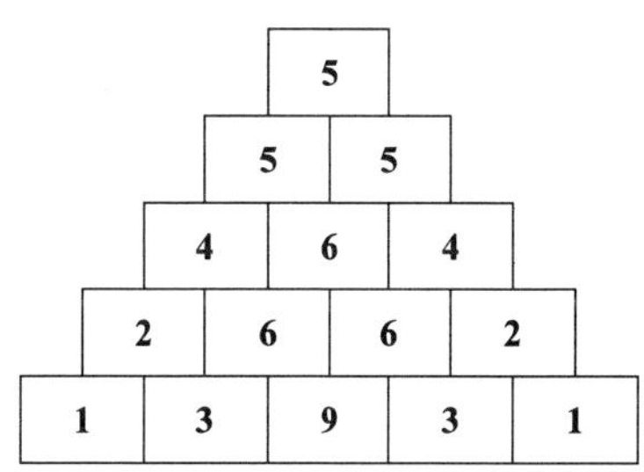

Q 문제 3

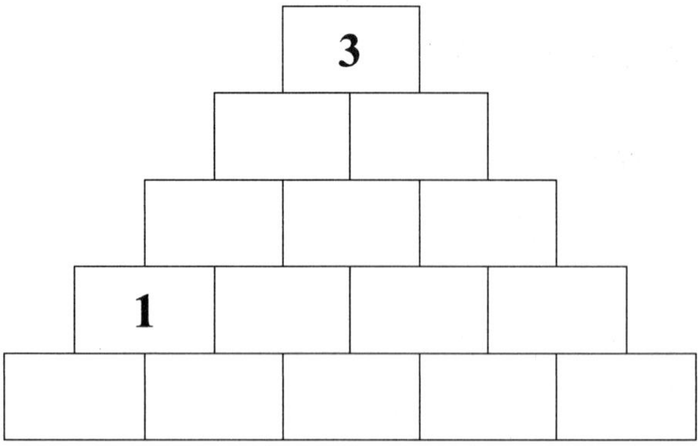

풀이

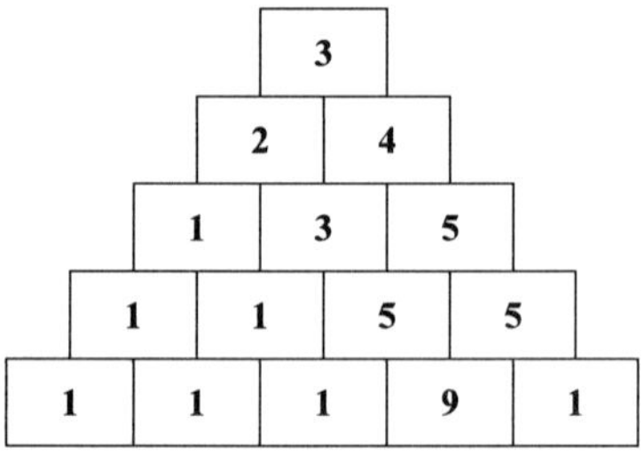

나의 노트

3.1.12 [예제]는 피라미드의 꼭대기에 있는 숫자 3에서 출발하여 1부터 3까지의 수를 한 번씩 지나도록 선을 그은 것이다. [예제]와 같이 아래 피라미드의 꼭대기에 있는 숫자에서 출발하여 0부터 9까지의 수를 한 번만 지나도록 선을 그어라.

[예제]

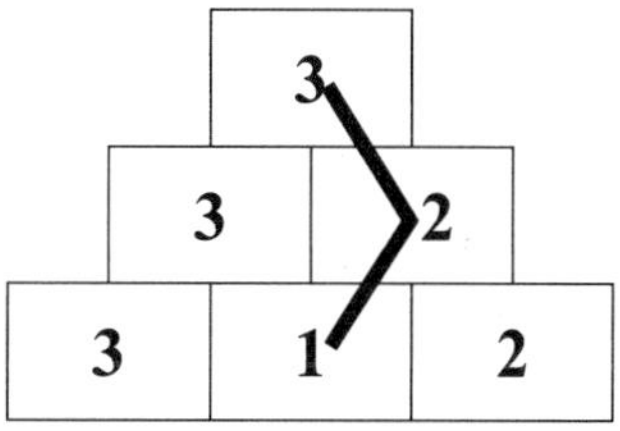

문제 1

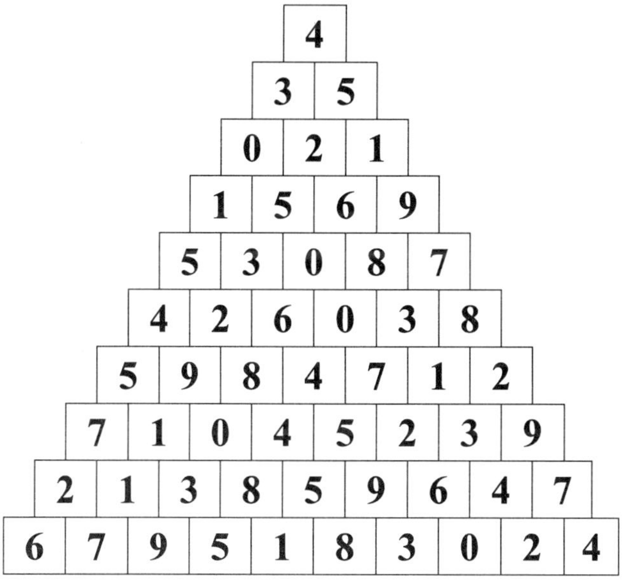

풀이

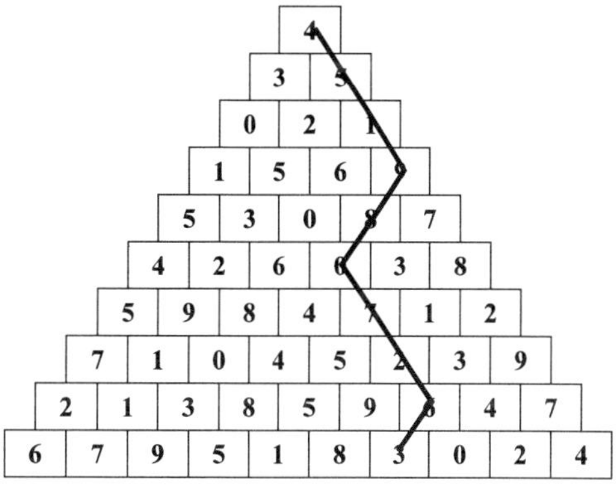

문제 2

2
9 8
6 2 3
7 8 2 4
8 7 1 4 2
9 8 2 7 3 4
5 8 2 7 4 3 1
9 1 2 3 0 4 5 6
9 8 7 4 5 1 3 6 7
0 7 8 5 6 3 2 9 1 4

풀이

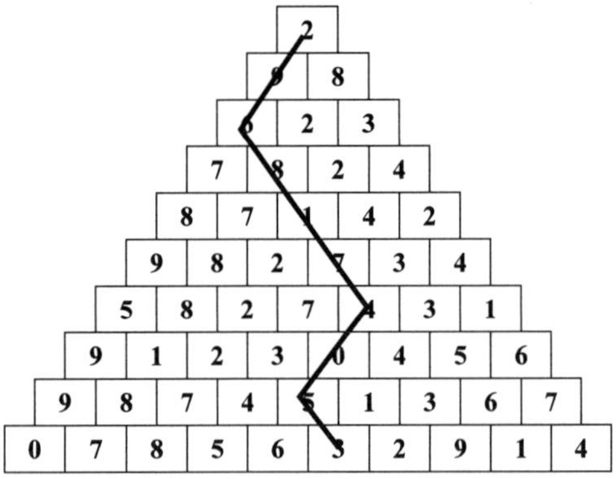

나의 노트

3.1.13 문제에 제시된 수만 사용하여 칸을 채울 때, A, B, C, D, E, F에 들어있는 수의 합은 얼마인가? (수는 왼쪽부터 오른쪽, 위로부터 아래로만 사용할 수 있다). 예를 들어, 가로로 빈칸이 세 개이면 세자리 수를 넣어야 한다.

Q 문제 1

3자리 수 : 425, 129, 662, 578, 483, 347, 692, 514, 237, 638, 553, 867, 425, 334

2자리 수 : 49, 56

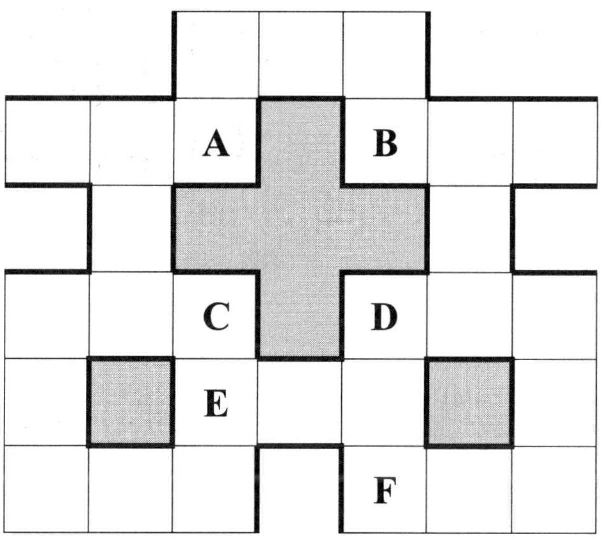

풀이

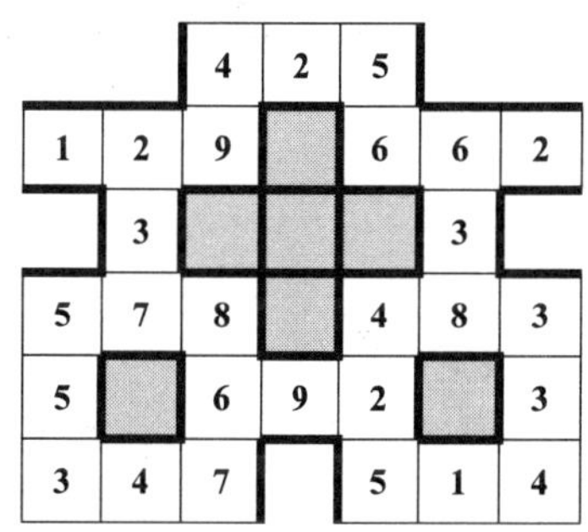

정답 : 38

나의 노트

문제 2

3자리 수 : 665, 225, 482, 768, 273, 425, 277, 431, 694, 673, 321, 254, 356, 446,

2자리 수 : 35, 62

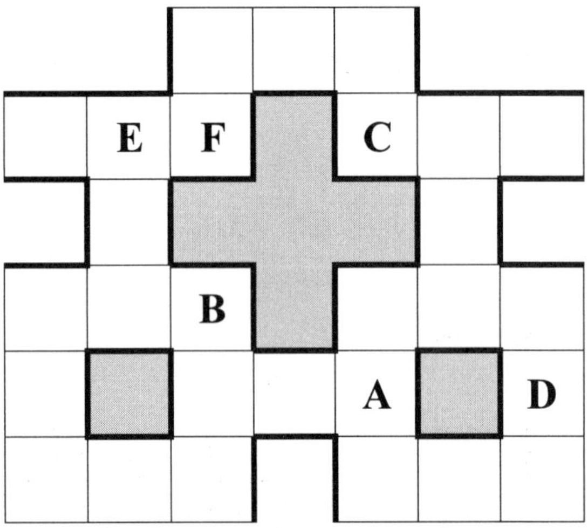

풀이

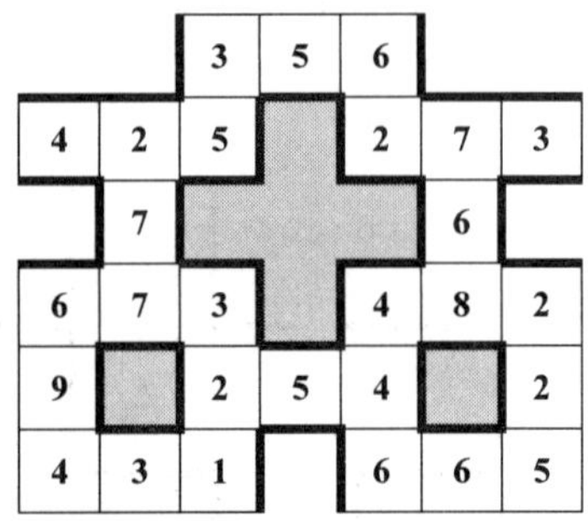

정답 : 18

문제 3

3자리 수 : 533, 742, 551, 438, 357, 448, 156, 256, 274, 433, 425, 847, 871, 523

2자리 수 : 16, 62

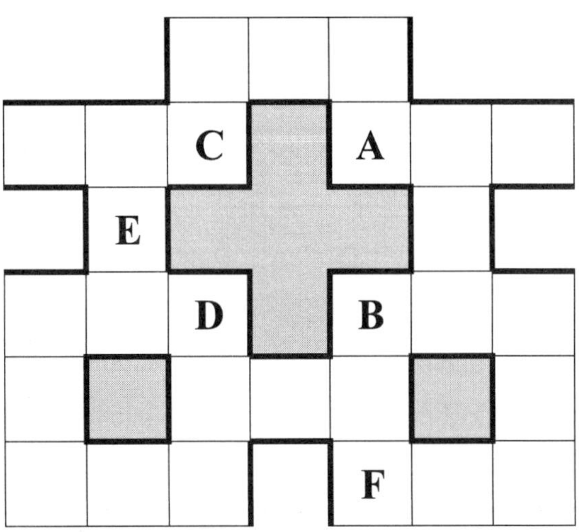

풀이

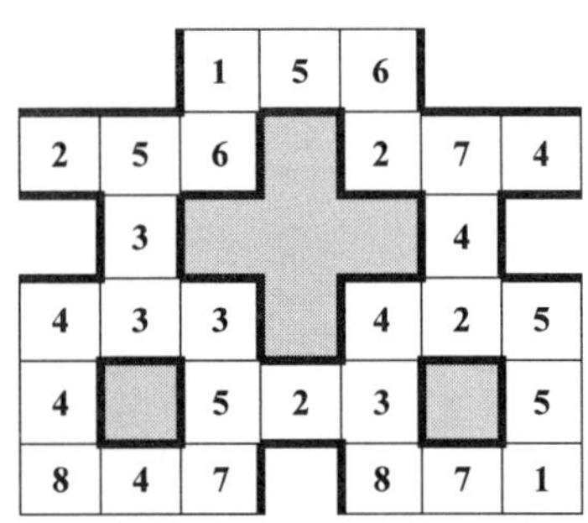

정답 : 26

3.1.14 1부터 5까지의 수를 표에 넣어서 모든 부등호(<, >, ∨, ∧)와 등호(=)가 성립하도록 완성하여라. 이 때, A, B에 들어갈 수는 각각 무엇인가?

문제 1

2	<		<		<	
∨		∧		∨		∨
	<		>	B	>	
‖		∧		∧		∧
	<	A	>		>	2
∧		∨		∧		∧
	<		<		=	

풀이

2	<	3	<	4	<	5
∨		∧		∨		∨
1	<	4	>	2	>	1
‖		∧		∧		∧
1	<	5	>	3	>	2
∧		∨		∧		∧
2	<	3	<	4	=	4

정답 : A : 5, B : 2

문제 2

	>		>	2	<	
∨		∨		∧		∨
3	>		<		>	B
‖		∧		∧		∧
	<		<		>	
∨		∨		∨		∧
A	<		<		=	

풀이

4	>	3	>	2	<	3
∨		∨		∧		∨
3	>	2	<	3	>	2
‖		∧		∧		∧
3	<	4	<	5	>	3
∨		∨		∨		∧
2	<	3	<	4	=	4

정답 : A : 2, B : 2

문제 3

5	>		>		<	
∨	■	∨	■	∧	■	∨
	>	A	<		>	
‖	■	∧	■	∧	■	∧
	>		<		>	B
∨	■	∧	■	∧	■	∧
	<	4	<		=	

풀이

5	>	4	>	2	<	3
∨	■	∨	■	∧	■	∨
4	>	1	<	3	>	2
‖	■	∧	■	∧	■	∧
4	>	3	<	4	>	3
∨	■	∧	■	∧	■	∧
3	<	4	<	5	=	5

정답 : A : 1, B : 3

나의 노트

3.1.15 표 안의 각 정사각형 칸에 제시되어 있는 화살표 방향으로 칸 한 개를 건너뛰거나, 혹은 화살표 방향의 옆 칸으로 이동하여 모든 칸을 거친 후 도착점에 가려한다. 몇 번째 이동 후 A에 오는가?

Q 문제 1

출발 ↓	↓	←
→	→	↑
7 →	A ←	도착

풀이

출발 ↓	5 ↓	4 ←
1 →	2 →	3 ↑
7 →	6 ←	도착

정답 : 6번째

Q 문제 2

↓	↓	← 출발
→	→	↓ 7
↑ A	←	도착

풀이

↓ 4	↓ 1	← 출발
→ 5	→ 6	↓ 7
↑ 3	← 2	도착

정답 : 3번째

문제 3

A ↓	출발 →	↓
↑	←	←
→	7 →	도착

풀이

5 ↓	출발 →	1 ↓
4 ↑	3 ←	2 ←
6 →	7 →	도착

정답 : 5번째

나의 노트

3.1.16 1, 2, 3, 4를 이용하여 두 자리 수를 만들어 아래의 각 행과 열에는 십의 자리, 일의 자리가 같은 것은 두 번 나타나지 않게 빈칸을 채웠을 때, A에 들어갈 수를 구하여라.

Q 문제 1

		31	
32			13
	A		
11			

풀이

43	14	31	22
32	21	44	13
24	33	12	41
11	42	23	34

정답 : 33

Q 문제 2

	31		44
24		11	
		A	
33			

풀이

12	31	23	44
24	43	11	32
41	22	34	13
33	14	42	21

정답 : 34

문제 3

	24		12
		A	
14			31
		13	

풀이

33	24	41	12
42	11	34	23
14	43	22	31
21	32	13	44

정답 : 34

나의 노트

3.1.17 [예제]의 두 직사각형의 번호가 1, 3이면 두 직사각형이 겹쳐진 부분은 두 수의 합 4가 된다. [예제]와 같은 방법으로 아래 다섯 개의 직사각형이 놓여 있다. 이 직사각형의 번호는 1에서 5까지일 때, A와 B에 알맞은 수를 각각 구하여라.

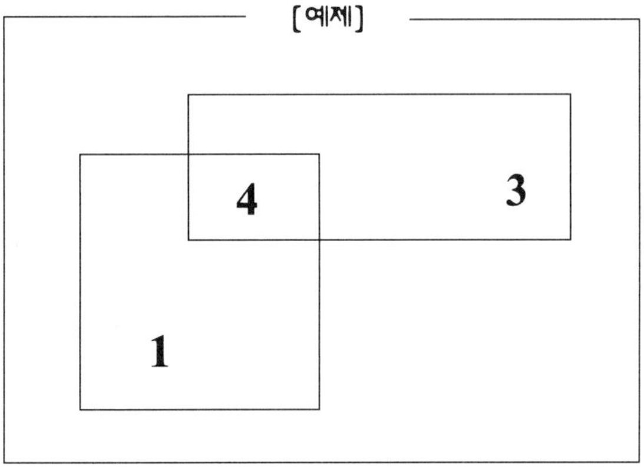

문제 1

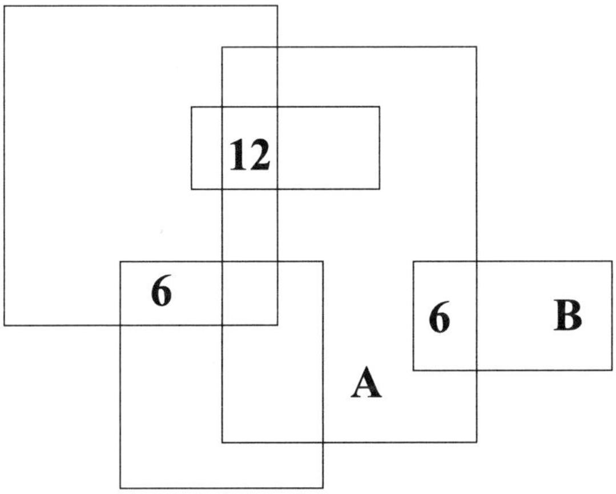

풀이

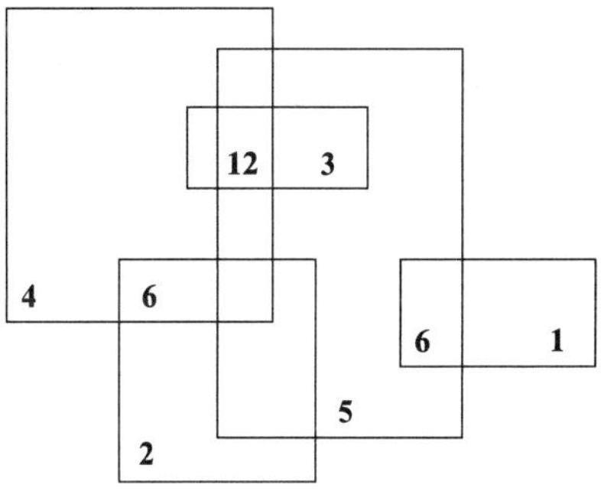

정답 : A : 5, B : 1

Q 문제 2

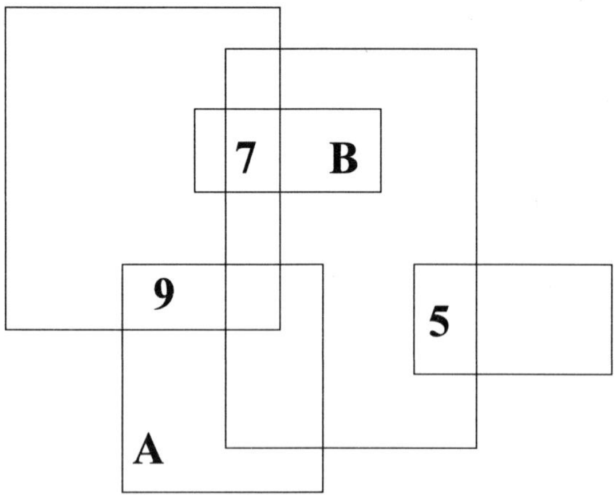

풀이

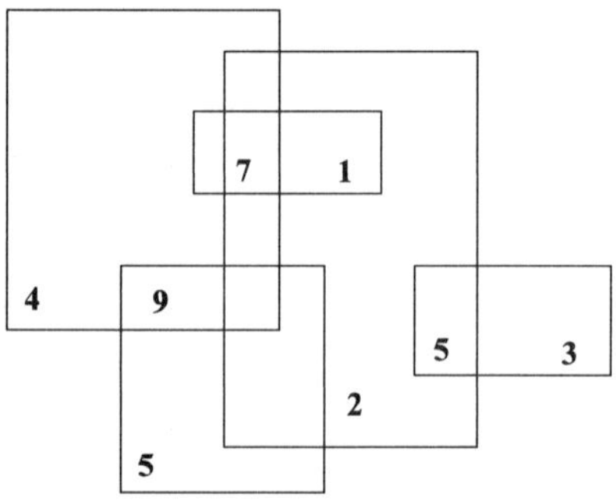

정답 : A : 5, B : 1

Q 문제 3

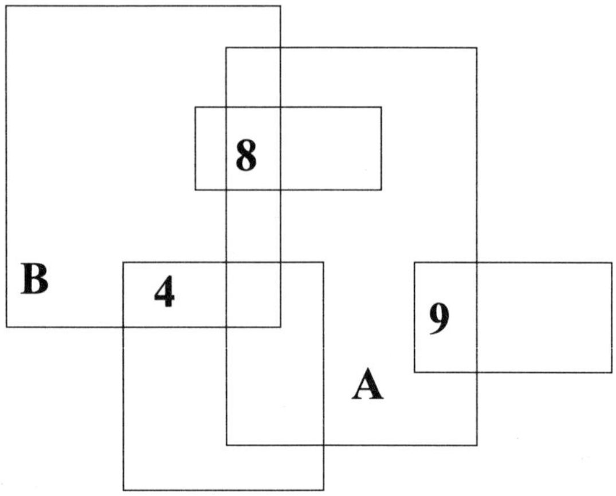

풀이

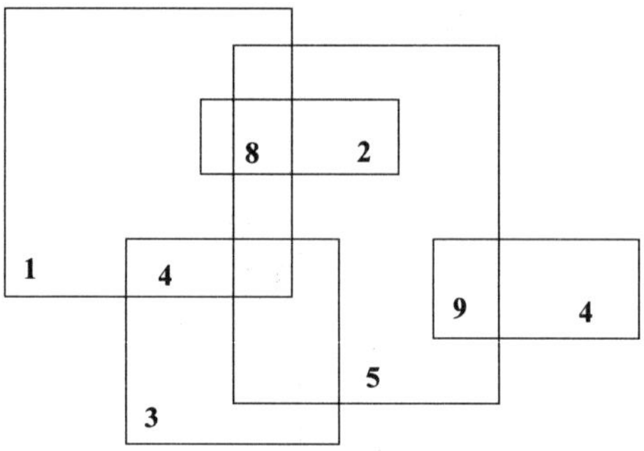

정답 : A : 5, B : 1

나의 노트

3.1.18 7개의 서로 다른 수를 이용하여 1부터 14까지의 자연수를 만들어 보자(단, 수는 홀로 만들어지거나 인접하는 하나의 수와 자신의 합으로만 만들어진다).

Q 문제 1

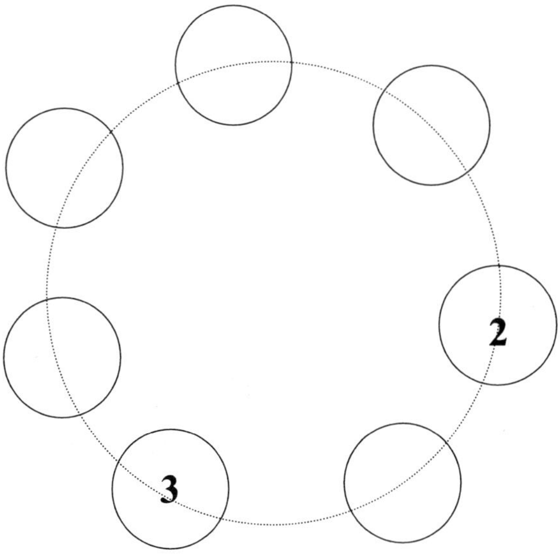

풀이

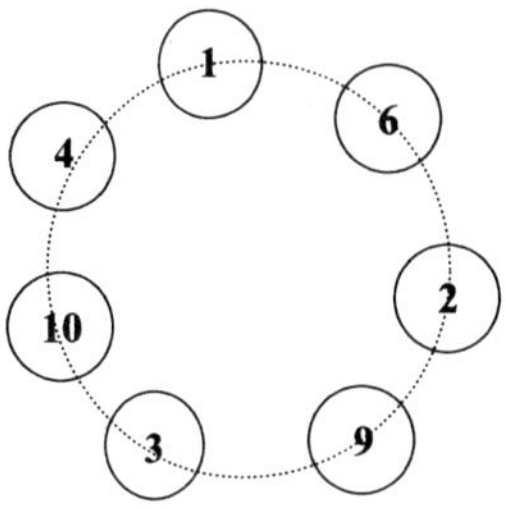

나의 노트

3.2 평면 마방진

Q 문제 1 각 원안의 수의 합이 50이 되게 하여라. 또한 3×3인 큰 사각형의 가로, 세로, 대각선 위의 수들의 합도 각각 50이 되게 하여라.

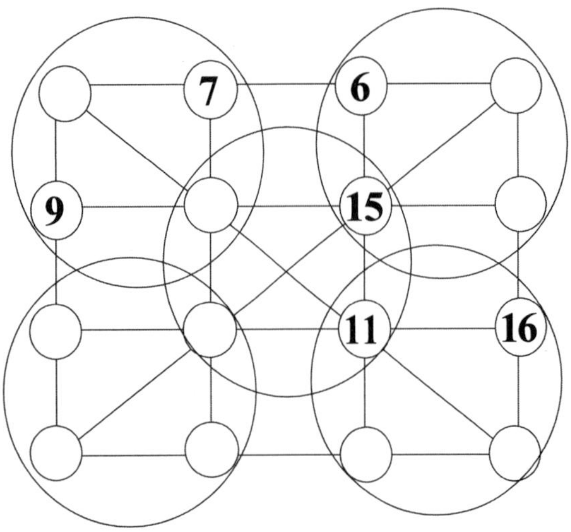

풀이

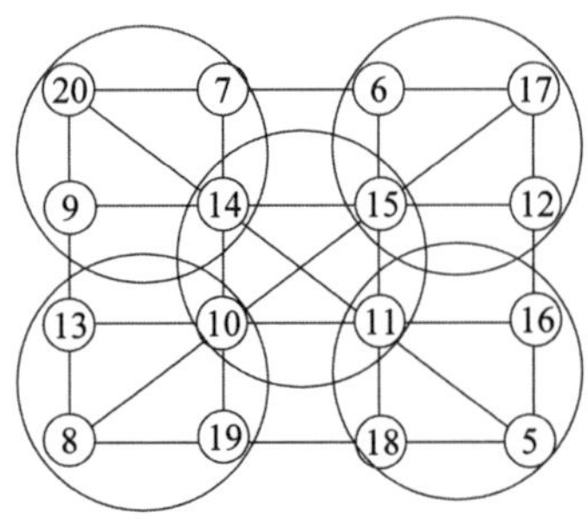

Q 문제 2 가로, 세로, 대각선 위의 수들의 합이 각각 34가 되게 하여라.

	3		**14**
8			**12**
11		**6**	

풀이

2	3	15	14
13	16	4	1
8	5	9	12
11	10	6	7

Q 문제 3 가로, 세로, 대각선 위의 수들의 합이 각각 46이 되게 하여라.

8		**14**	
	19		**5**
11			
		9	

풀이

8	7	14	17
12	19	10	5
11	4	13	18
15	16	9	6

Q 문제 4 가로, 세로, 대각선 위의 수들의 합이 각각 54가 되게 하여라.

	21		
12		**11**	
19			
	10	**14**	

풀이

6	21	9	18
12	15	11	16
19	8	20	7
17	10	14	13

Q 문제 5 가로, 세로, 대각선 위의 수들의 합이 각각 62가 되게 하여라.

20			**23**
		16	
		14	
10	**22**		

풀이

20	8	11	23
15	19	16	12
17	13	14	18
10	22	21	9

[예제] 네 개의 원 위의 수(4개의 수)들의 합이 각각 50이 되게 하여라. 네 개의 반직선 위의 수(4개의 수)들도 그 합이 각각 50이 되게 하여라.

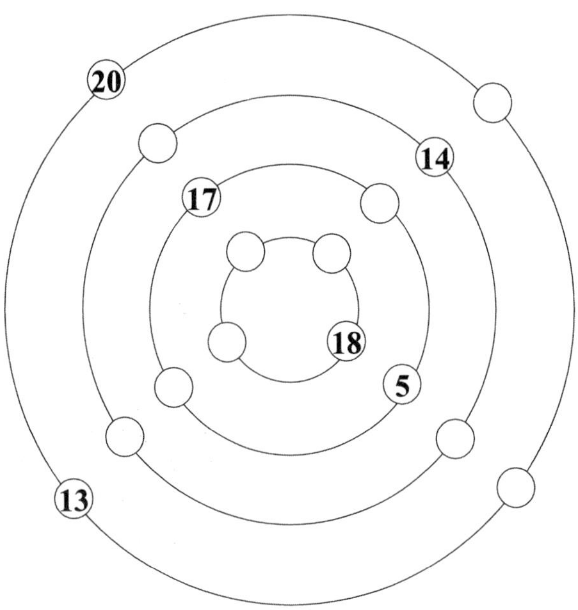

[풀이]

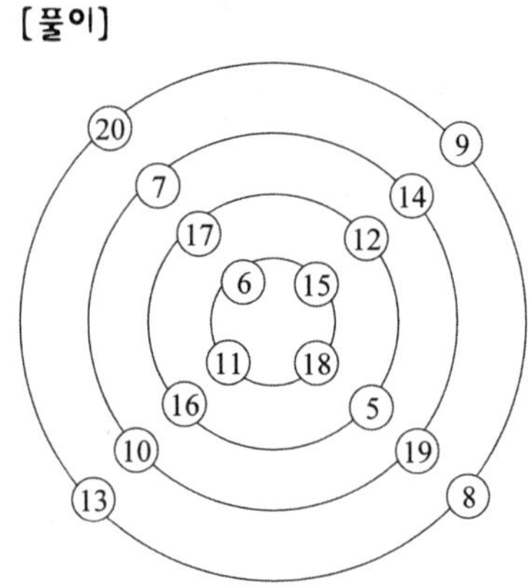

Q 문제 6 네 개의 원 위의 수(4개의 수)들의 합이 각각 34가 되게 하여라. 네 개의 반직선 위의 수(4개의 수)들도 그 합이 각각 34가 되게 하여라.

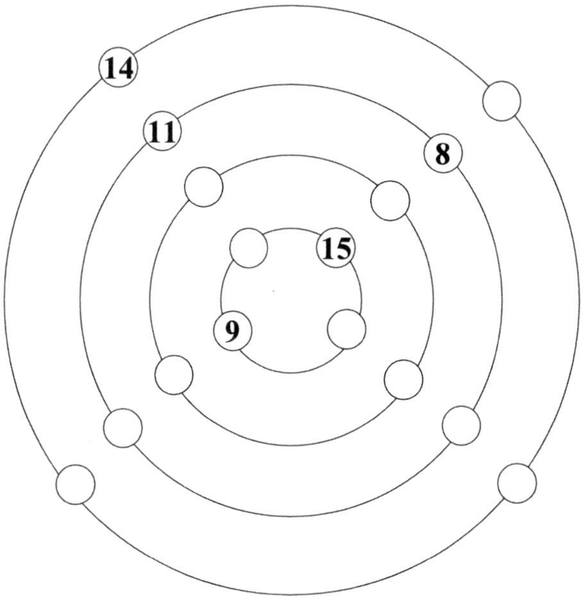

풀이

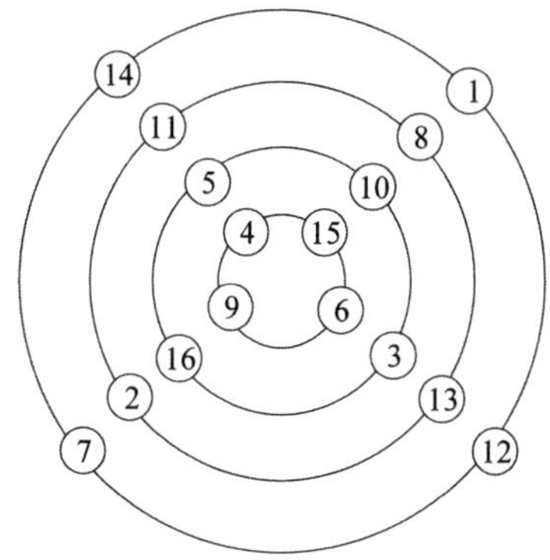

Q 문제 7 네 개의 원 위의 수(4개의 수)들의 합이 각각 50이 되게 하여라. 네 개의 반직선 위의 수(4개의 수)들도 그 합이 각각 50이 되게 하여라.

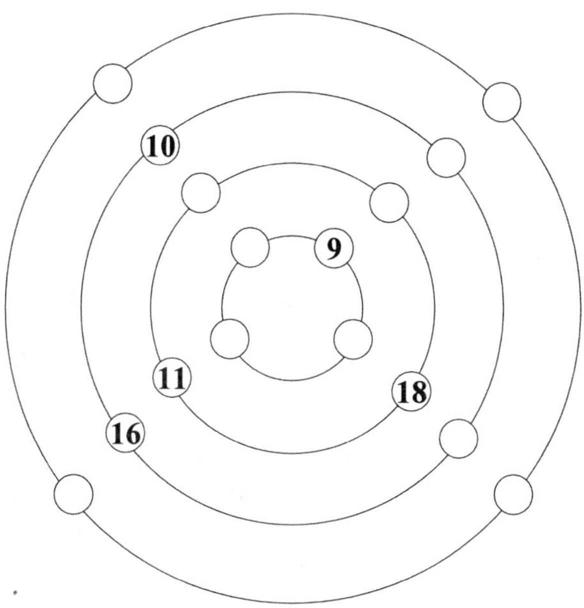

풀이

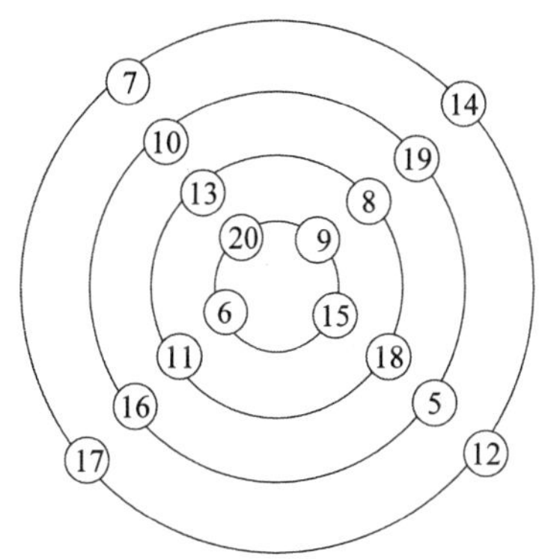

Q 문제 8 네 개의 원 위의 수(4개의 수)들의 합이 각각 62가 되게 하여라. 네 개의 반직선 위의 수(4개의 수)들도 그 합이 각각 62가 되게 하여라.

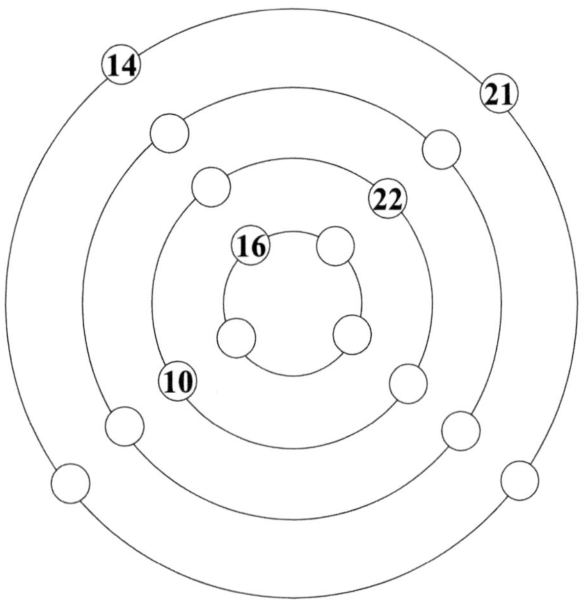

풀이

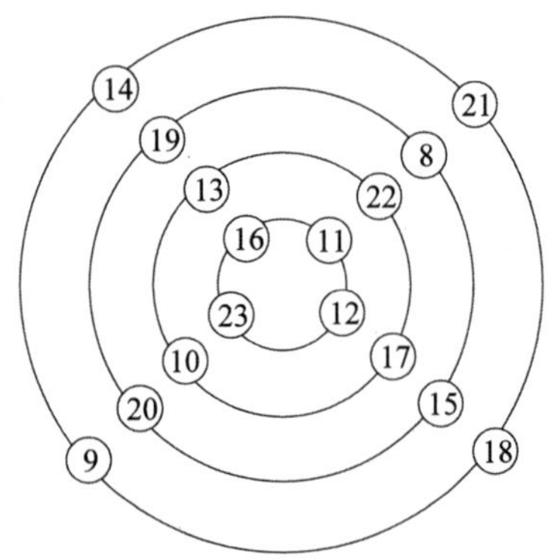

Q 문제 9 네 개의 원 위의 수(4개의 수)들의 합이 각각 70이 되게 하여라. 네 개의 반직선 위의 수(4개의 수)들도 그 합이 각각 70이 되게 하여라.

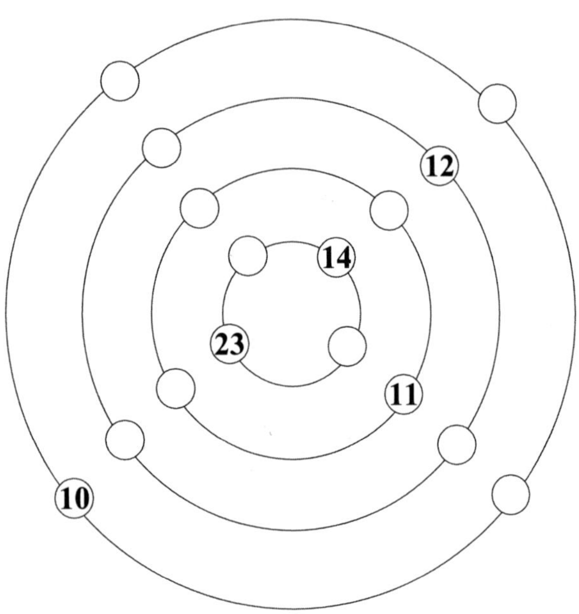

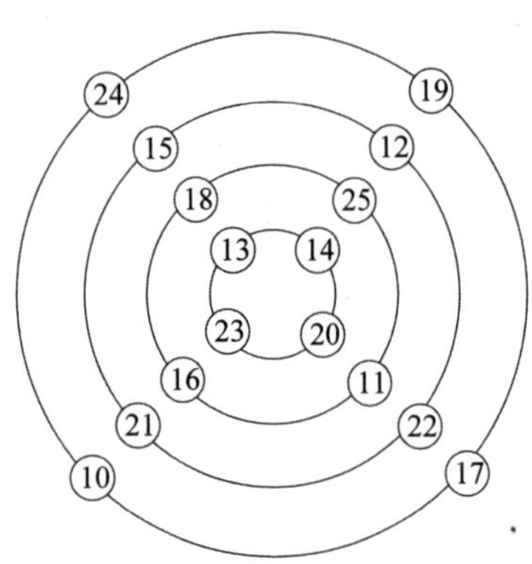

Q 문제 10 다섯 개의 원 위의 수(5개의 수)들의 합이 각각 100이 되게 하여라. 다섯 개의 반직선 위의 수(5개의 수)들도 그 합이 각각 100이 되게 하여라. 또한 점선 위의 수(5개의 수)들의 합도 100이 되게 하여라.

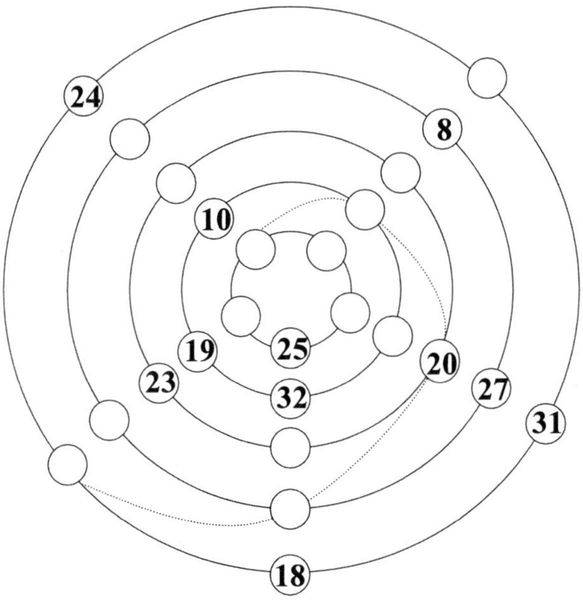

풀이

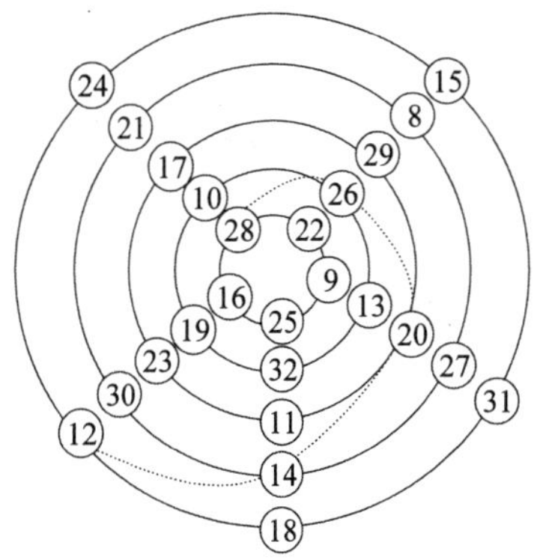

Q 문제 11 다섯 개의 원 위의 수(5개의 수)들의 합이 각각 70이 되게 하여라. 다섯 개의 반직선 위의 수(5개의 수)들도 그 합이 각각 70이 되게 하여라.

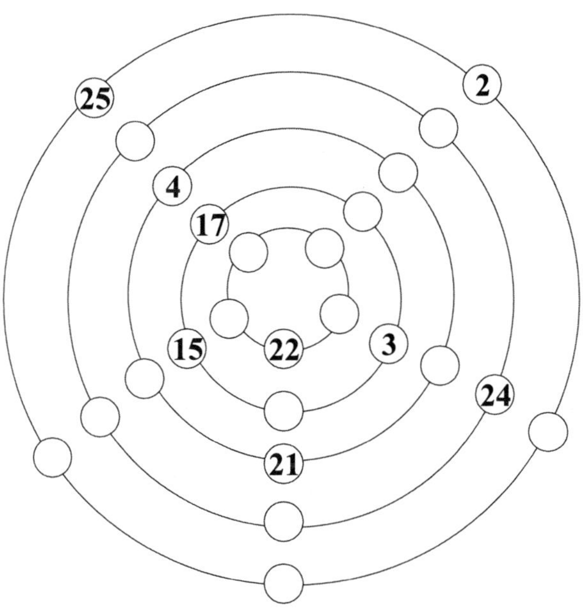

풀이

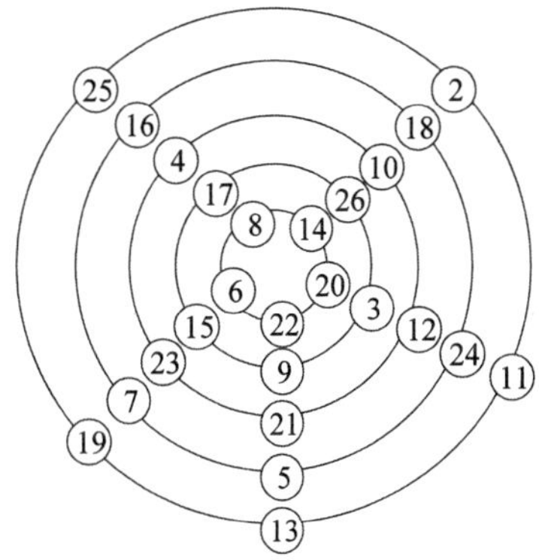

Q 문제 12 다섯 개의 원 위의 수(5개의 수)들의 합이 각각 80이 되게 하여라. 다섯 개의 반직선 위의 수(5개의 수)들도 그 합이 각각 80이 되게 하여라.

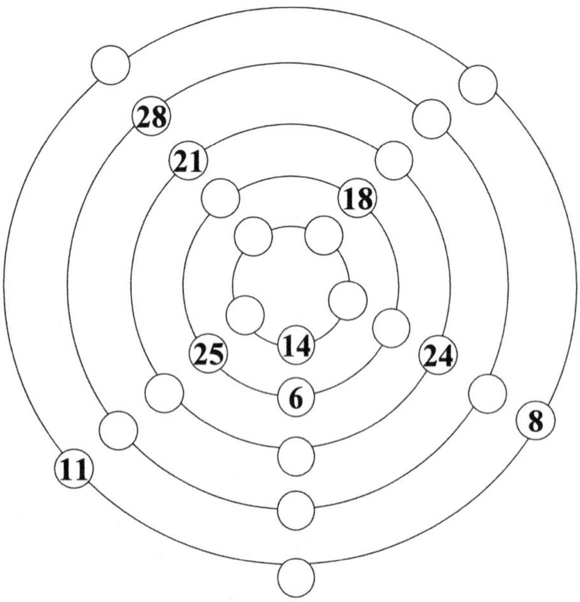

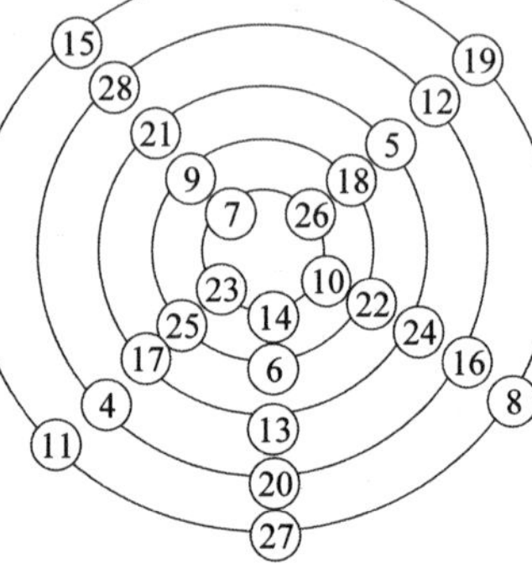

Q 문제 13 다섯 개의 원 위의 수(5개의 수)들의 합이 각각 90이 되게 하여라. 다섯 개의 반직선 위의 수(5개의 수)들도 그 합이 각각 80이 되게 하여라.

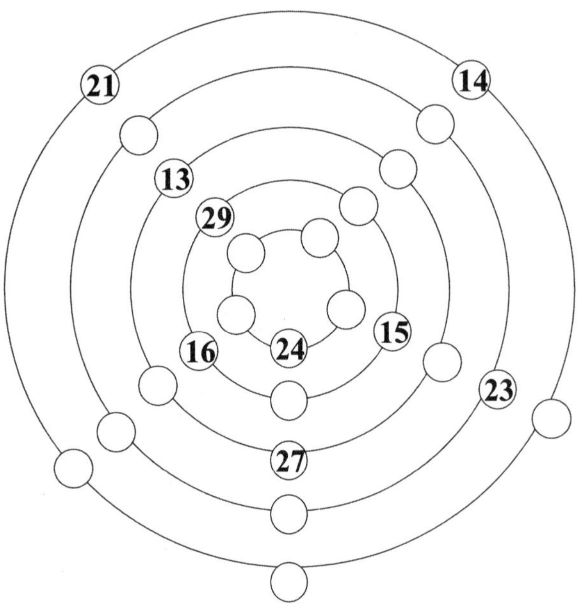

풀이

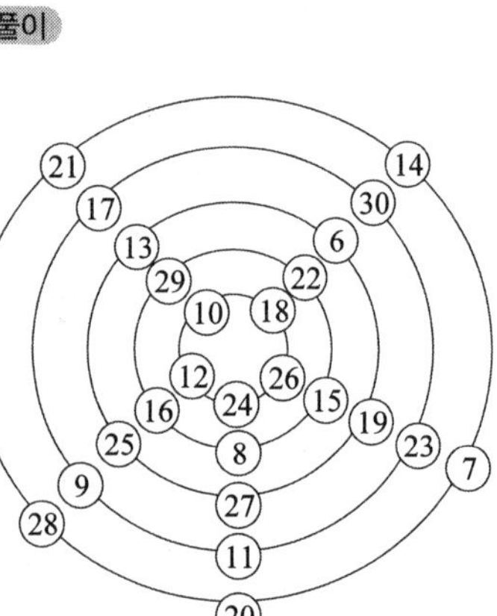

Q 문제 14 다섯 개의 원 위의 수(5개의 수)들의 합이 각각 100이 되게 하여라. 다섯 개의 반직선 위의 수(5개의 수)들도 그 합이 각각 100이 되게 하여라.

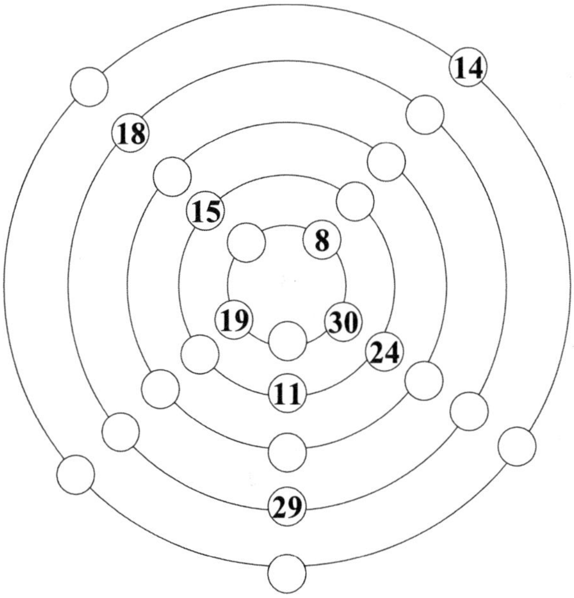

풀이

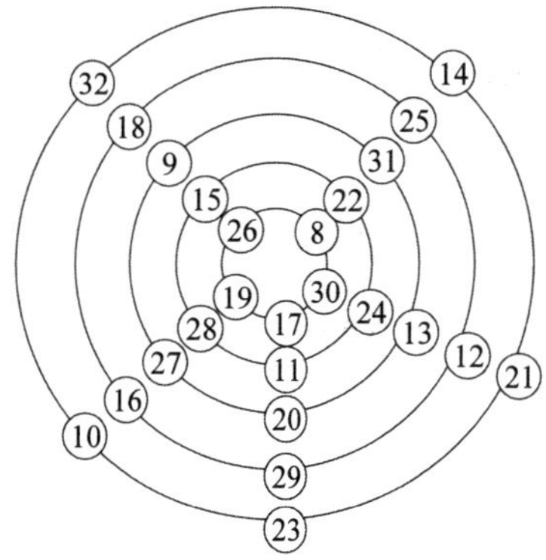

Q 문제 15 모든 일직선 위의 수(5개의 수)들의 합이 각각 65가 되게 하여라.

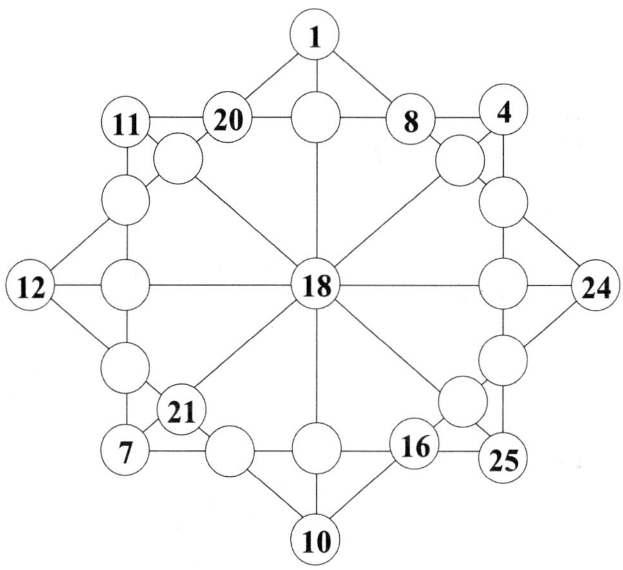

풀이

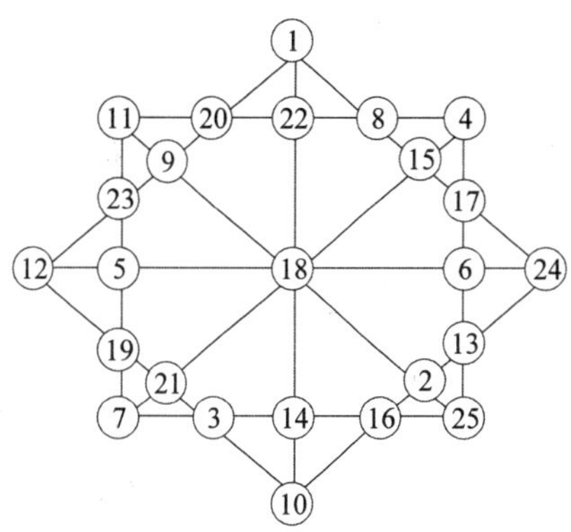

Q 문제 16 모든 일직선 위의 수들의 합이 각각 65가 되게 하여라.

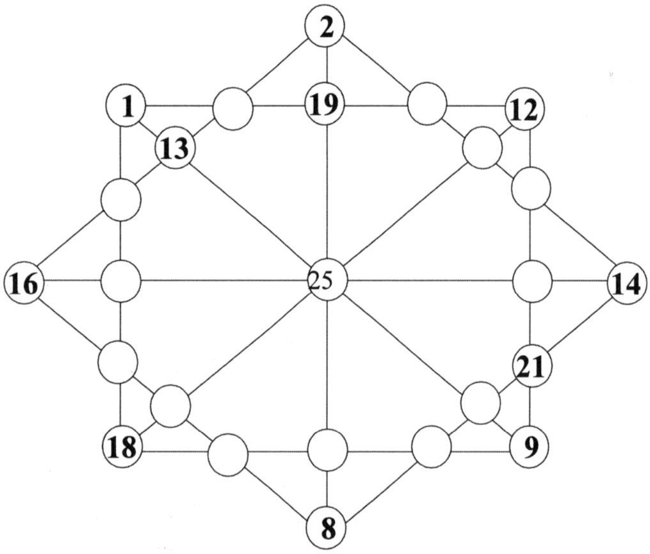

풀이

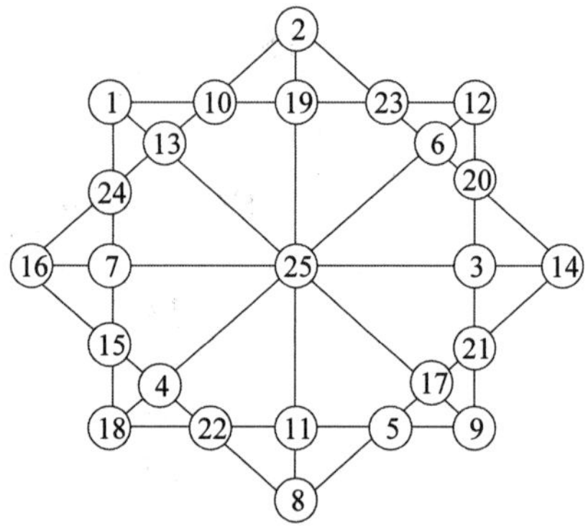

Q 문제 17 모든 일직선 위의 수들의 합이 각각 65가 되게 하여라.

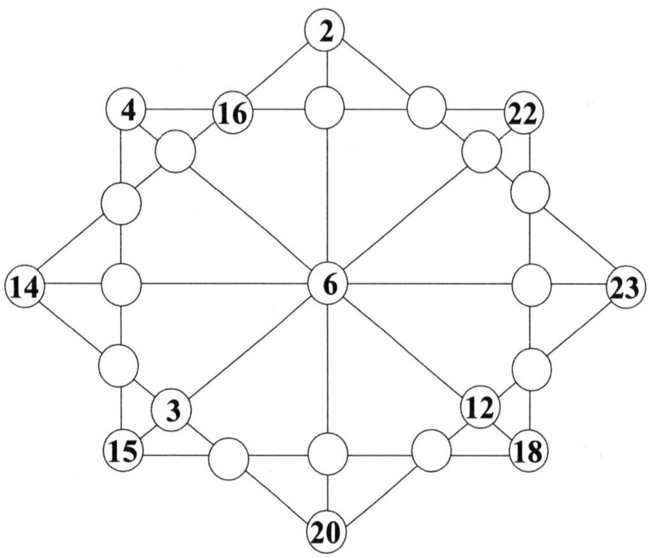

풀이

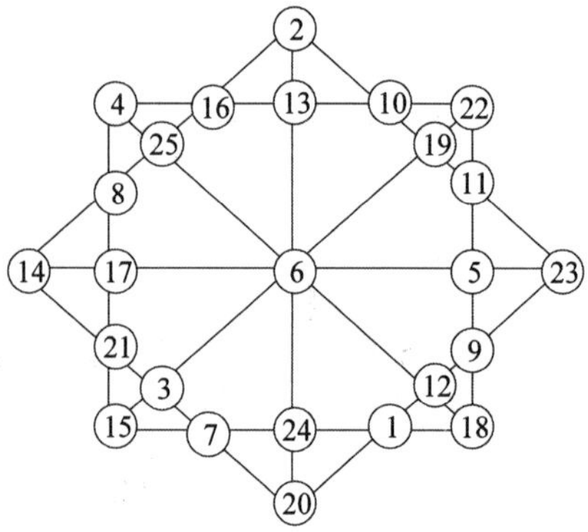

문제 18 모든 일직선 위의 수들의 합이 각각 65가 되게 하여라.

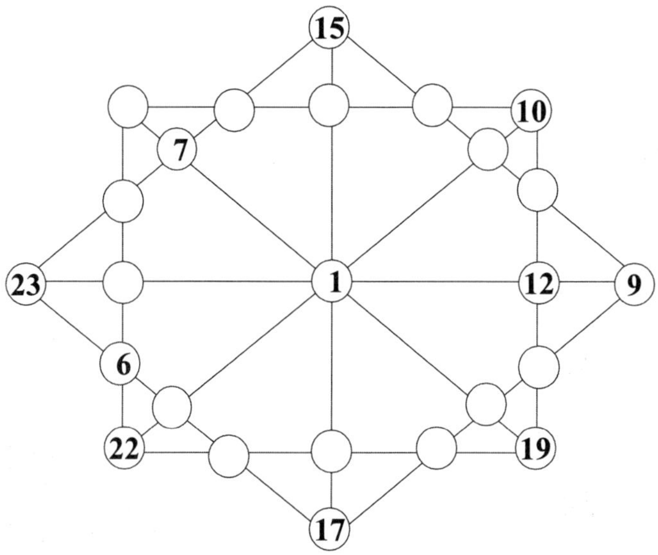

풀이

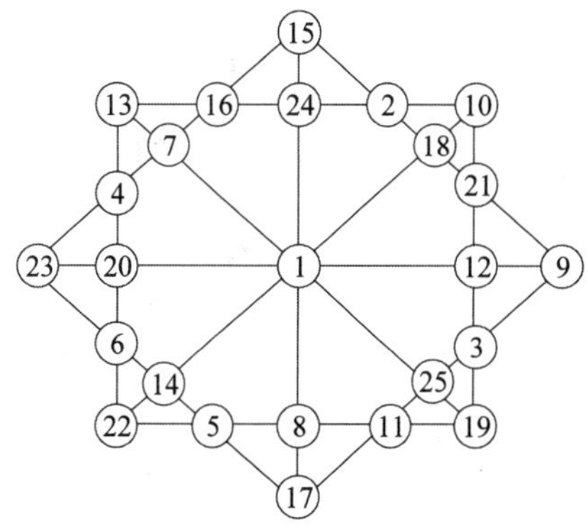

문제 19 모든 일직선 위의 수들의 합이 각각 65가 되게 하여라.

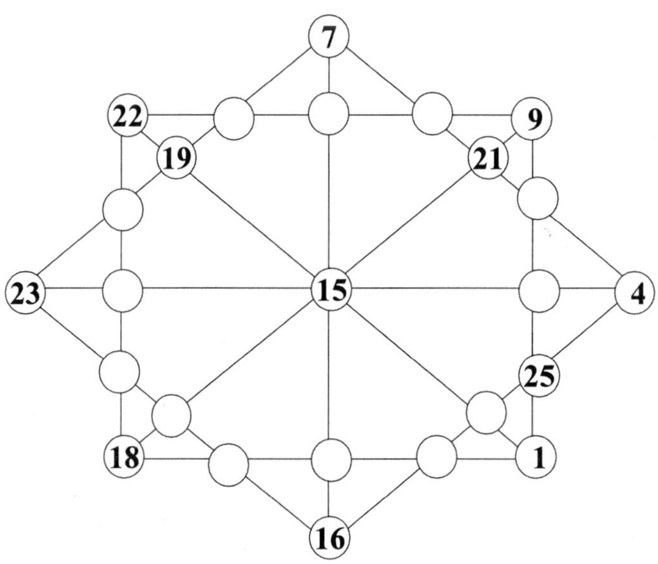

풀이

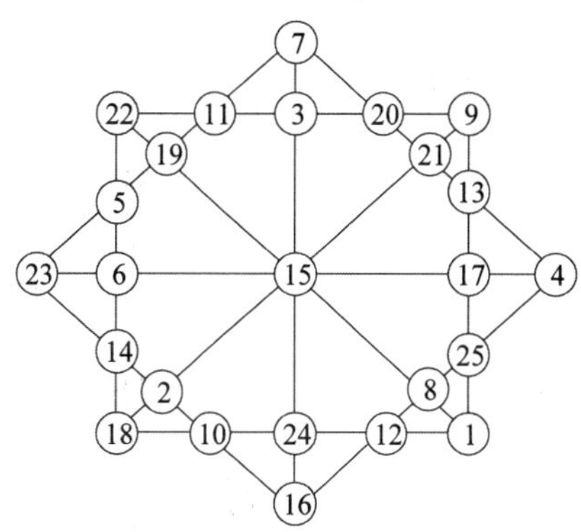

Q 문제 20 원과 사각형 내에 있는 모든 수에 대해 가로, 세로, 대각선 위의 수들의 합이 각각 150이 되게 하여라.

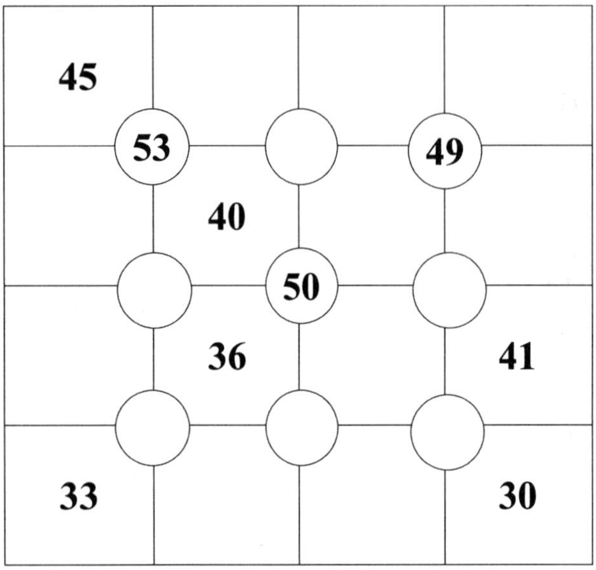

풀이

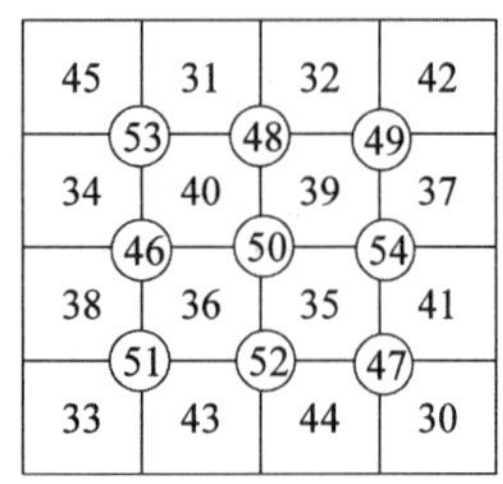

Q 문제 21 원과 사각형 내에 있는 모든 수에 대해 가로, 세로, 대각선 위의 수들의 합이 각각 150이 되게 하여라.

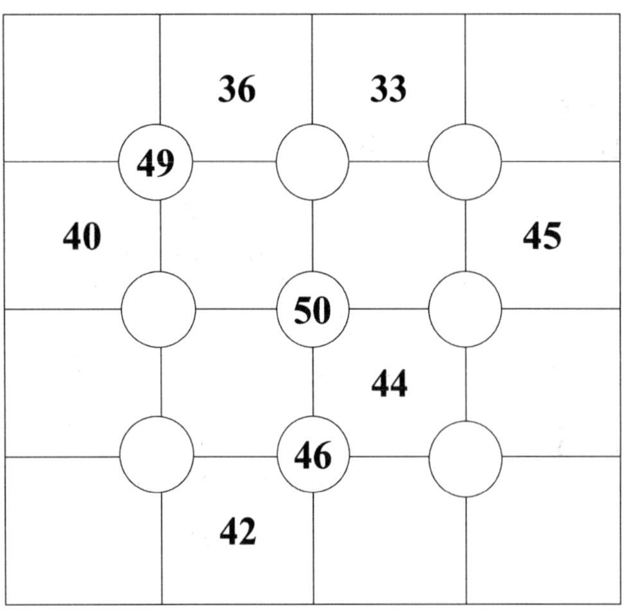

풀이

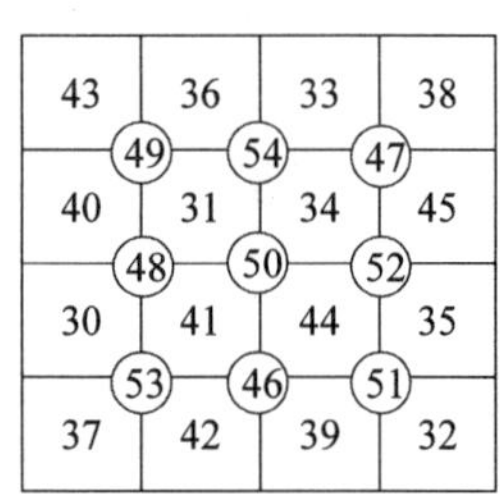

Q 문제 22 원과 사각형 내에 있는 모든 수에 대해 가로, 세로, 대각선 위의 수들의 합이 각각 150이 되게 하여라.

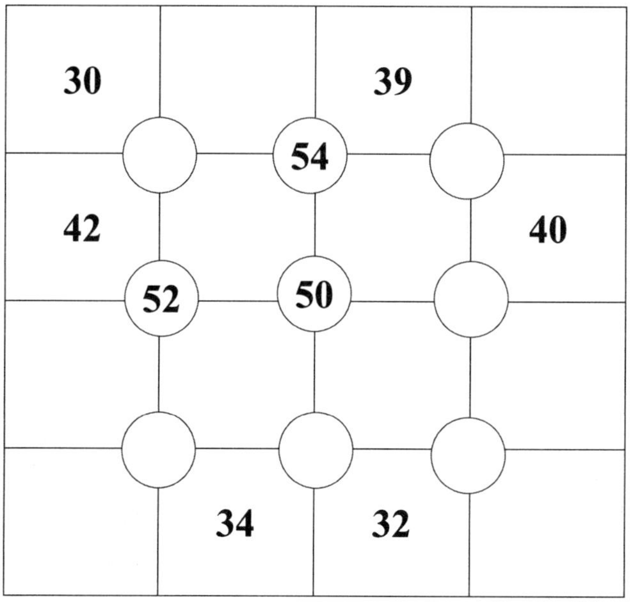

풀이

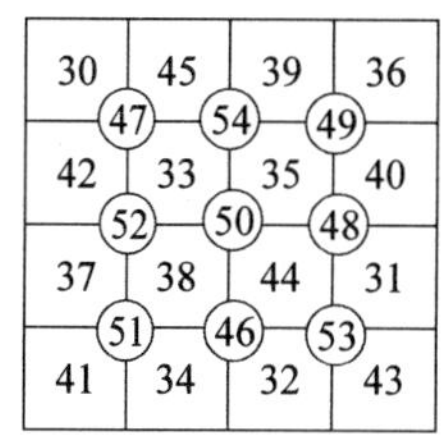

Q 문제 23 원과 사각형 내에 들어 있는 모든 수에 대해 가로, 세로, 대각선 위의 수들의 합이 각각 150이 되게 하여라.

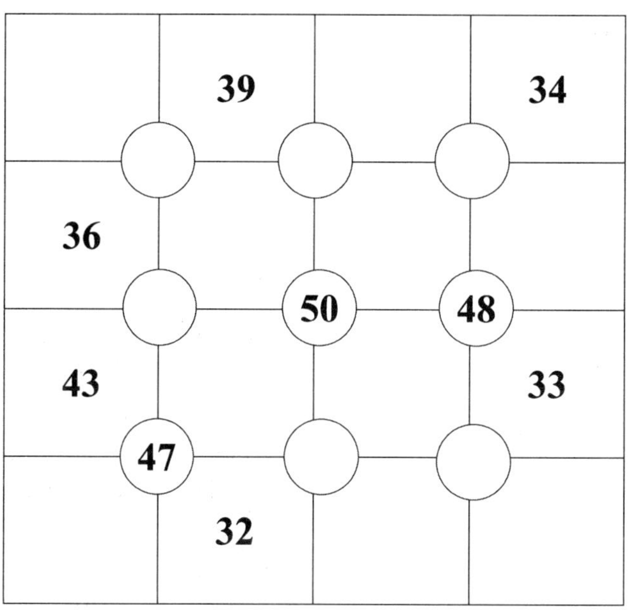

풀이

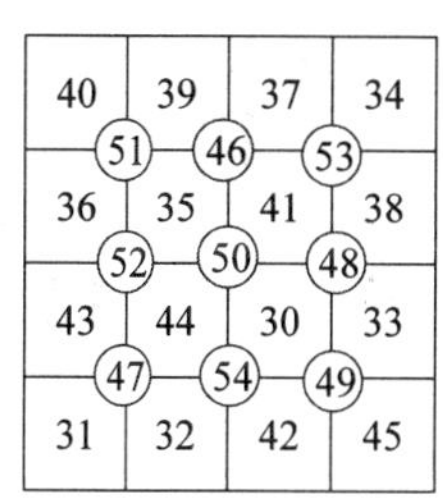

Q 문제 24 원과 사각형 내에 들어 있는 모든 수에 대해 가로, 세로, 대각선 위의 수들의 합이 각각 150이 되게 하여라.

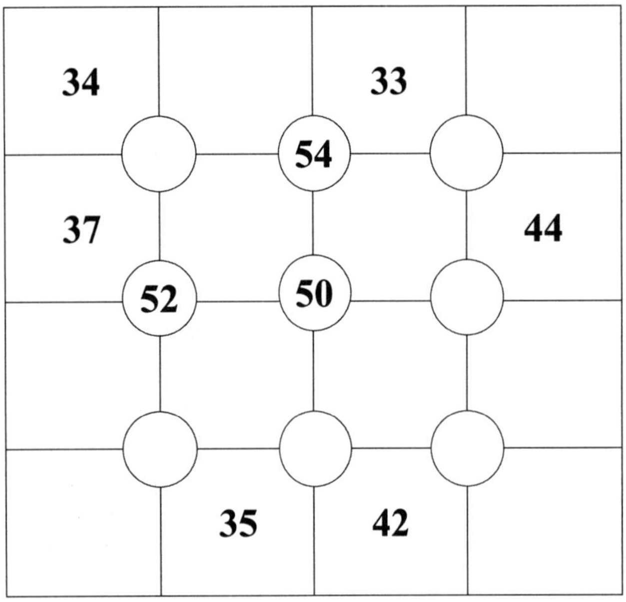

풀이

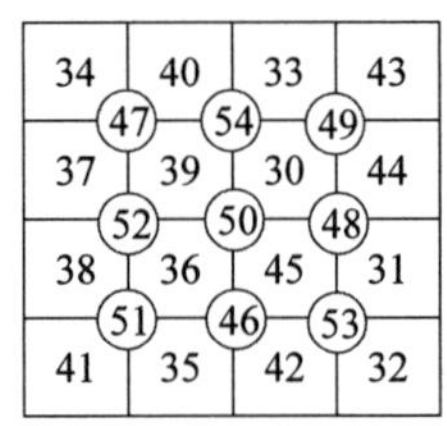

Q 문제 25 가로, 세로 위의 수(4개의 수)들의 합이 각각 66이 되게 하여라.

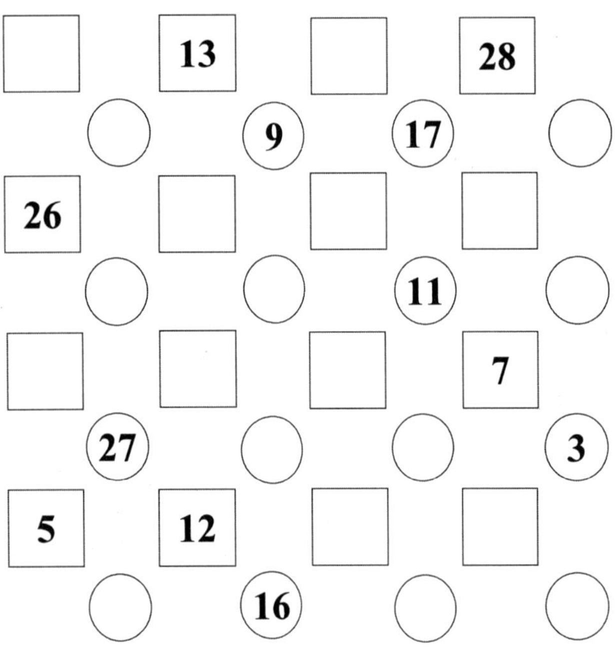

풀이

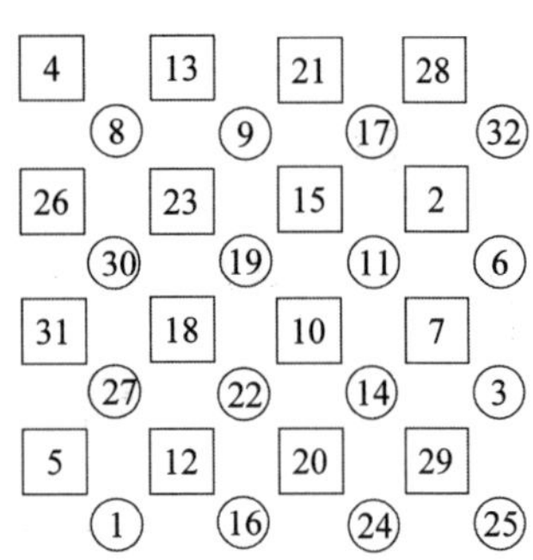

문제 26 가로, 세로, 대각선 위의 수들의 합이 각각 34가 되게 하여라.

8			
3		9	16
	12		

풀이

8	1	14	11
10	15	4	5
3	6	9	16
13	12	7	2

문제 27 가로, 세로, 대각선 위의 수들의 합이 각각 66이 되게 하여라.

	12		
20			
		28	
	24	13	

풀이

5	12	17	32
20	29	8	9
16	1	28	21
25	24	13	4

문제 28 가로, 세로, 대각선 위의 수들의 합이 각각 66이 되게 하여라.

		18	
19			**6**
		23	
		14	

풀이

10	7	18	31
19	30	11	6
15	2	23	26
22	27	14	3

문제 29 가로, 세로, 대각선 위의 수들의 합이 각각 98이 되게 하여라.

	19	**25**	
24		**13**	
	42		

풀이

36	19	25	18
37	6	48	7
24	31	13	30
1	42	12	43

Q 문제 30 가로, 세로, 대각선 위의 수들의 합이 각각 98이 되게 하여라.

	26		
14			**32**
	44		**23**

풀이

47	26	20	5
14	11	41	32
29	44	2	23
8	17	35	38

Q 문제 31 가로, 세로, 대각선 위의 수들의 합이 각각 98이 되게 하여라.

	34		**4**
27			
		28	**15**

풀이

21	34	39	4
27	16	9	46
10	45	28	15
40	3	22	33

문제 32 가로, 세로, 대각선 위의 수들의 합이 각각 130이 되게 하여라.

		40	
48		9	
25			8

풀이

1	57	40	32
48	24	9	49
25	33	64	8
56	16	17	41

문제 33 가로, 세로, 대각선 위의 수들의 합이 각각 130이 되게 하여라.

5		29	
			12
	53	4	

풀이

5	44	29	52
61	20	37	12
36	13	60	21
28	53	4	45

문제 34 가로, 세로, 대각선 위의 수들의 합이 각각 130이 되게 하여라.

50		**2**	
7			
	23	**58**	

풀이

50	47	2	31
7	26	55	42
63	34	15	18
10	23	58	39

문제 35 가로, 세로, 대각선 위의 수들의 합이 각각 130이 되게 하여라.

		38	
	14		**3**
	62	**11**	

풀이

43	19	38	30
54	14	59	3
27	35	22	46
6	62	11	51

[예제] 1 ~ 16까지의 수를 단 한 번씩만 사용하여 각 사각형의 꼭지점 위의 수들의 합이 모두 34가 되게 하여라.

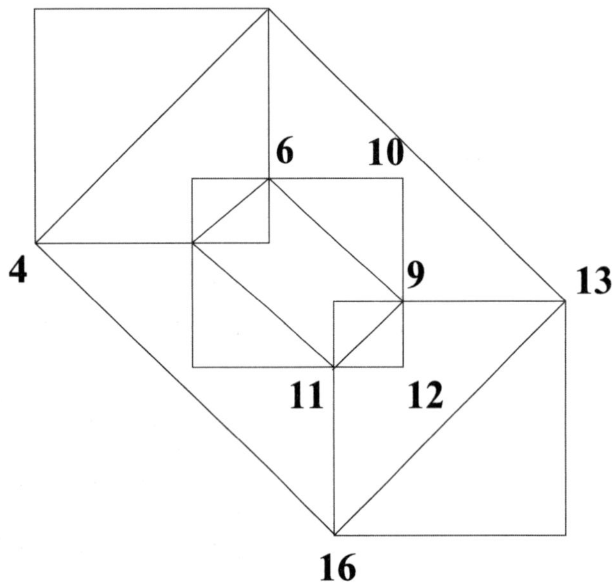

[풀이]

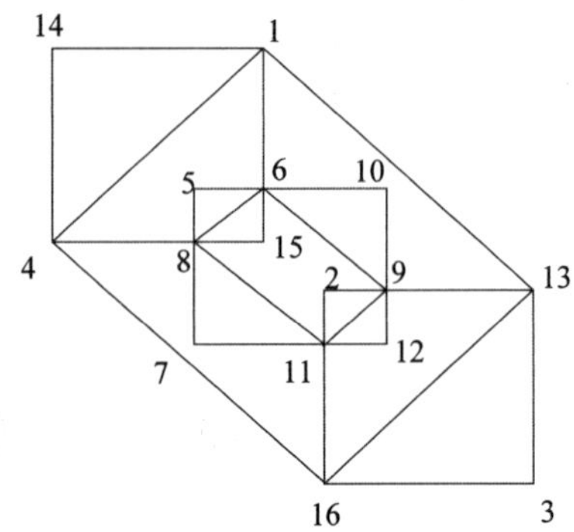

Q 문제 36 1 ~ 16까지의 수를 단 한 번씩만 사용하여 각 사각형의 꼭지점 위의 수들의 합이 모두 34가 되게 하여라.

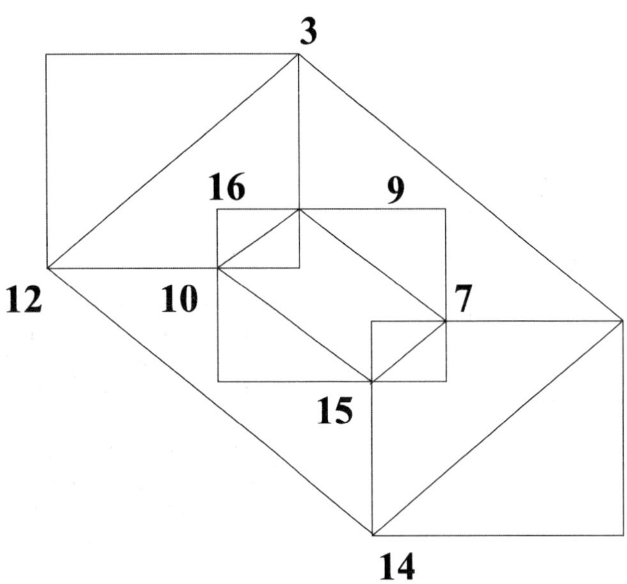

풀이

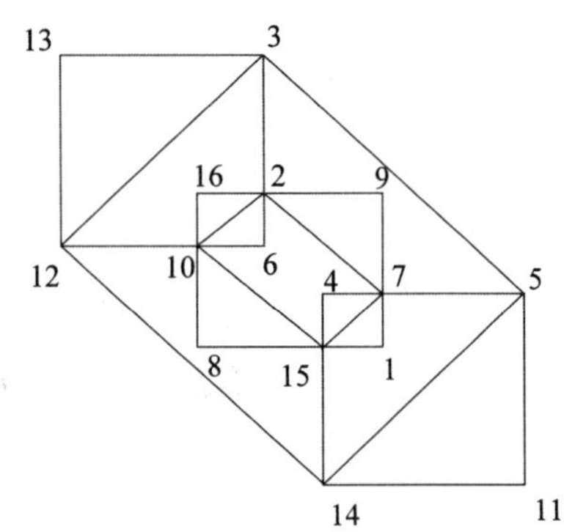

문제 37 1 ~ 16까지의 수를 단 한 번씩만 사용하여 각 사각형의 꼭지점 위의 수들의 합이 모두 34가 되게 하여라.

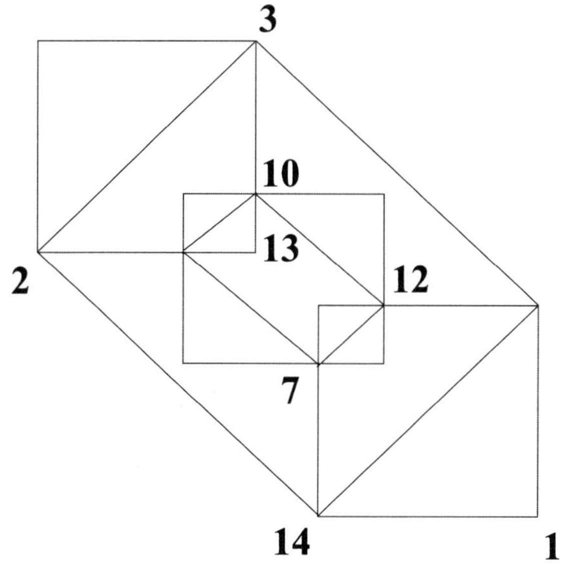

풀이

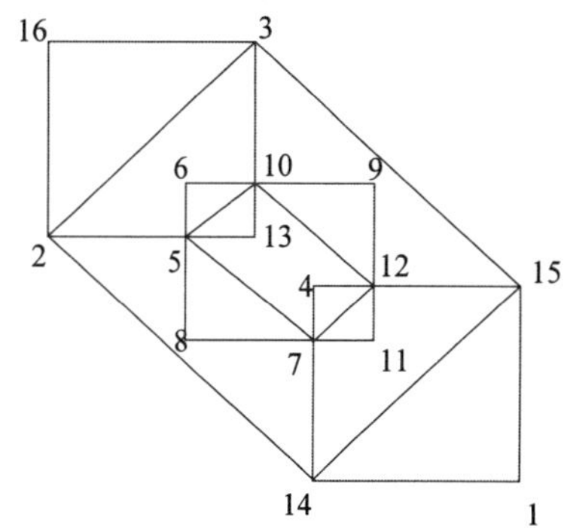

문제 38 1 ~ 16까지의 수를 단 한 번씩만 사용하여 각 사각형의 꼭지점 위의 수들의 합이 모두 34가 되게 하여라.

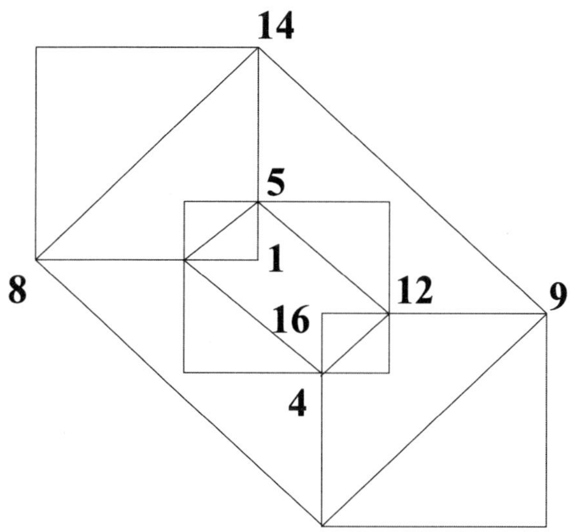

풀이

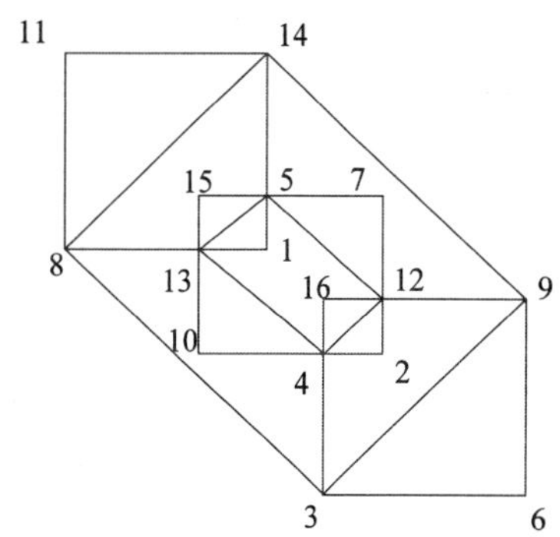

문제 39 1 ~ 16까지의 수를 단 한 번씩만 사용하여 각 사각형의 꼭지점 위의 수들의 합이 모두 34가 되게 하여라.

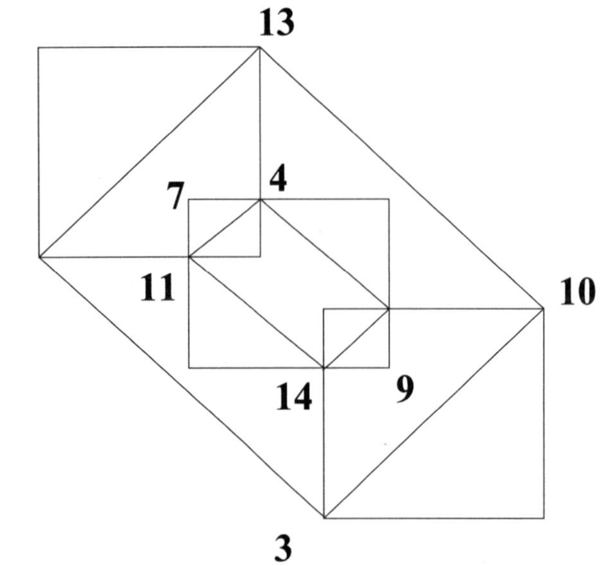

풀이

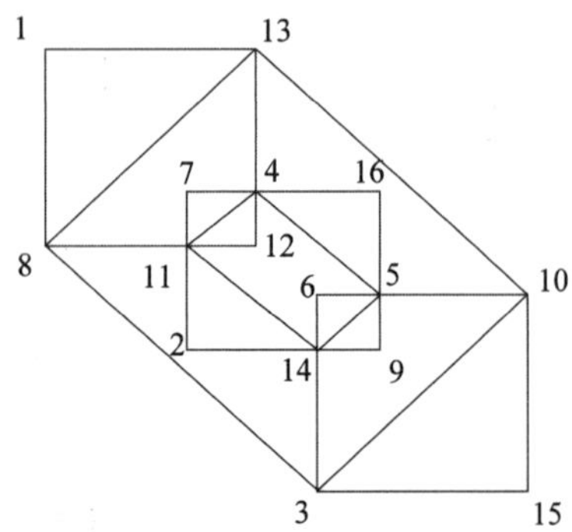

문제 40 1 ~ 16까지의 수를 단 한 번씩만 사용하여 각 사각형의 꼭지점 위의 수들의 합이 모두 34가 되게 하여라.

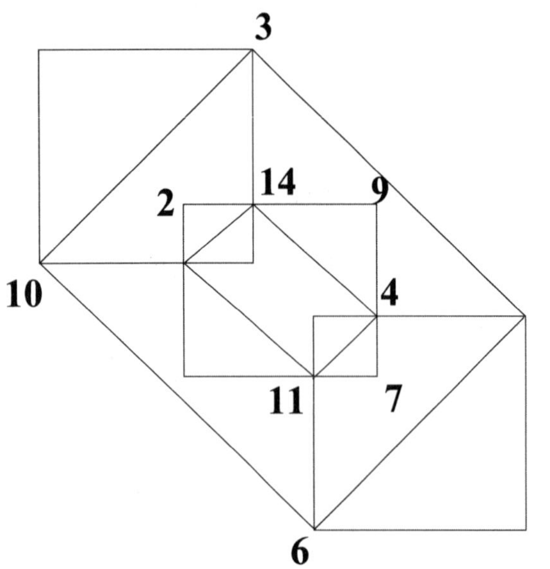

풀이

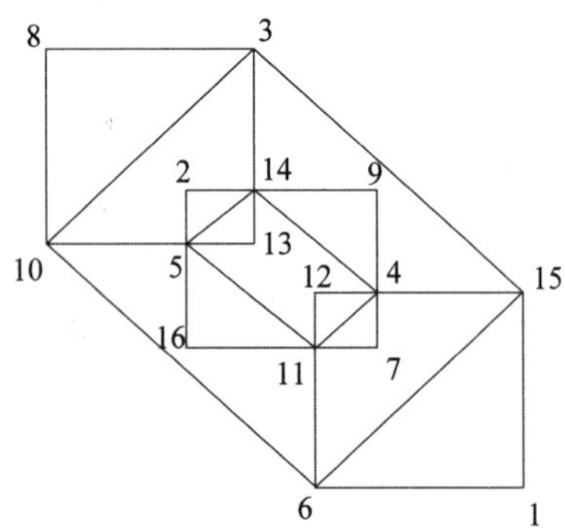

문제 41 1 ~ 16까지의 수를 단 한 번씩만 사용하여 각 사각형의 꼭지점 위의 수들의 합이 모두 34가 되게 하여라.

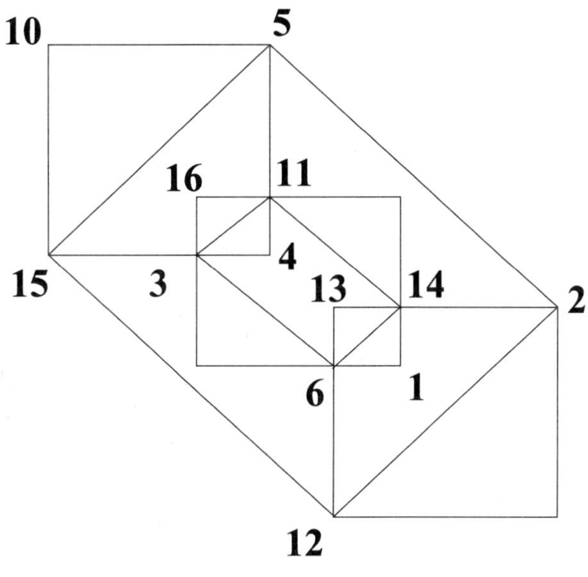

풀이

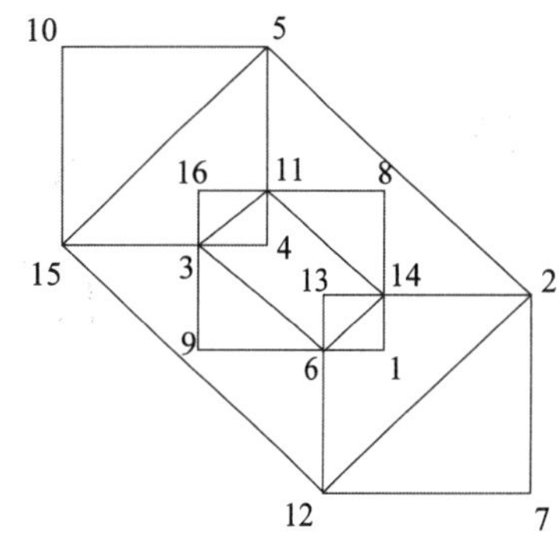

문제 42 1 ~ 16까지의 수를 단 한 번씩만 사용하여 각 사각형의 꼭지점 위의 수들의 합이 모두 34가 되게 하여라.

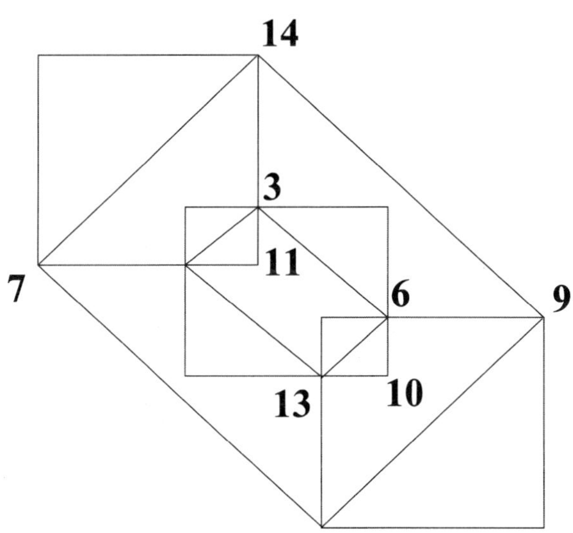

풀이

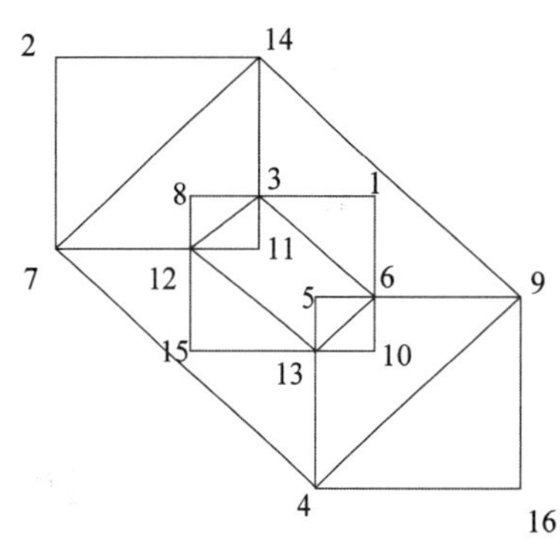

Q 문제 43 1 ~ 16까지의 수를 단 한 번씩만 사용하여 각 사각형의 꼭지점 위의 수들의 합이 모두 34가 되게 하여라.

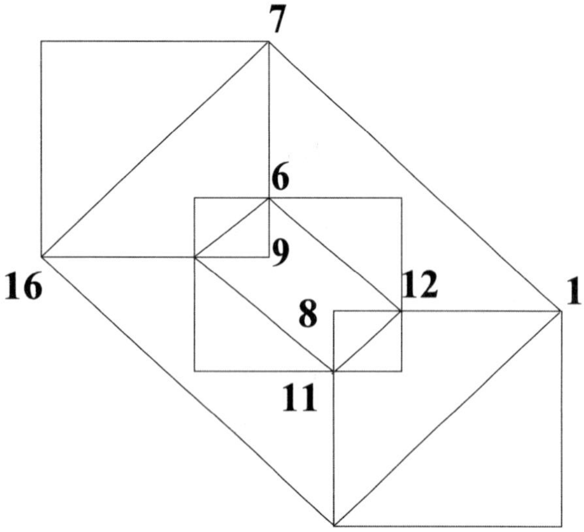

풀이

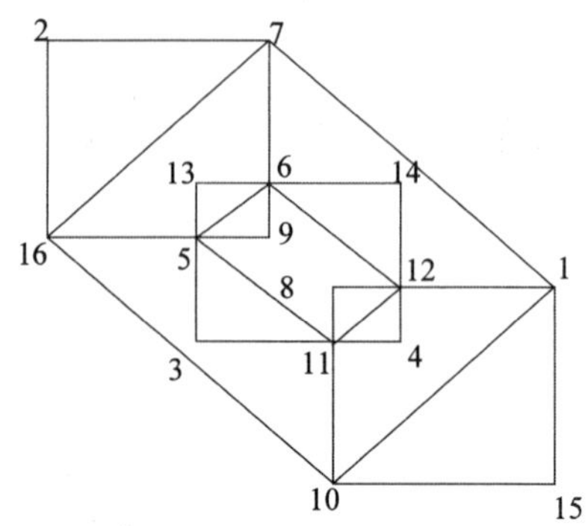

Q 문제 44 1 ~ 16까지의 수를 단 한 번씩만 사용하여 각 사각형의 꼭지점 위의 수들의 합이 모두 34가 되게 하여라.

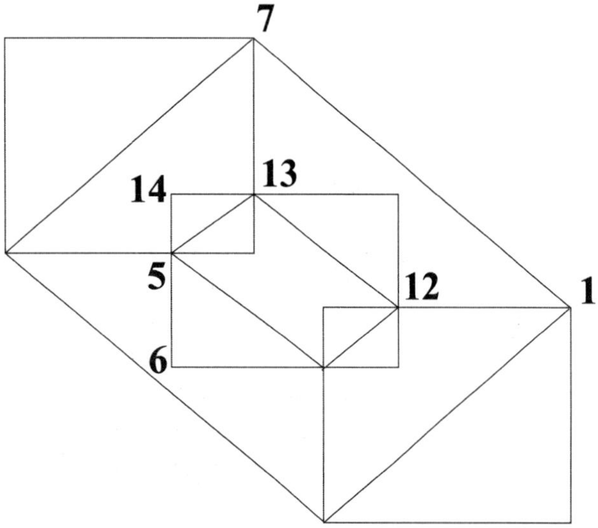

풀이

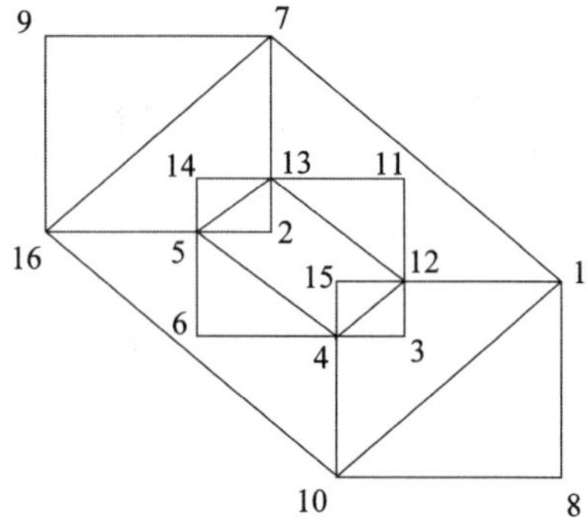

Q 문제 45 1 ~ 16까지의 수를 단 한 번씩만 사용하여 각 사각형의 꼭지점 위의 수들의 합이 모두 34가 되게 하여라.

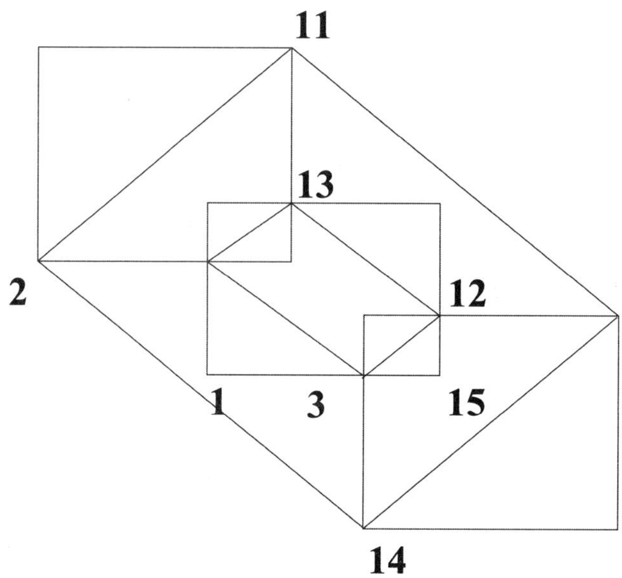

풀이

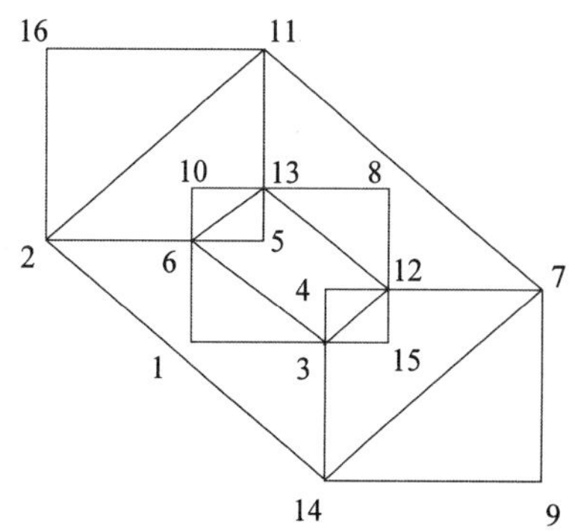

Q 문제 46 1 ~ 16까지의 수를 단 한 번씩만 사용하여 각 사각형의 꼭지점 위의 수들의 합이 모두 34가 되게 하여라.

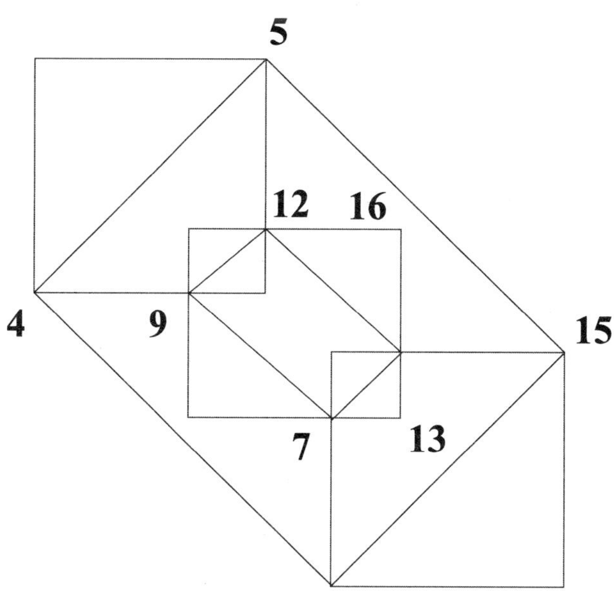

풀이

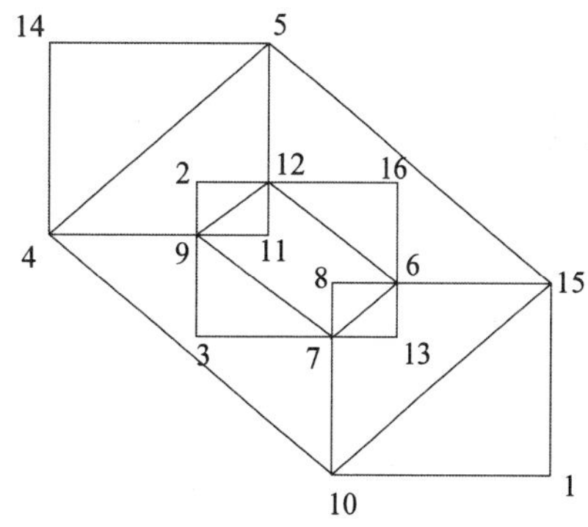

문제 47 1~16까지의 수를 단 한 번씩만 사용하여 각 사각형의 꼭지점 위의 수들의 합이 모두 34가 되게 하여라.

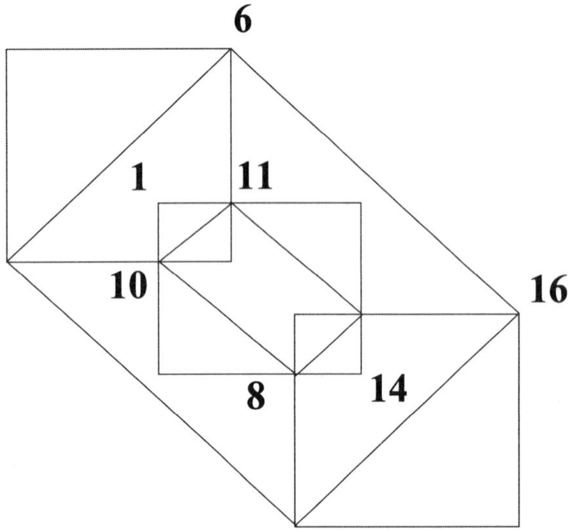

풀이

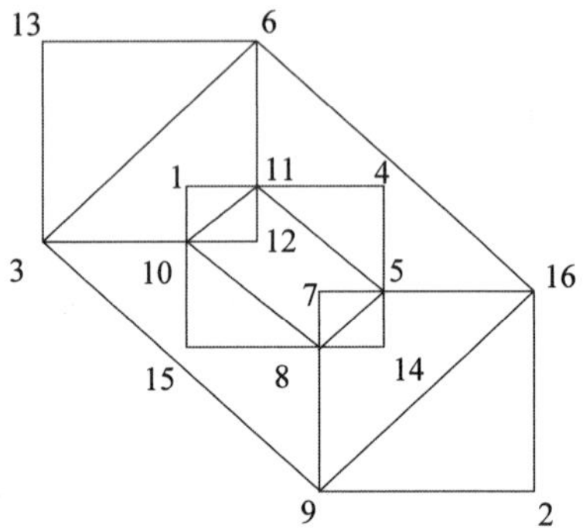

문제 48 1~16까지의 수를 단 한 번씩만 사용하여 각 일직선 위의 수들의 합이 모두 34가 되게 하여라.

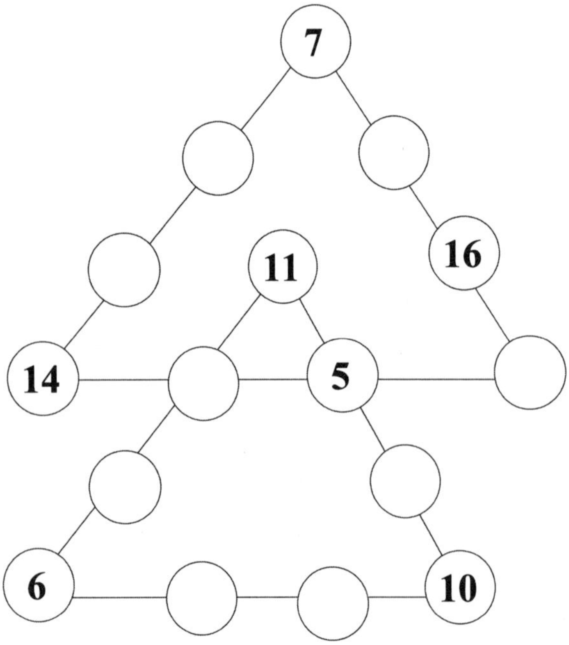

풀이

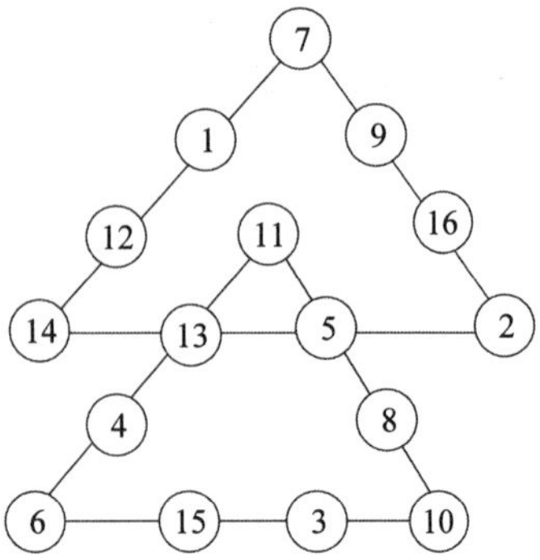

문제 49 1 ~ 16까지의 수를 단 한 번씩만 사용하여 각 일직선 위의 수들의 합이 모두 34가 되게 하여라.

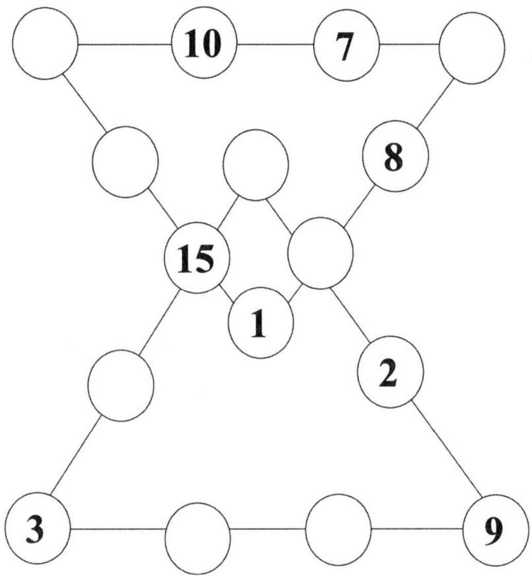

풀이

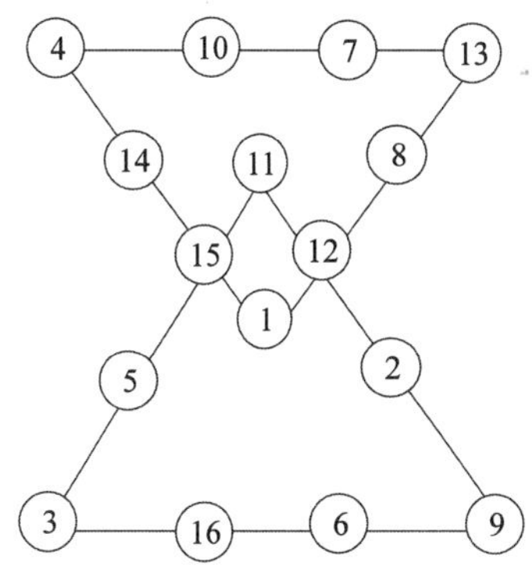

문제 50 1 ~ 16까지의 수를 단 한 번씩만 사용하여 각 일직선 위의 수들의 합이 모두 34가 되게 하여라.

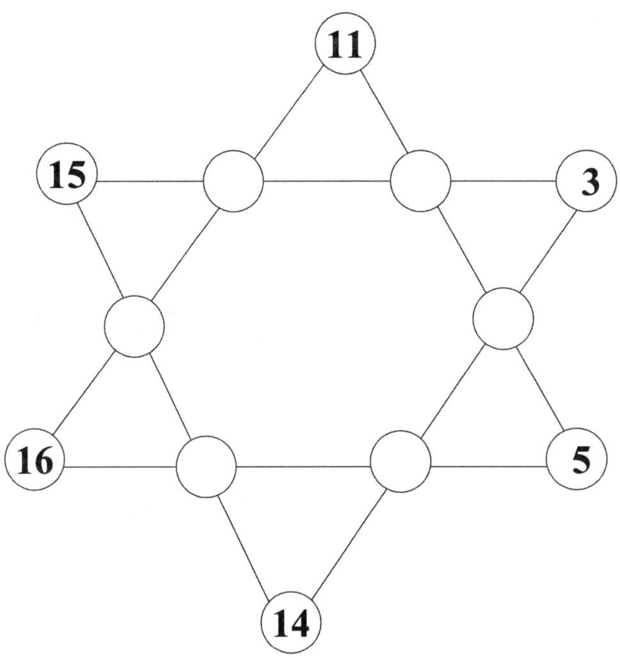

풀이

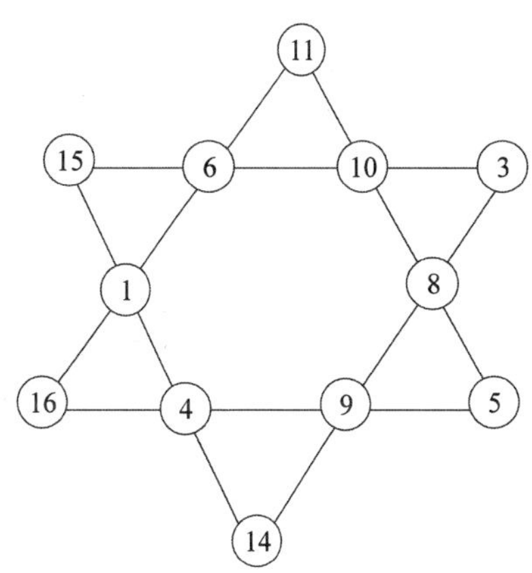

문제 51 1 ~ 16까지의 수를 단 한 번씩만 사용하여 각 일직선 위의 수들의 합이 모두 34가 되게 하여라.

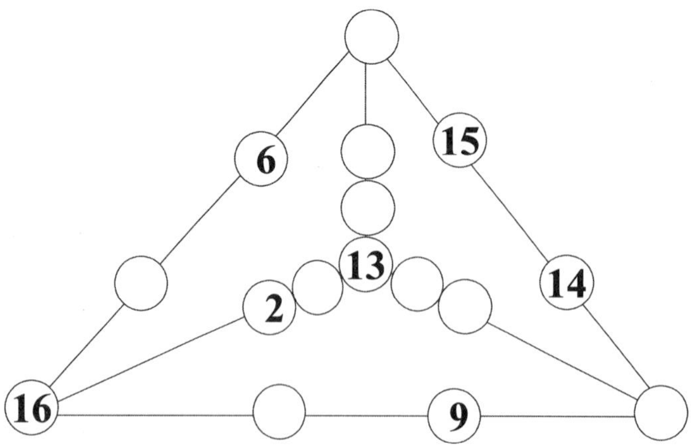

풀이

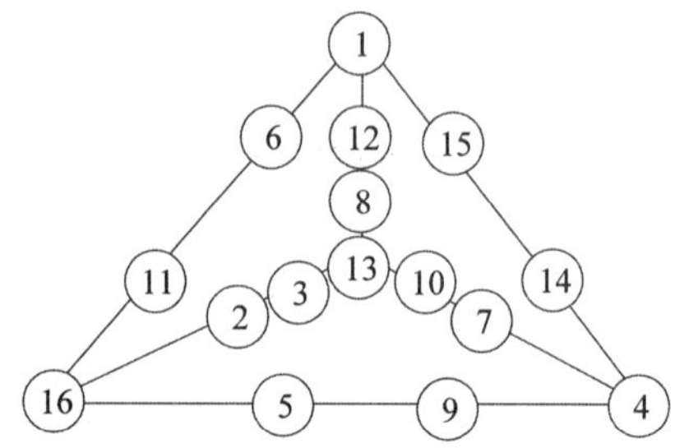

문제 52 1 ~ 16까지의 수를 단 한 번씩만 사용하여 각 원 위의 교점(4개의 교점)들의 합이 34가 되게 하여라.

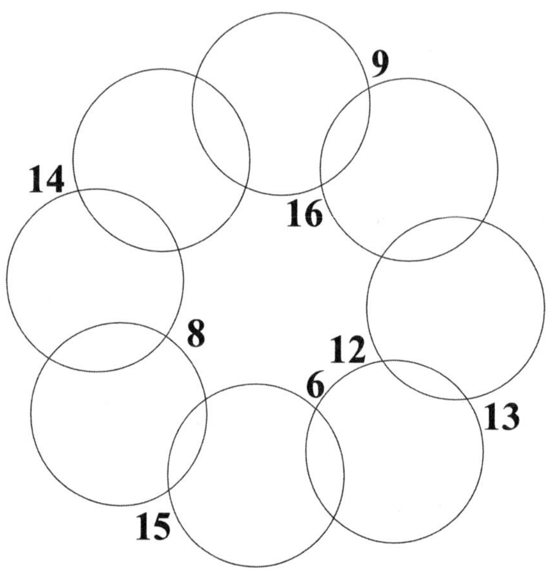

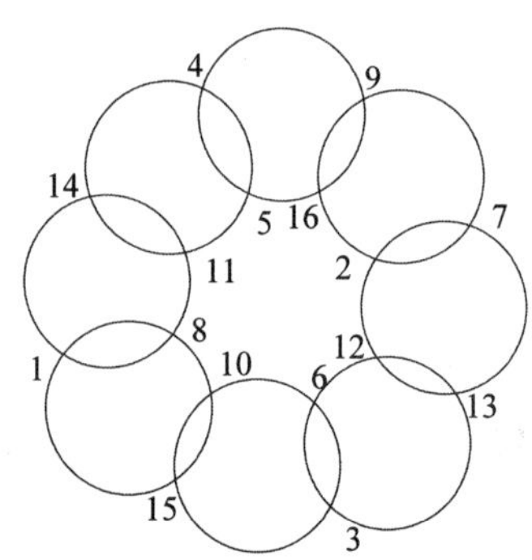

문제 53 각 일직선 위의 수들의 합이 모두 65가 되게 하여라.

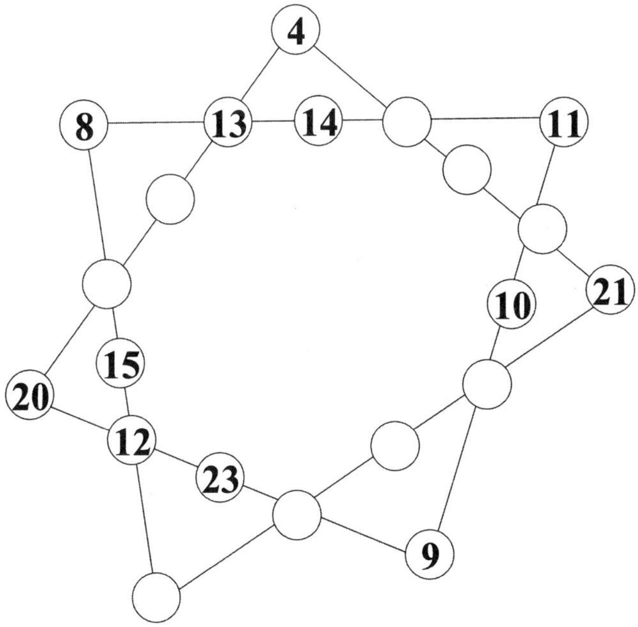

풀이

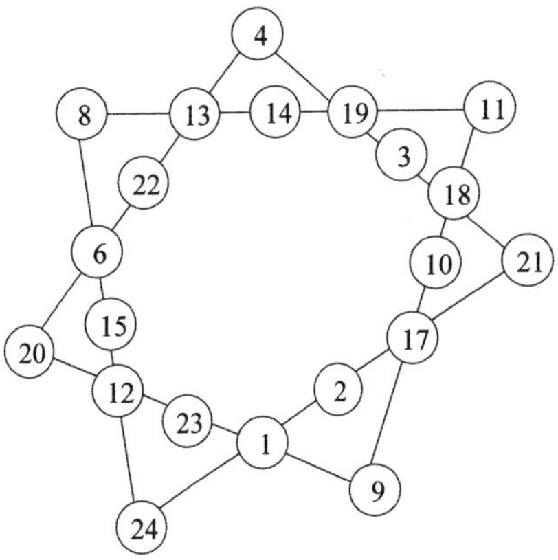

문제 54 각 일직선 위의 수들의 합이 모두 70이 되게 하여라.

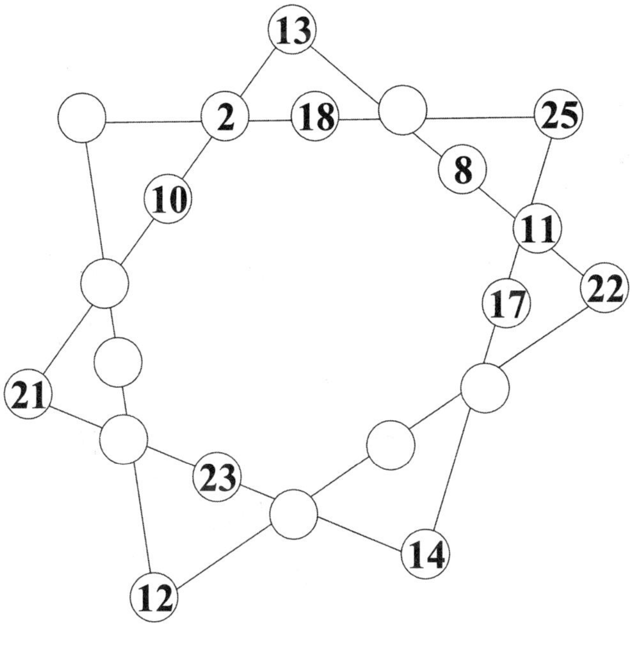

풀이

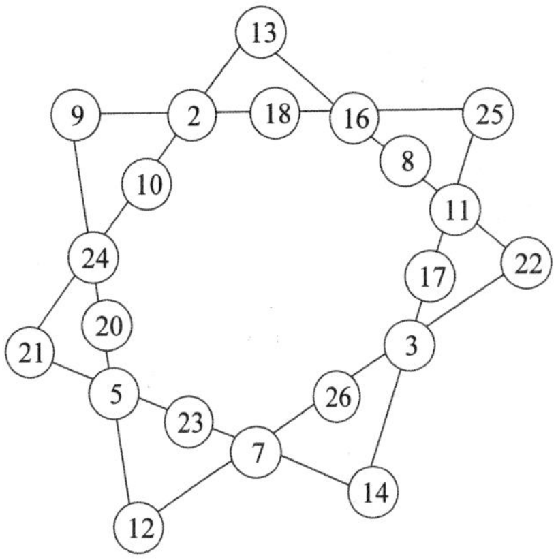

문제 55 각 일직선 위의 수들의 합이 모두 80이 되게 하여라.

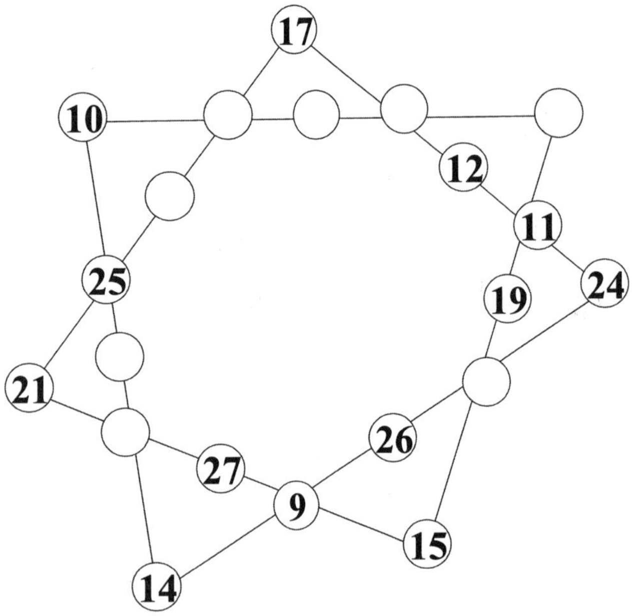

풀이

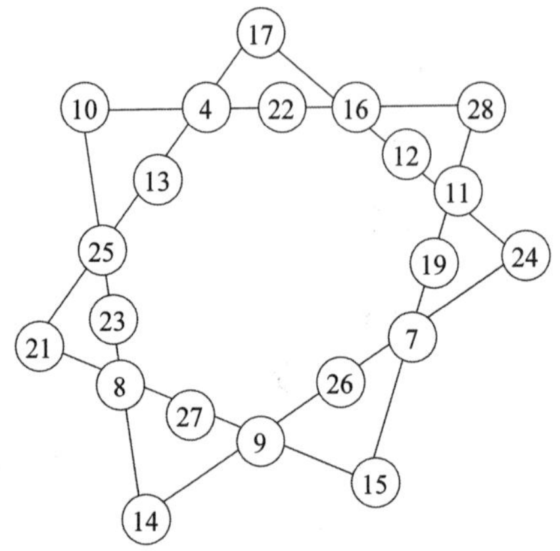

문제 56 각 일직선 위의 수들의 합이 모두 90이 되게 하여라.

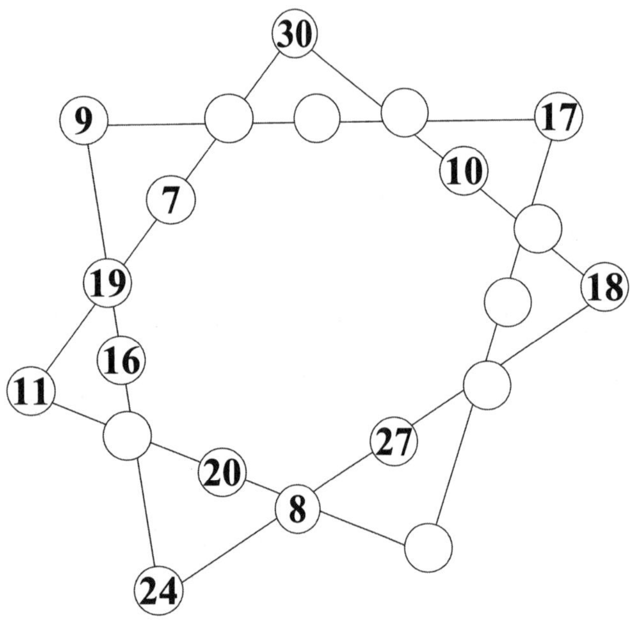

풀이

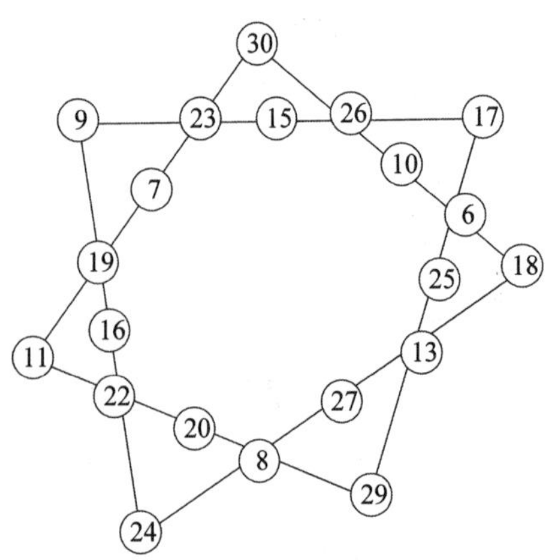

Q 문제 57 각 일직선 위의 수들의 합이 모두 100이 되게 하여라.

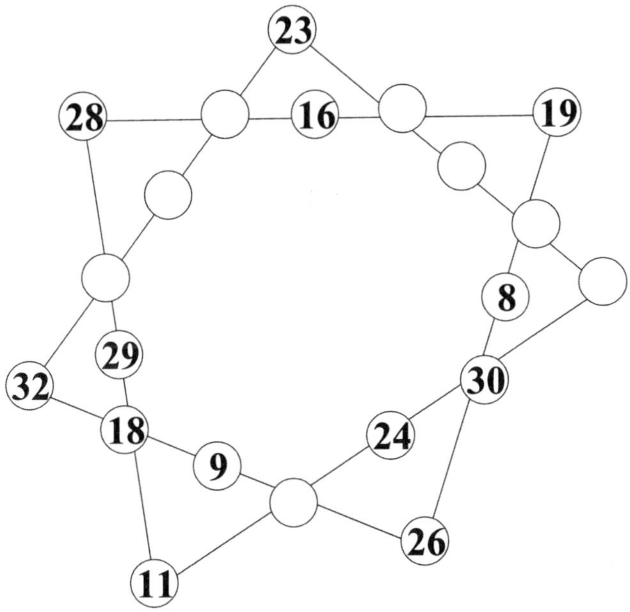

풀이

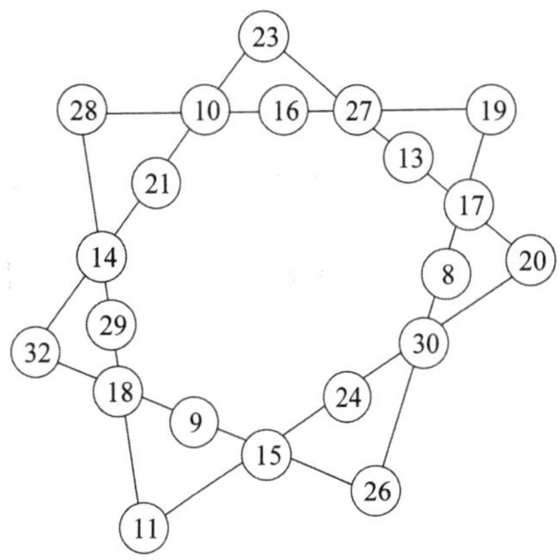

Q 문제 58 각 일직선 위의 수들의 합이 모두 65가 되게 하여라.

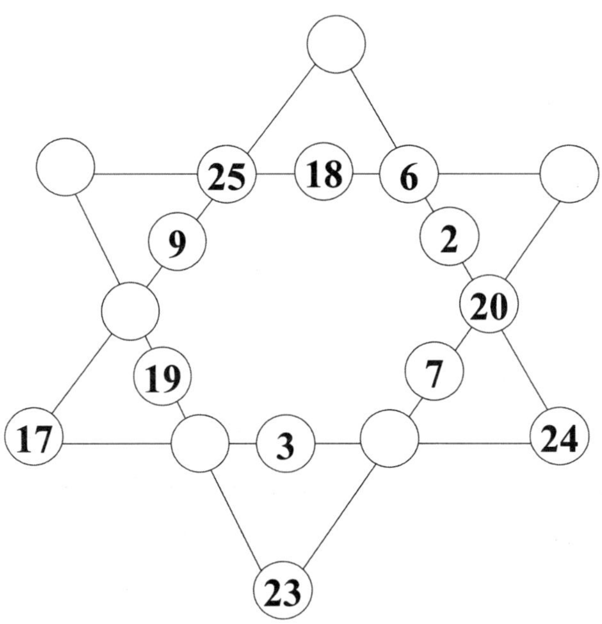

풀이

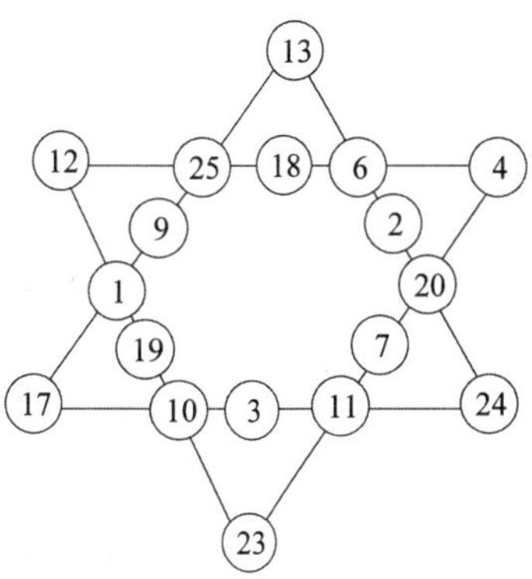

문제 59 각 일직선 위의 수들의 합이 모두 65가 되게 하여라.

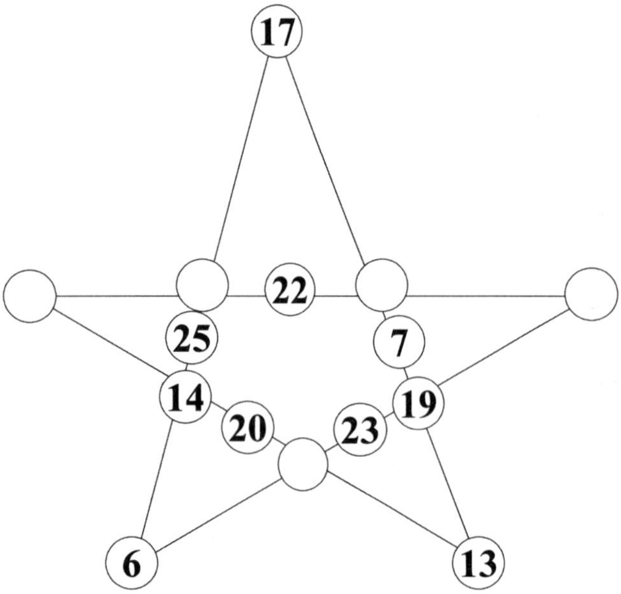

풀이

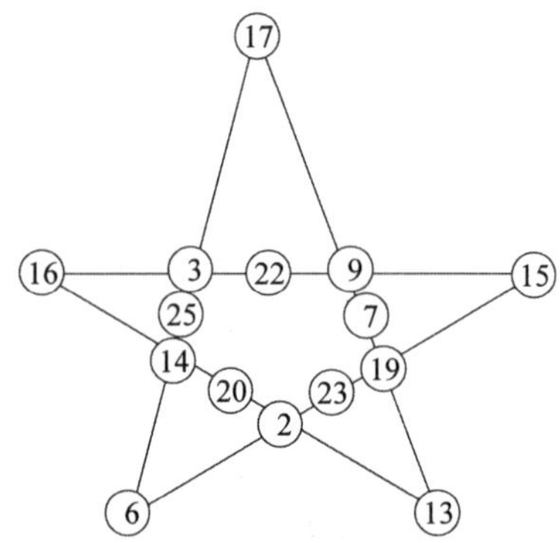

문제 60 원과 사각형 내에 들어있는 모든 수에 대해 각각 가로, 세로, 대각선 위의 수들의 합이 모두 410이 되게 하여라.

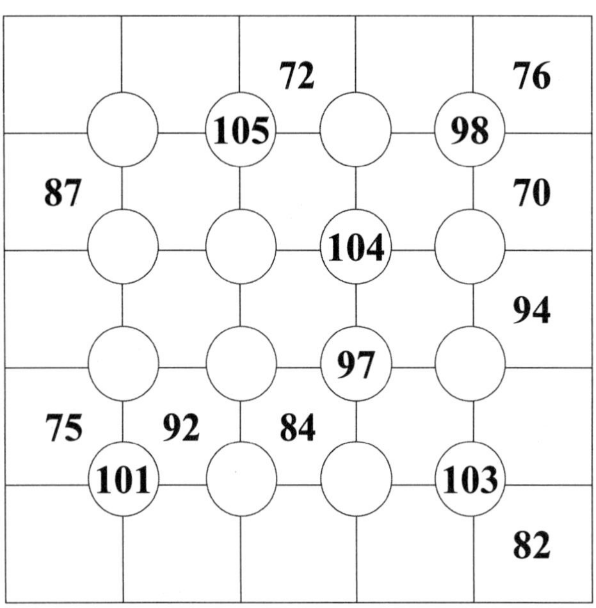

풀이

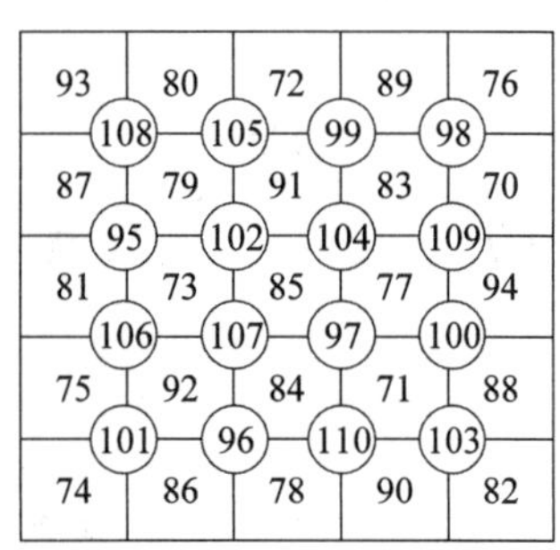

문제 61 각 오각형의 꼭지점 위의 수들의 합이 100이 되게 하여라.

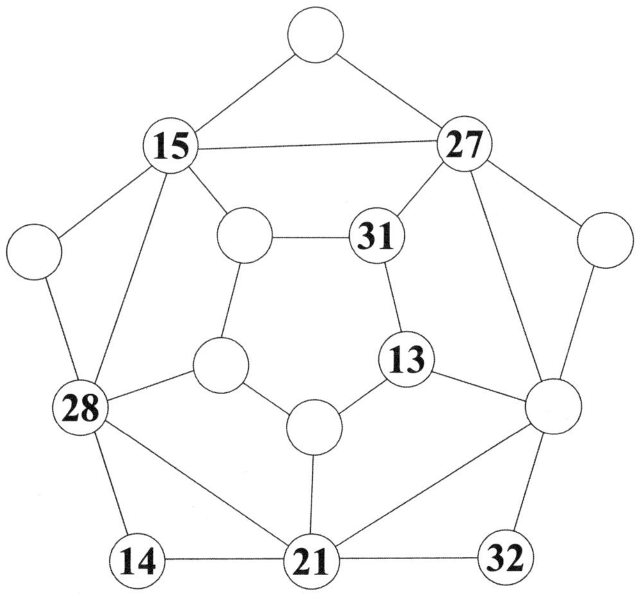

풀이

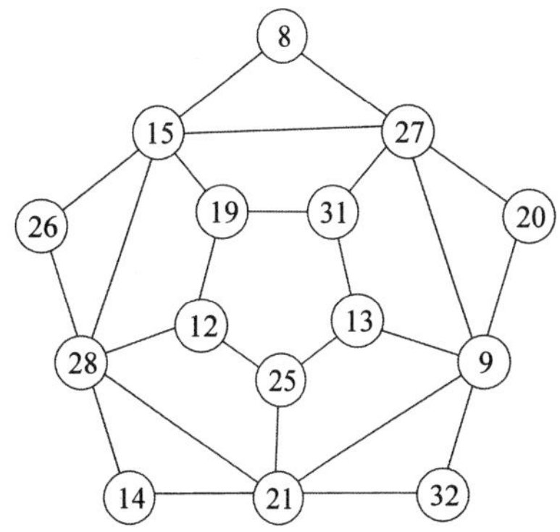

문제 62 각 오각형의 꼭지점 위의 수들의 합이 70이 되게 하여라.

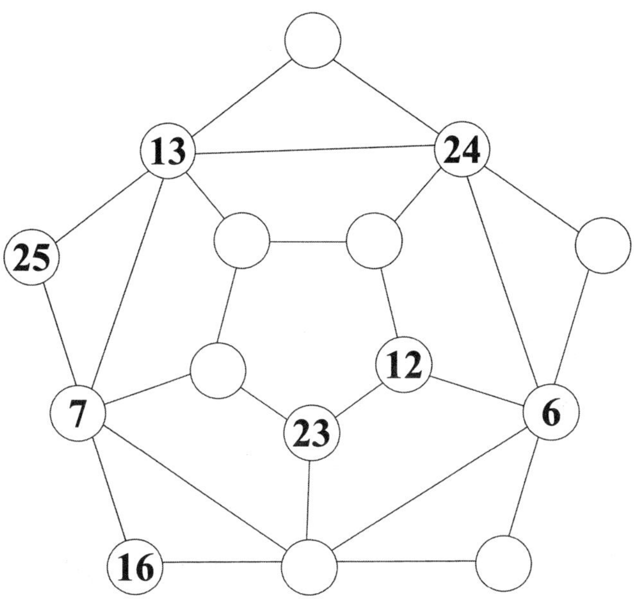

풀이

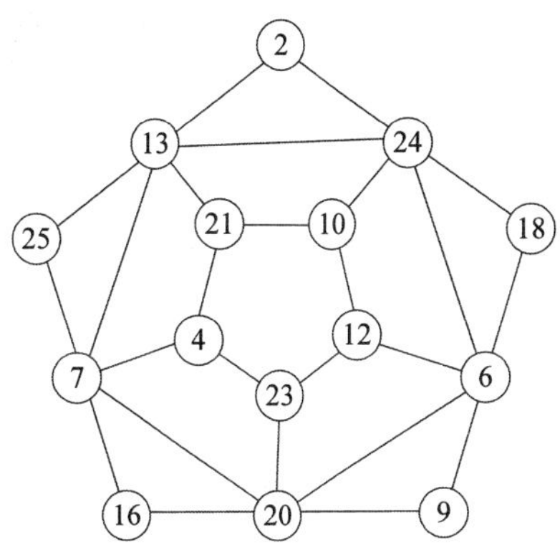

Q 문제 63 각 오각형의 꼭지점 위의 수들의 합이 80이 되게 하여라.

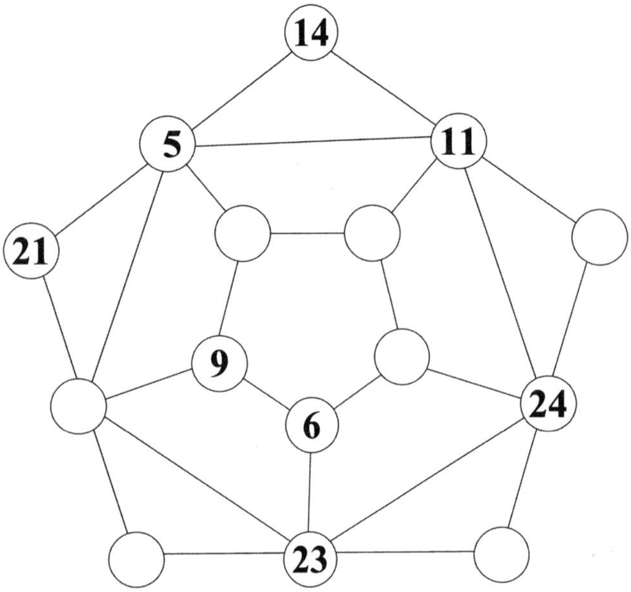

풀이

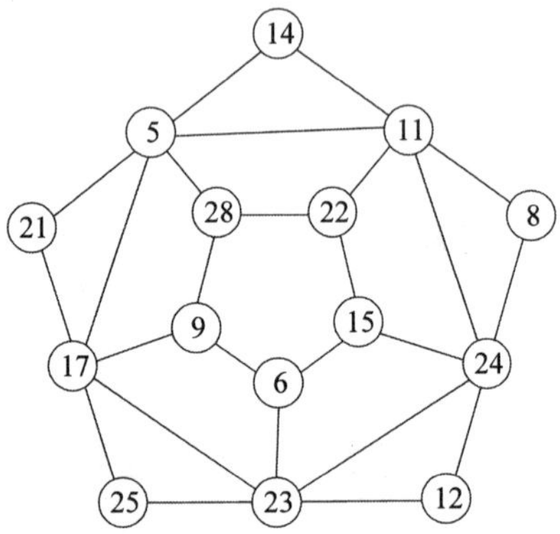

Q 문제 64 각 오각형의 꼭지점 위의 수들의 합이 90이 되게 하여라.

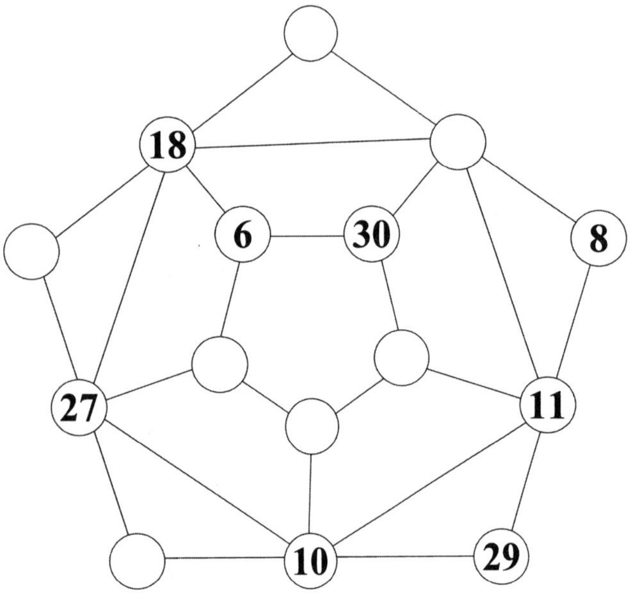

풀이

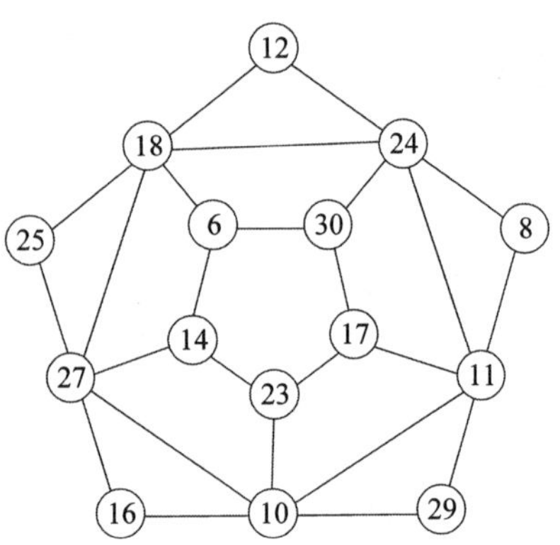

문제 65 각 오각형의 꼭지점 위의 수들의 합이 100이 되게 하여라.

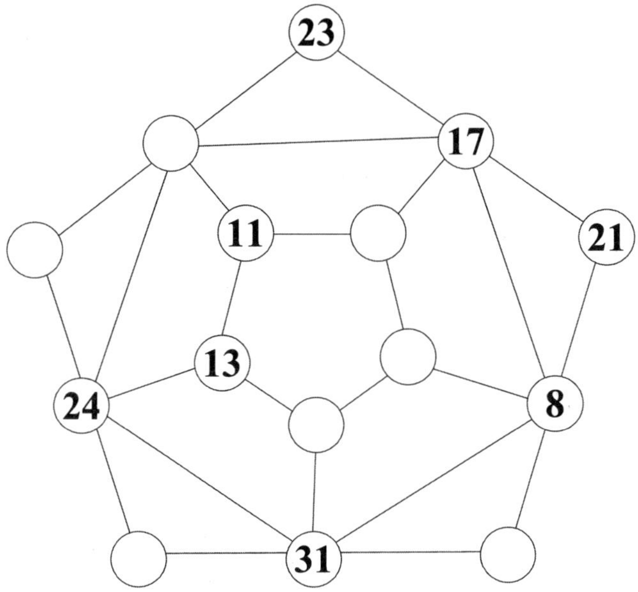

풀이

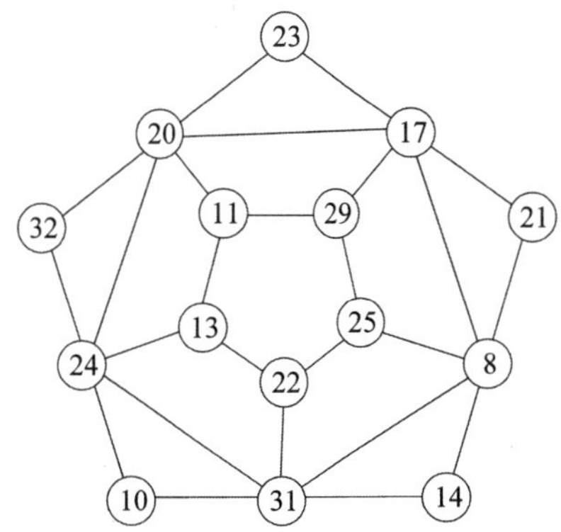

문제 66 각 오각형의 꼭지점 위의 수들의 합이 65가 되게 하여라.

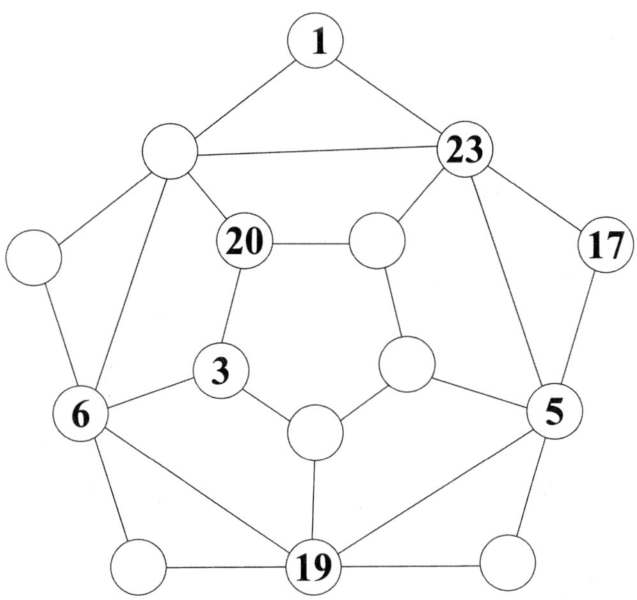

풀이

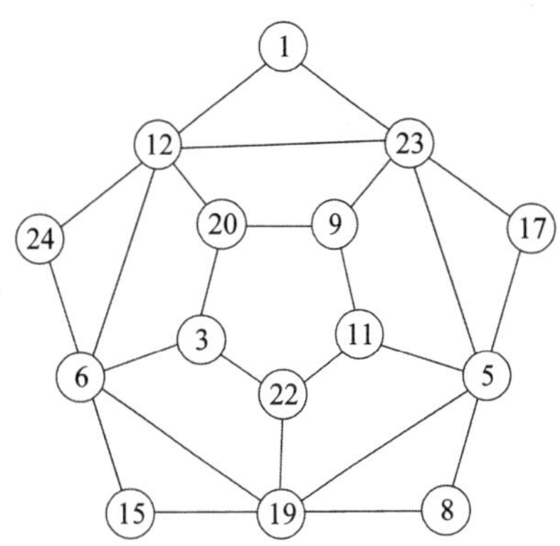

Q 문제 67 각 오각형의 꼭지점 위의 수들의 합이 65가 되게 하여라.

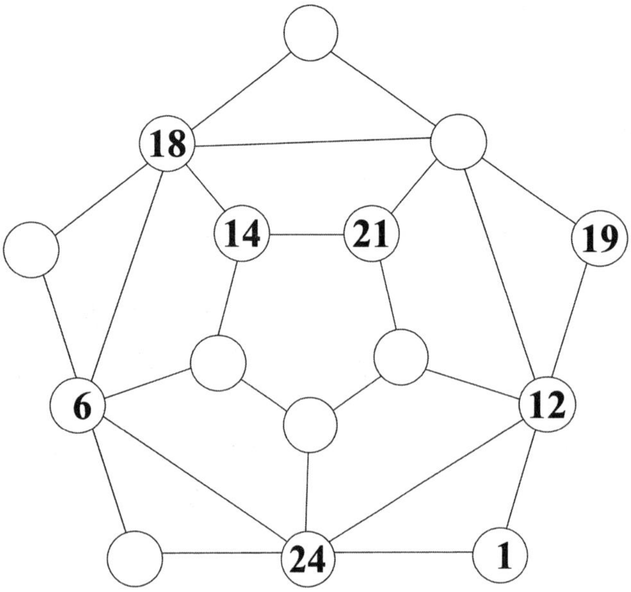

풀이

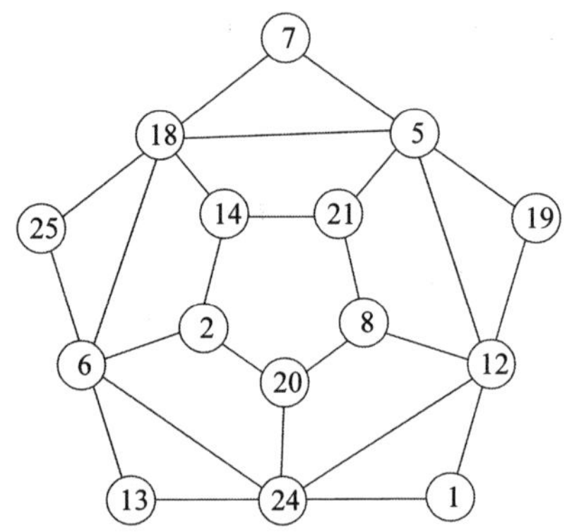

Q 문제 68 각 육각형의 꼭지점 위의 수들의 합이 93이 되게 하여라.

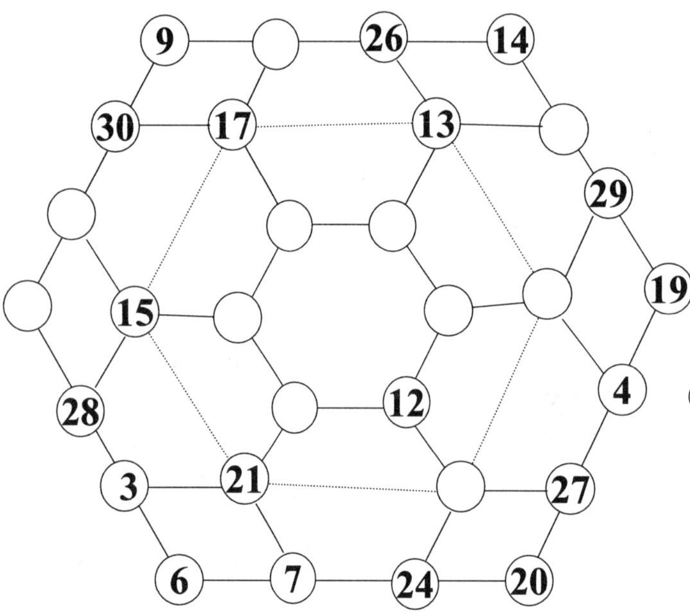

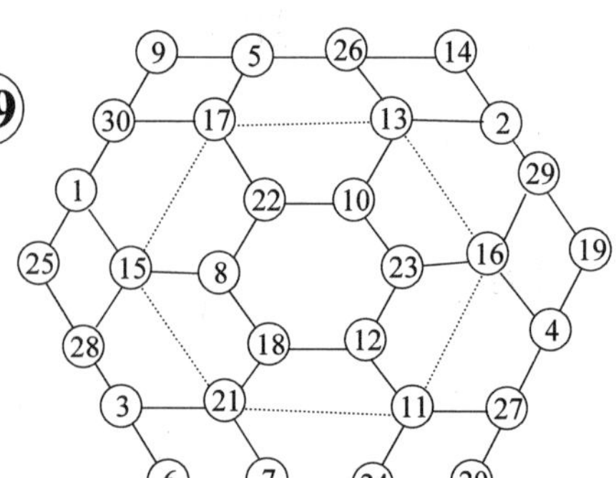

Q 문제 69 각 육각형의 꼭지점 위의 수들의 합이 93이 되게 하여라.

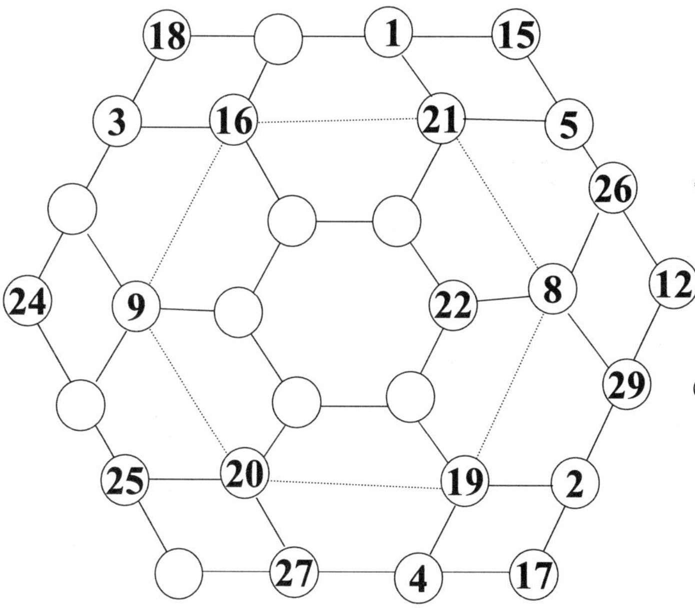

풀이

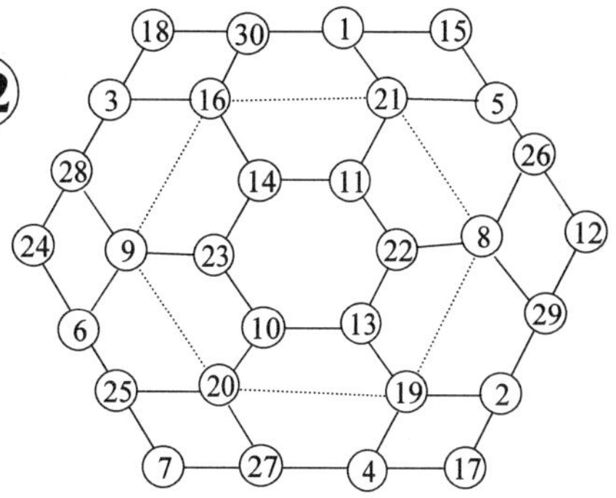

Q 문제 70 각 육각형의 꼭지점 위의 수들의 합이 93이 되게 하여라.

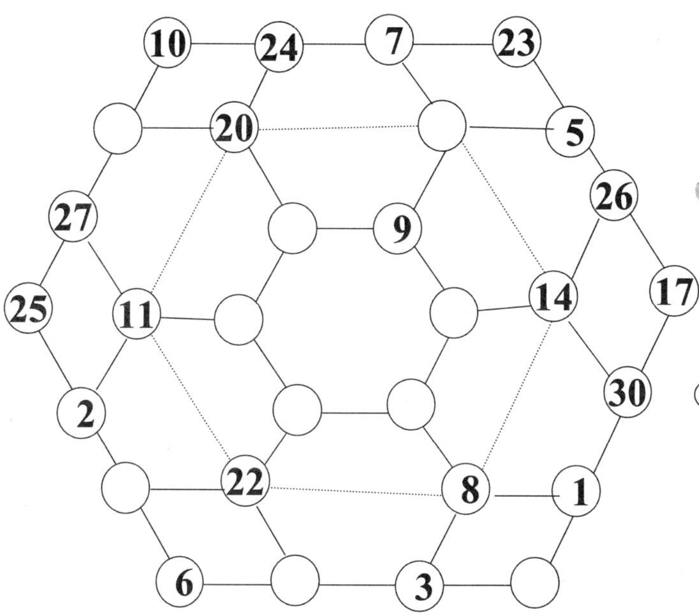

풀이

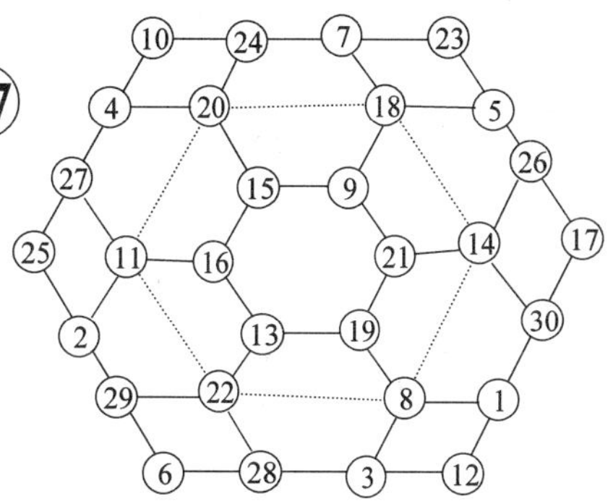

Q 문제 71 각 육각형의 꼭지점 위의 수들의 합이 93이 되게 하여라.

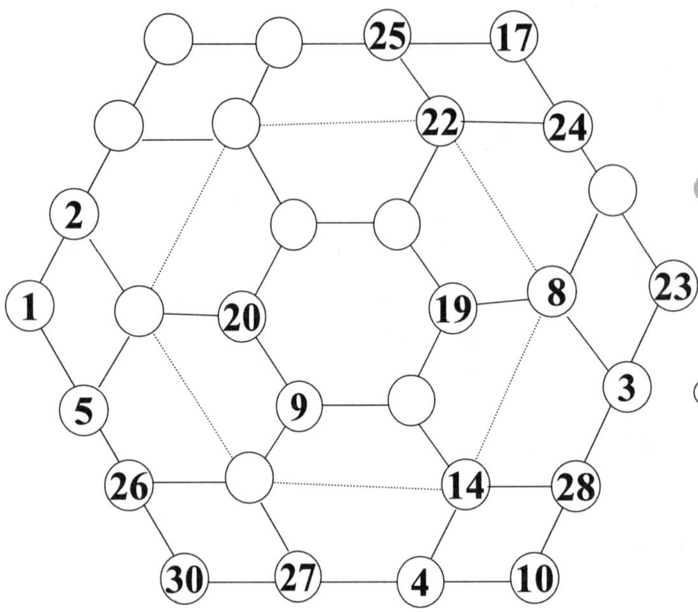

풀이

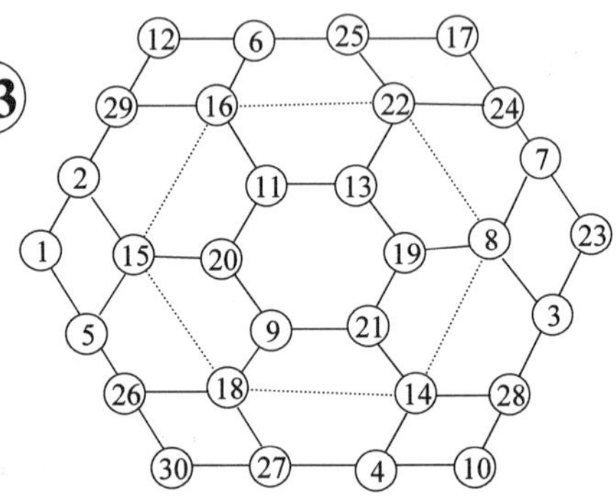

Q 문제 72 각 육각형의 꼭지점 위의 수들의 합이 93이 되게 하여라.

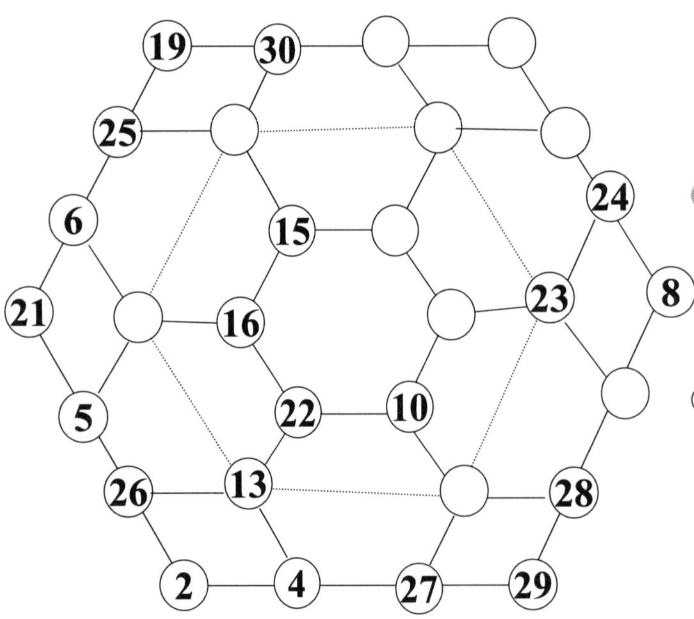

풀이

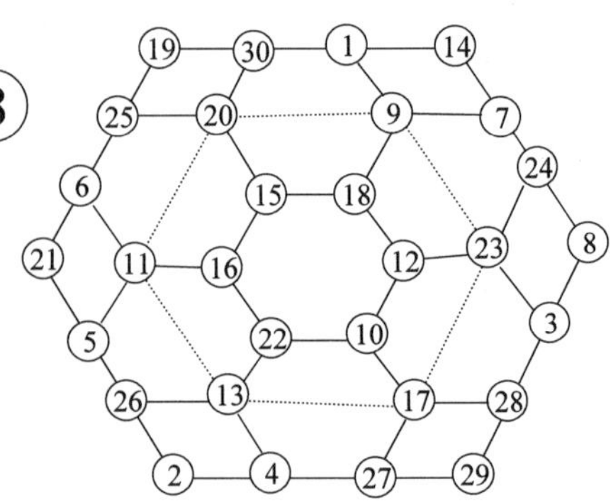

Q 문제 73 각 육각형의 꼭지점 위의 수들의 합이 93이 되게 하여라.

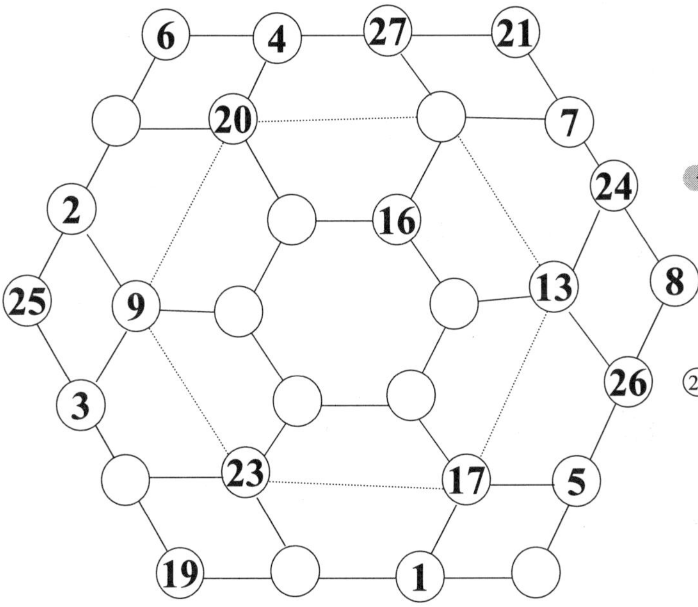

풀이

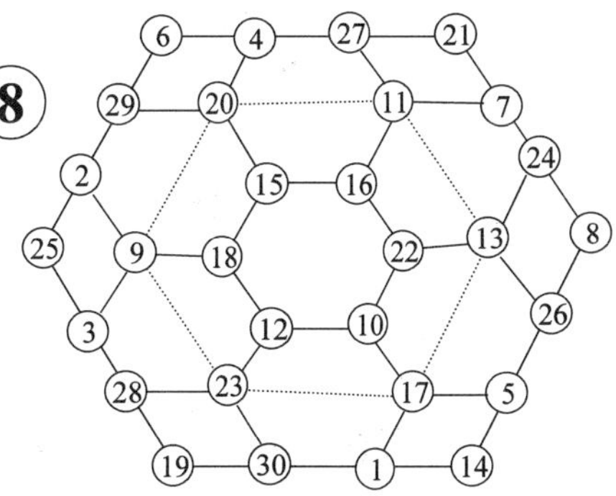

Q 문제 74 각 육각형의 꼭지점 위의 수들의 합이 93이 되게 하여라.

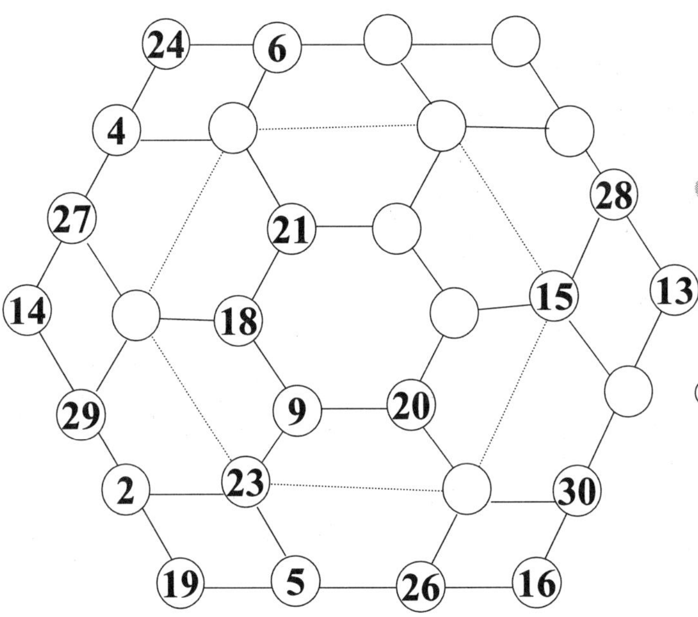

풀이

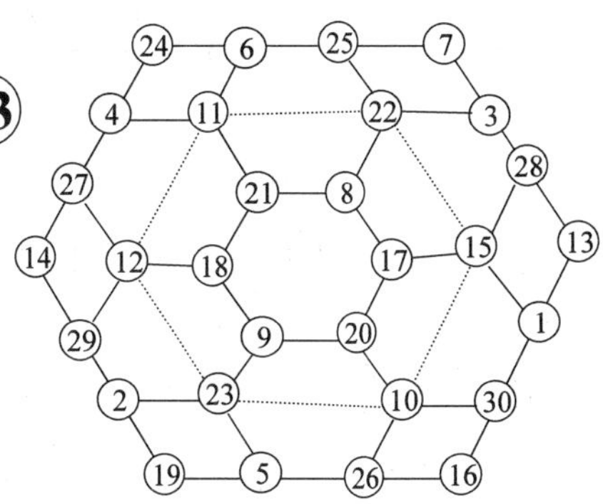

Q 문제 75 각 육각형의 꼭지점 위의 수들의 합이 93이 되게 하여라.

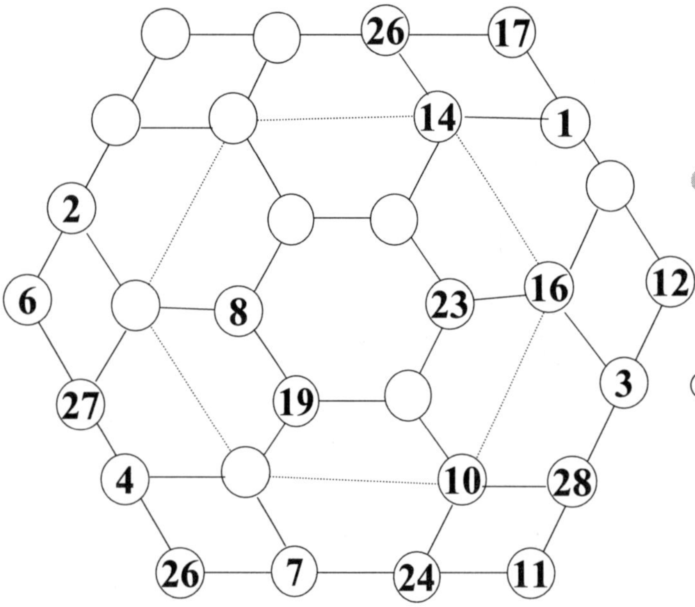

풀이

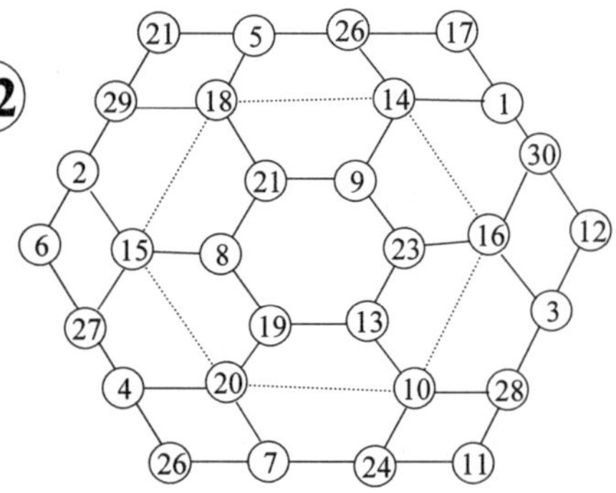

Q 문제 76 벌집 내의 짙은 색의 방을 둘러싼 6개 방 안에 들어 있는 수들의 합이 각각 111이 되게 하여라.

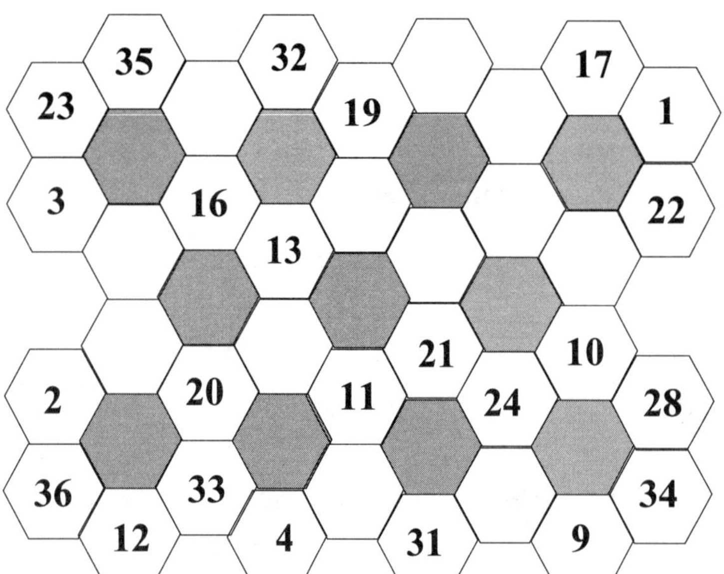

풀이

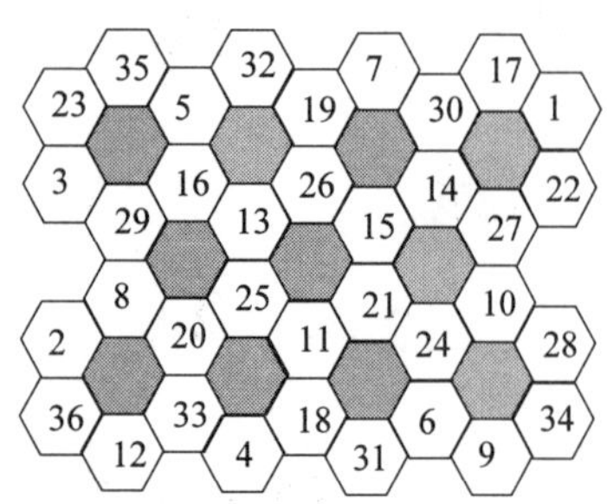

Q 문제 77 벌집에서 짙은 색의 방을 둘러싼 6개 방 안에 들어 있는 수들의 합이 각각 111이 되게 하여라.

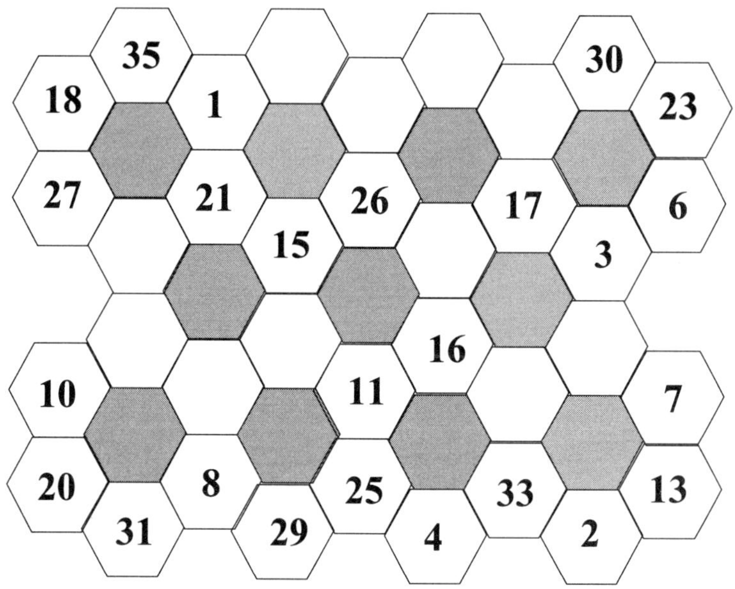

풀이

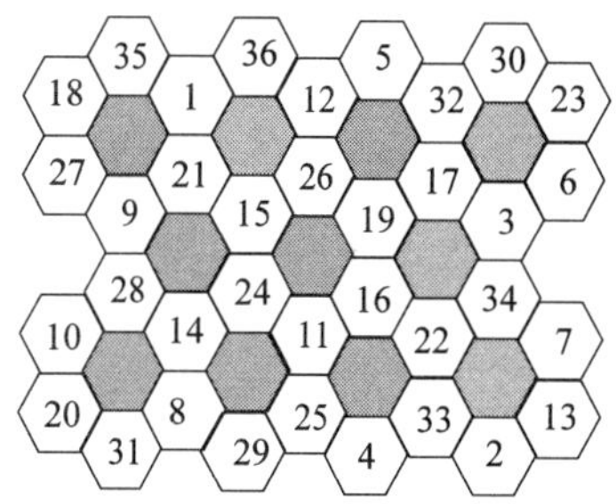

Q 문제 78 벌집에서 짙은 색의 방을 둘러싼 6개 방 안에 들어 있는 수들의 합이 각각 111이 되게 하여라.

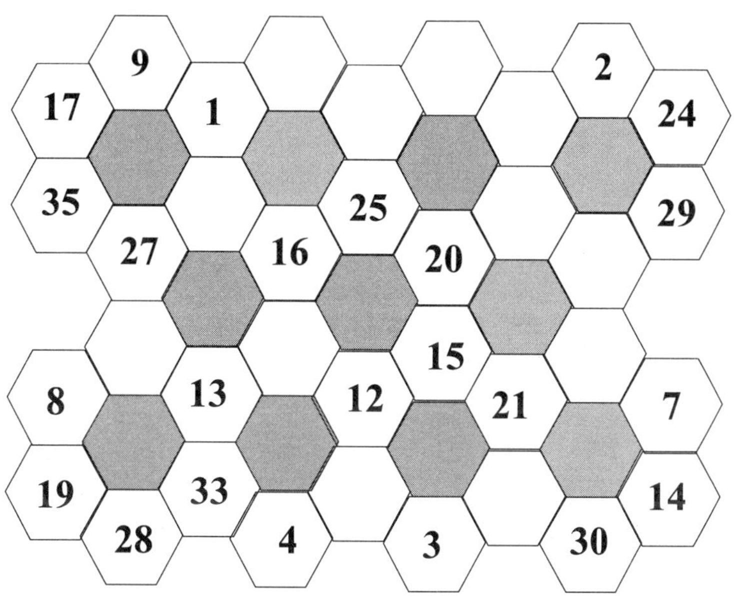

풀이

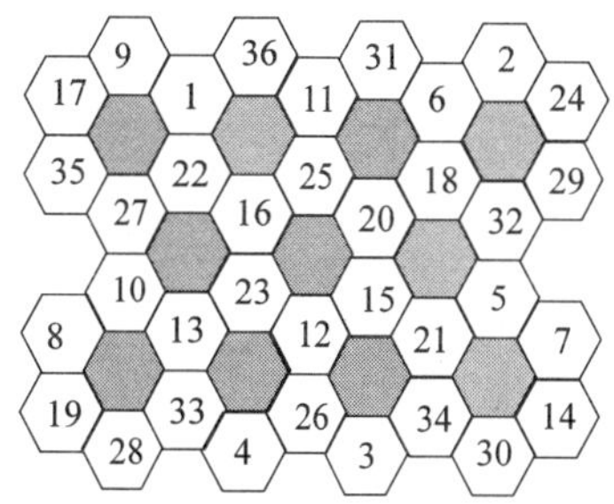

Q 문제 79 벌집에서 짙은 색의 방을 둘러싼 6개 방 안에 들어 있는 수들의 합이 각각 111이 되게 하여라.

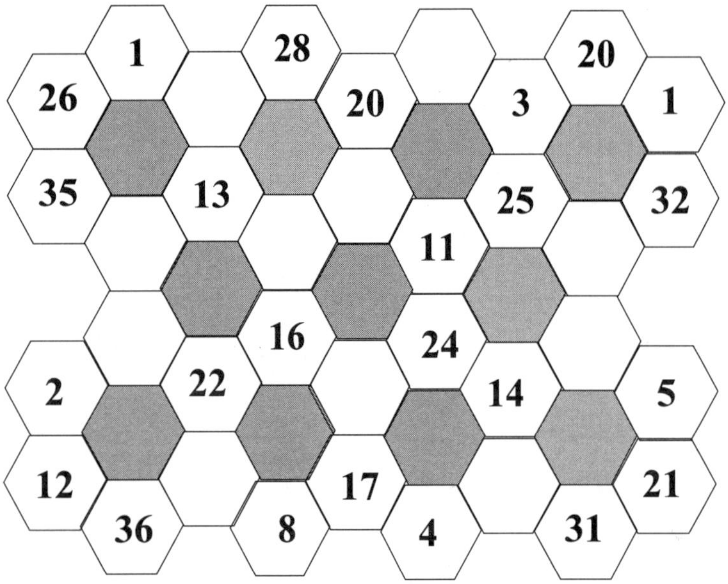

풀이

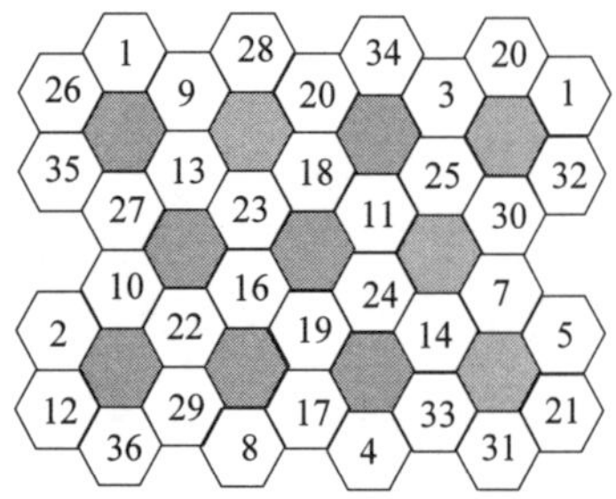

Q 문제 80 벌집에서 짙은 색의 방을 둘러싼 6개 방 안에 들어 있는 수들의 합이 각각 111이 되게 하여라.

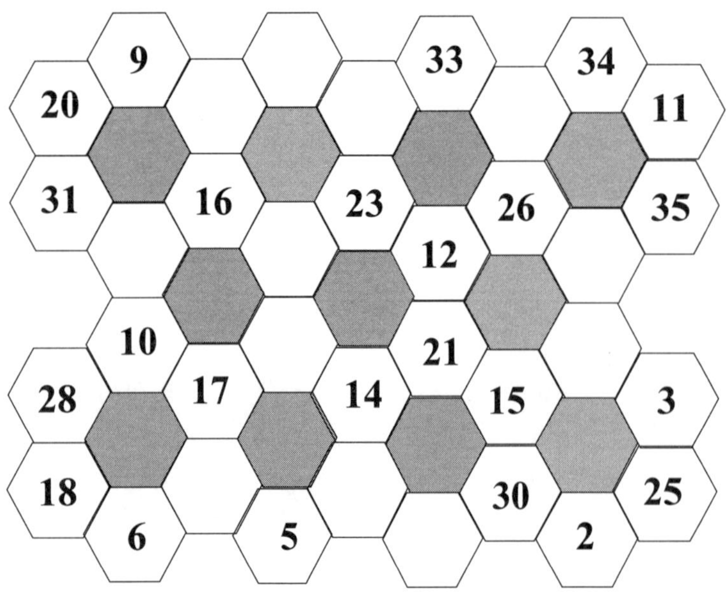

풀이

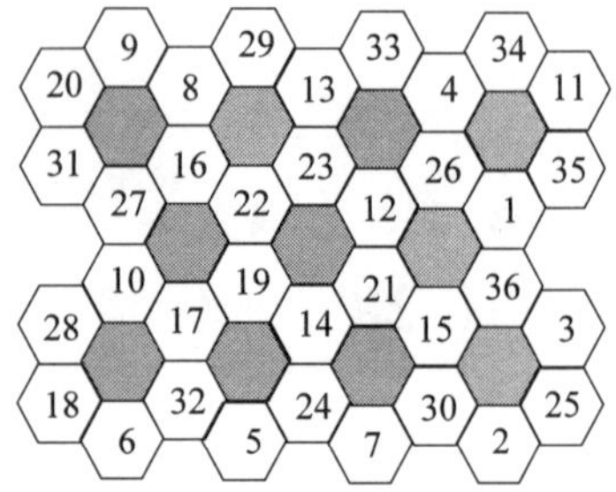

Q 문제 81 큰 삼각형 두 개와 육각형 한 개의 꼭지점 위의 수들의 합이 각각 큰 원안의 수와 같도록 하여라.

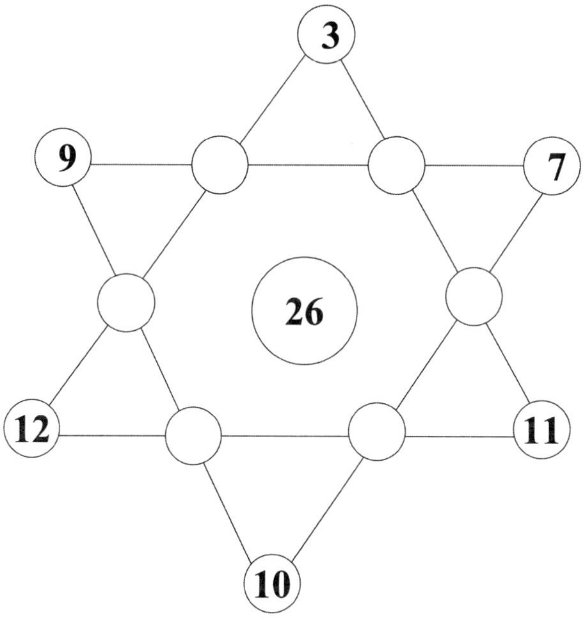

풀이

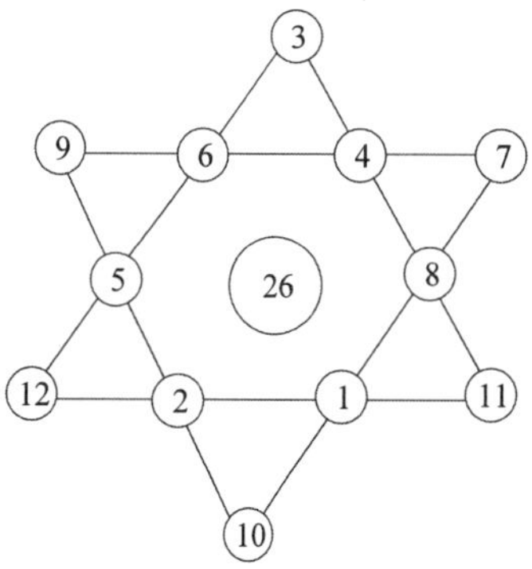

※ 문제 82부터 문제 93까지의 각 도형에서 같은 직선 위의 수들의 합이 큰 원 안의 수와 같게 하여라.

Q 문제 82 같은 직선 위의 수들의 합이 모두 32가 되게 하여라.

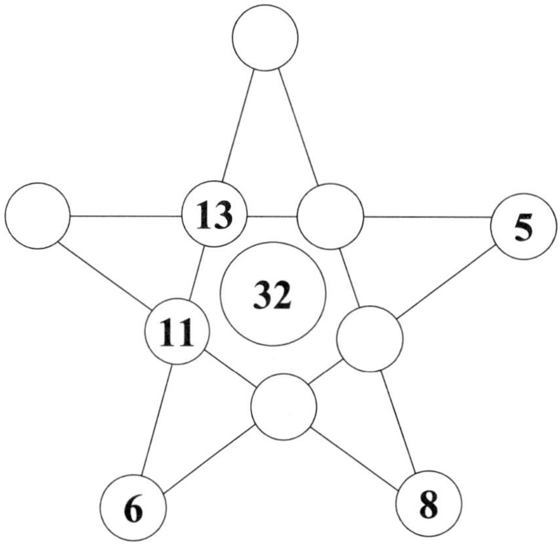

풀이

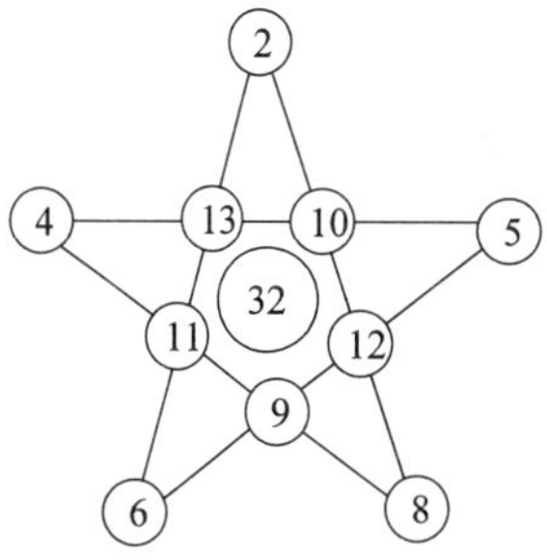

Q 문제 83 같은 직선 위의 수들의 합이 모두 30이 되게 하여라.

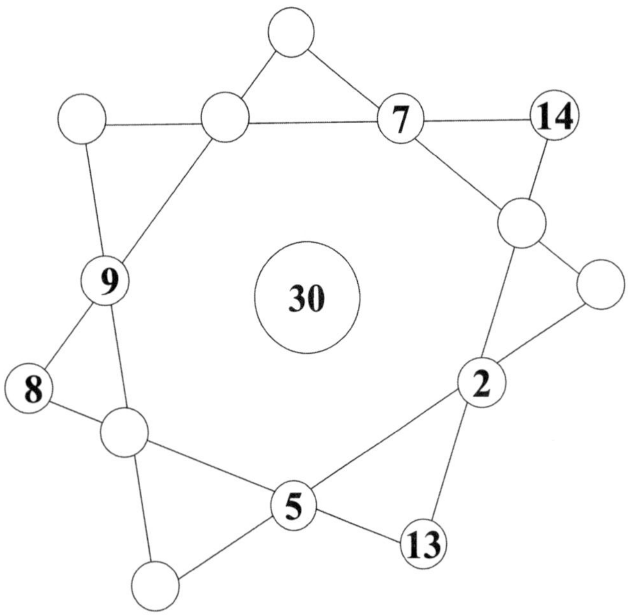

풀이

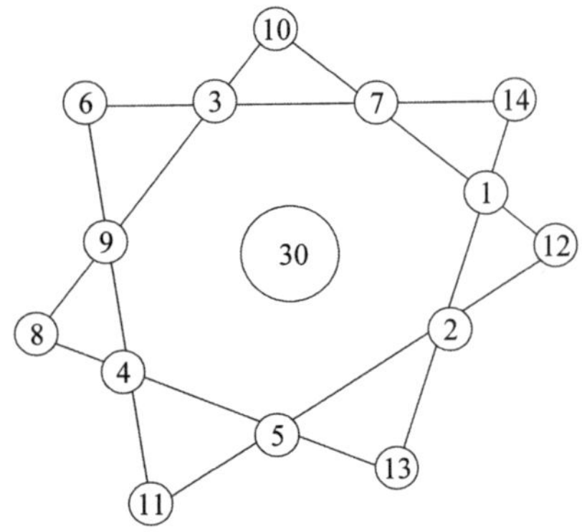

Q 문제 84 같은 직선 위의 수들의 합이 모두 150이 되게 하여라.

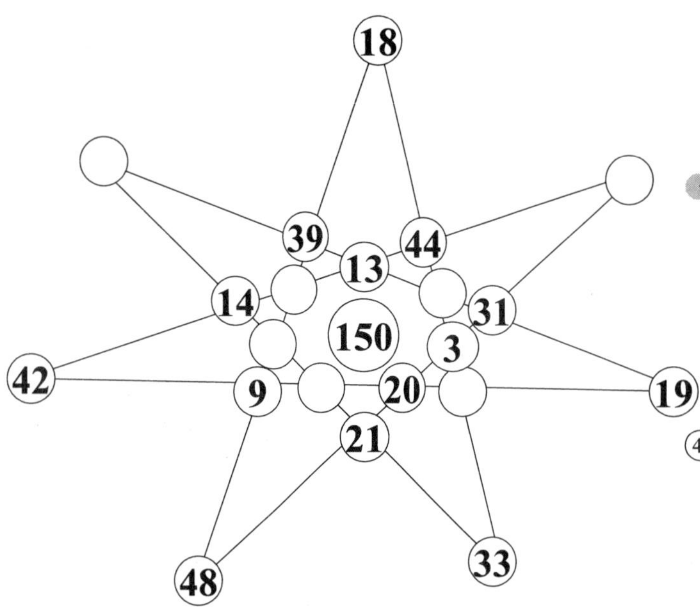

풀이

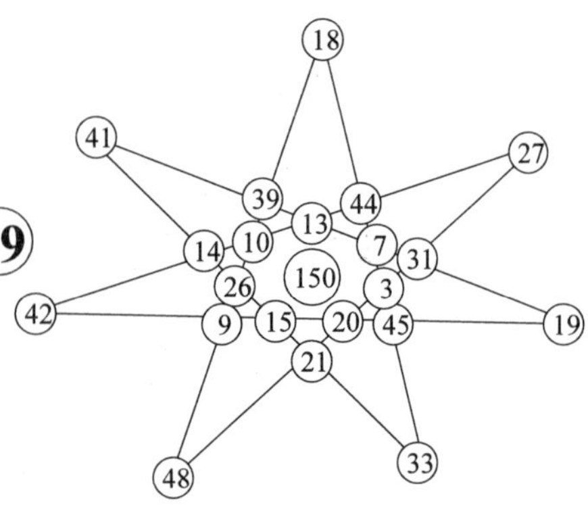

문제 85 같은 직선 위의 수들의 합이 모두 150이 되게 하여라.

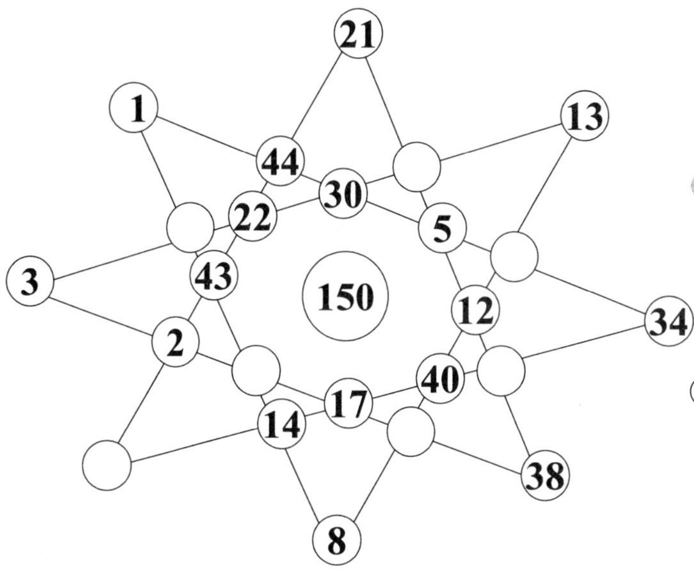

풀이

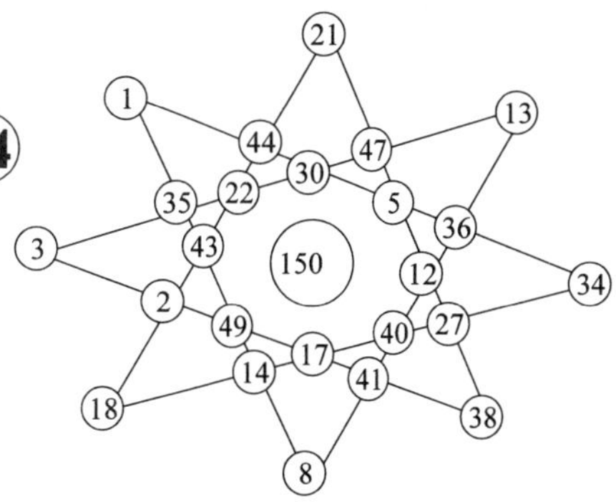

문제 86 같은 직선 위의 수들의 합이 모두 34가 되게 하여라.

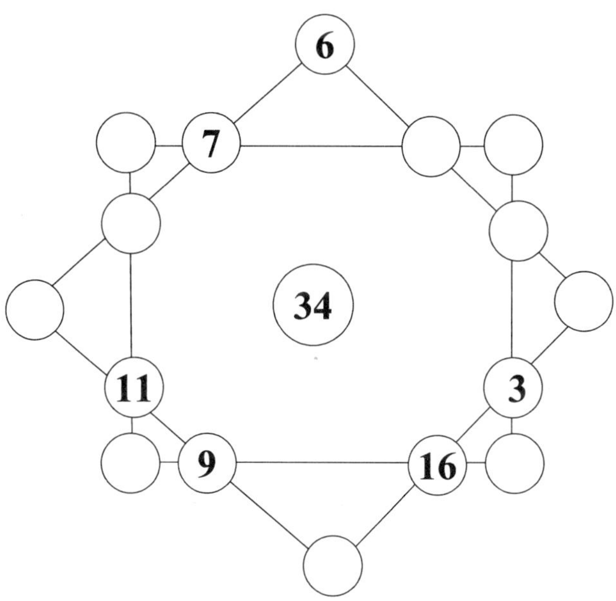

풀이

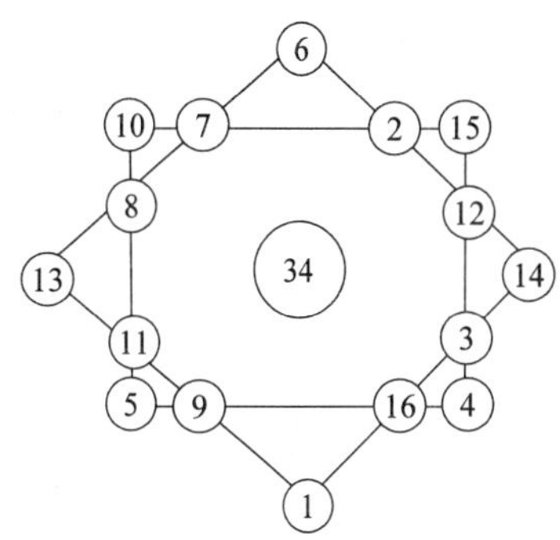

Q 문제 87 같은 직선 위의 수들의 합이 모두 38이 되게 하여라.

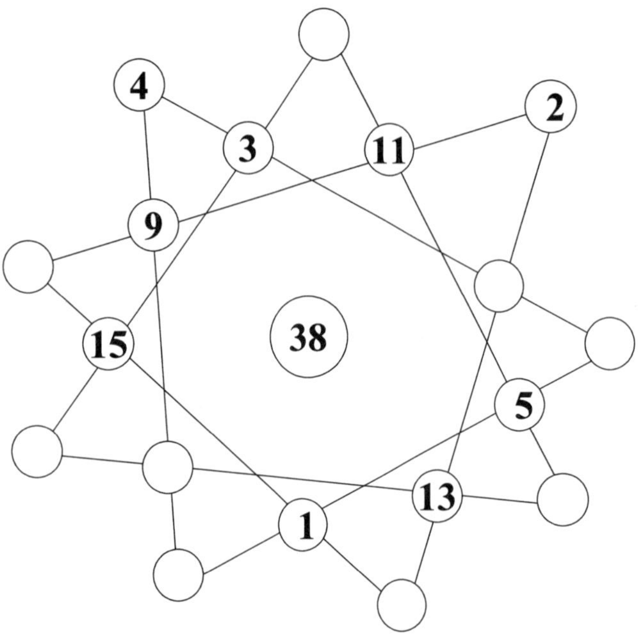

풀이

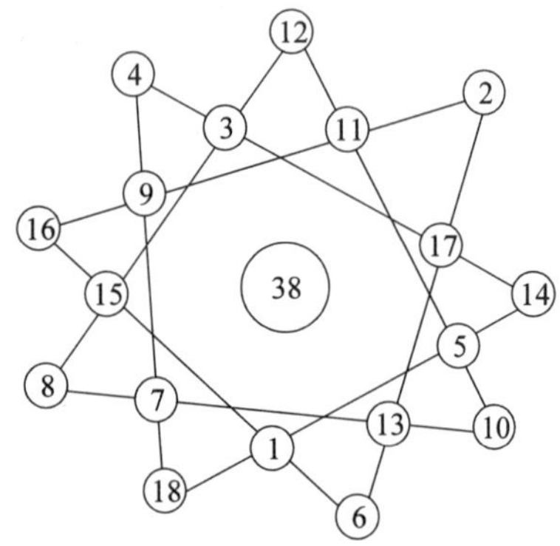

Q 문제 88 같은 직선 위의 수들의 합이 모두 38이 되게 하여라.

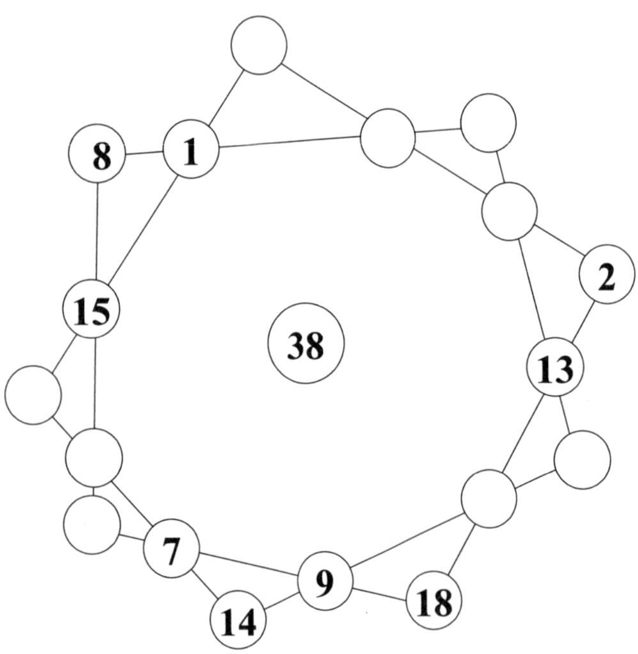

풀이

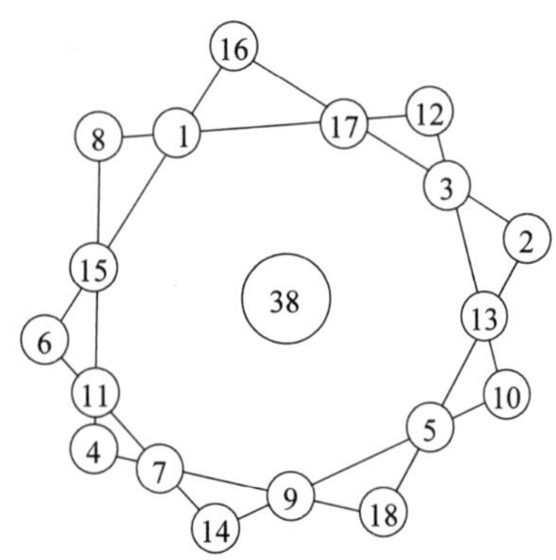

Q 문제 89 같은 직선 위의 수들의 합이 모두 30이 되게 하여라.

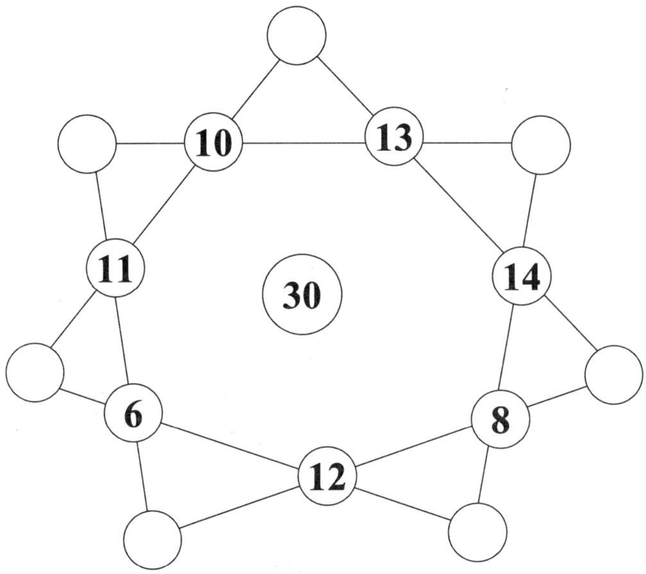

풀이

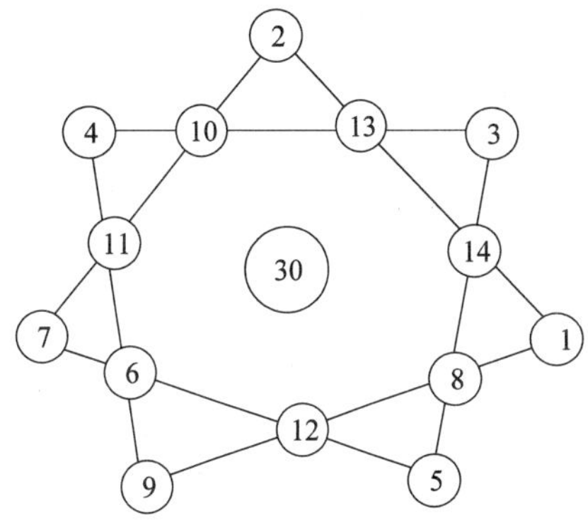

Q 문제 90 같은 직선 위의 수들의 합이 모두 34가 되게 하여라.

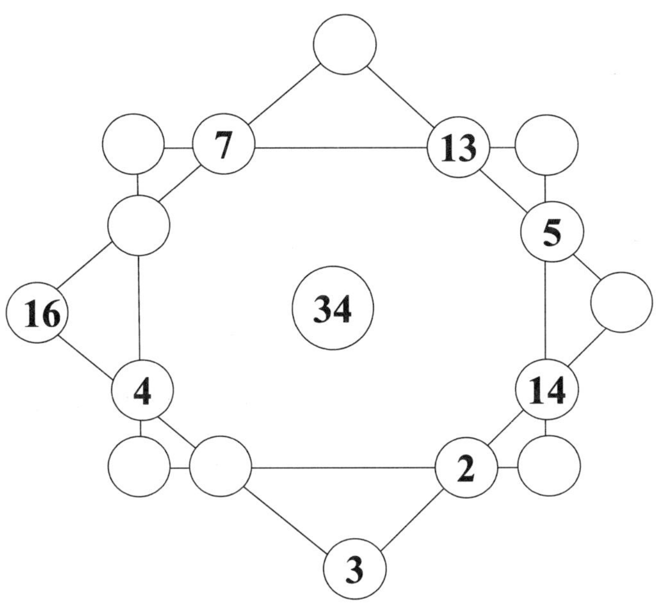

풀이

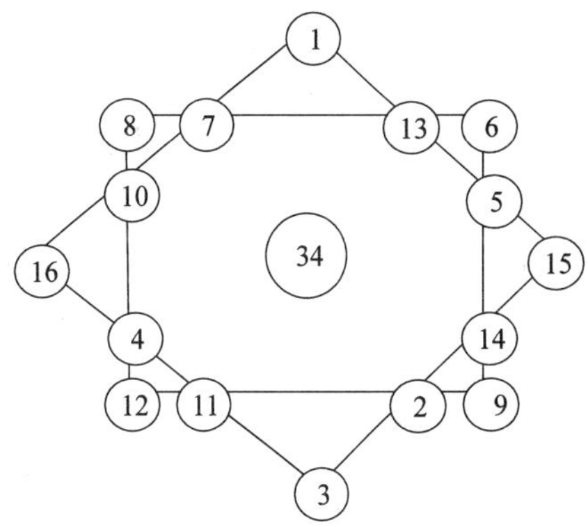

문제 91 같은 직선 위의 수들의 합이 모두 38이 되게 하여라.

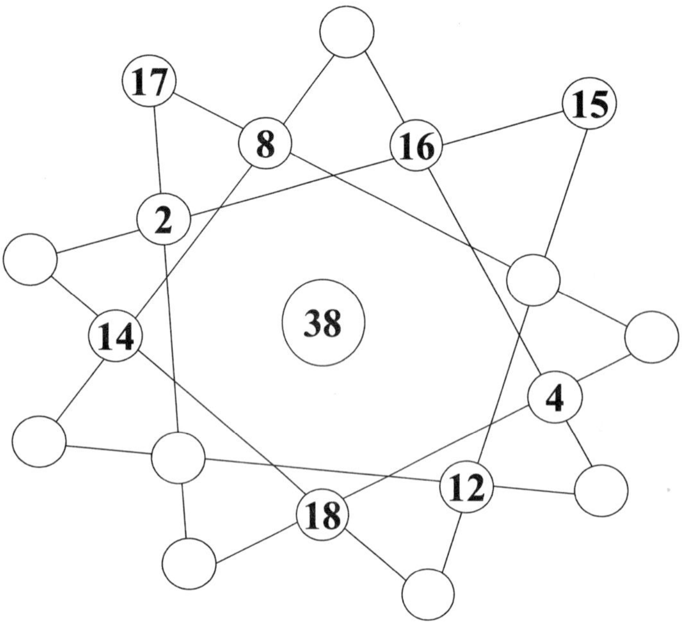

풀이

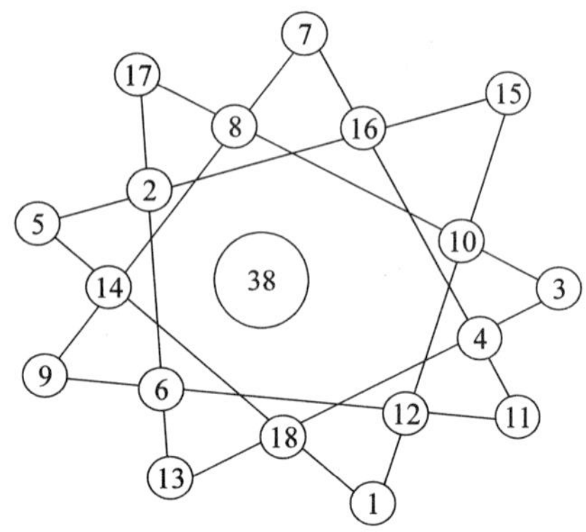

문제 92 같은 직선 위의 수들의 합이 모두 43이 되게 하여라.

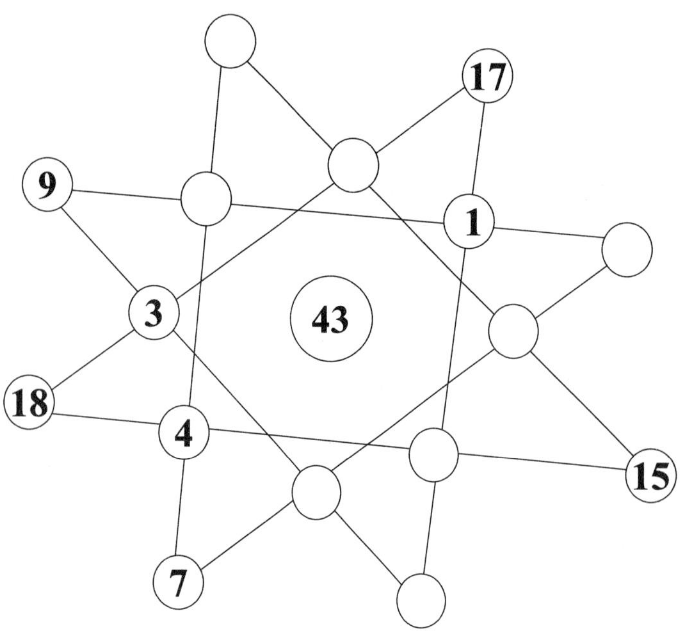

풀이

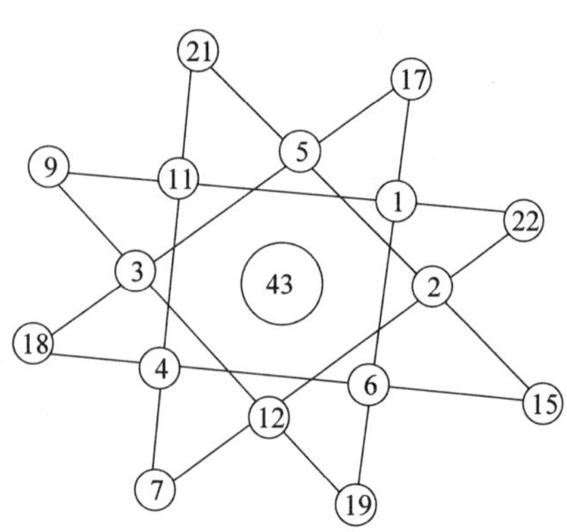

Q 문제 93 같은 직선 위의 수들의 합이 모두 65가 되게 하여라.

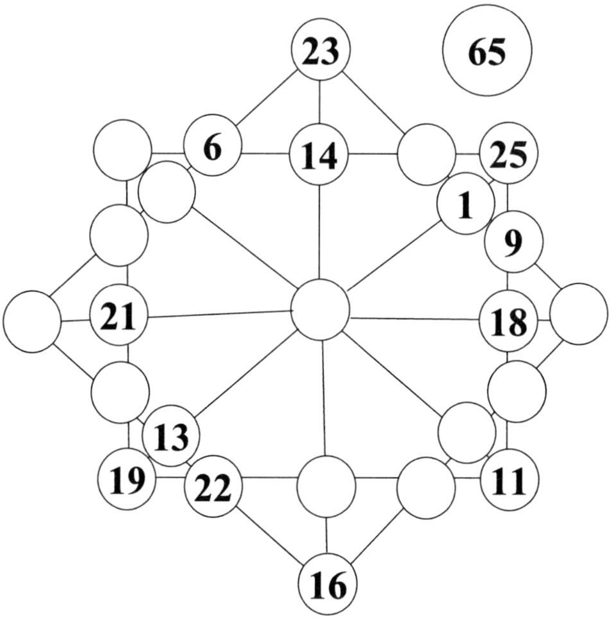

풀이

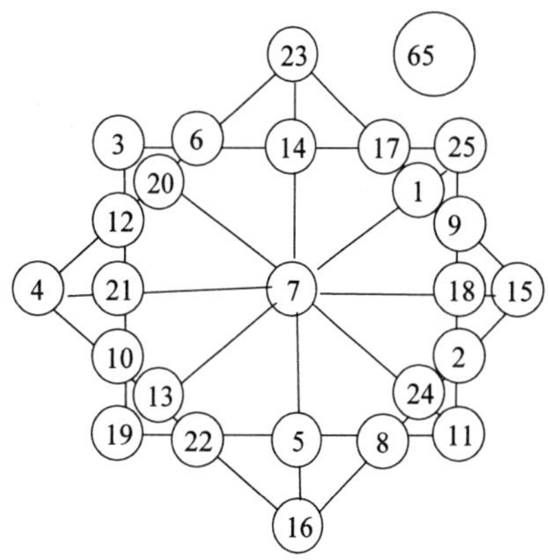

나의 노트

3.3 입체 마방진

문제 1 같은 평면 위에 놓인 사각형의 꼭지점 위의 수들의 합과 가장 큰 직육면체의 기둥 위의 수들의 합이 모두 170이 되게 하여라.

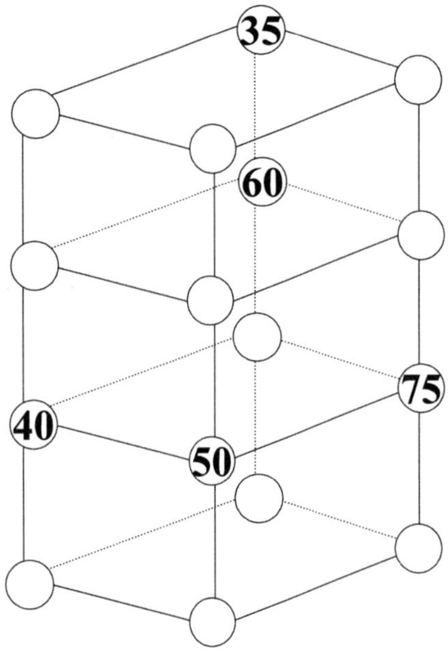

풀이

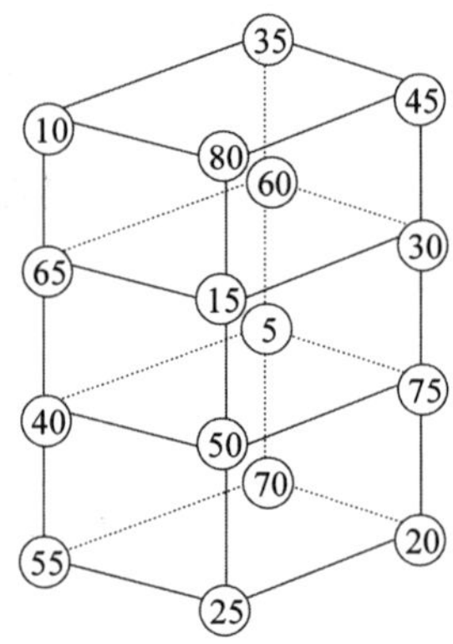

나의 노트

※ 다음의 문제 2부터 문제 5까지에서 같은 평면 위에 놓인 사각형의 꼭지점 위의 수들의 합과 가장 큰 직육면체의 기둥 위의 수들의 합이 모두 34가 되게 하여라.

Q 문제 2

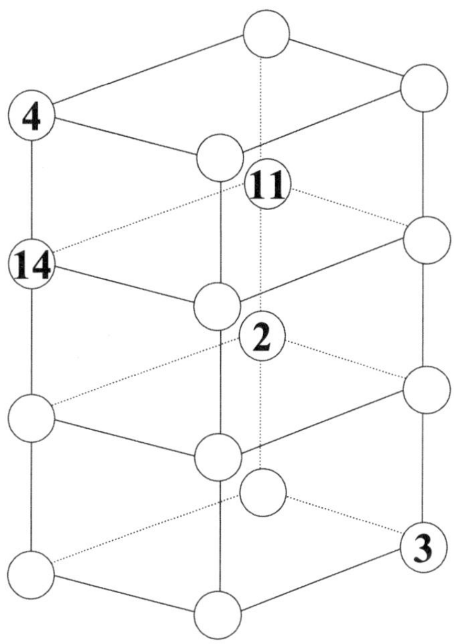

풀이

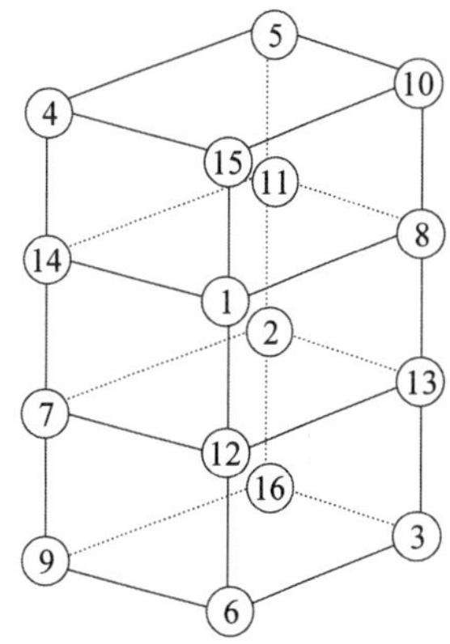

Q 문제 3 문제 2와 동일한 방법으로 풀어라.

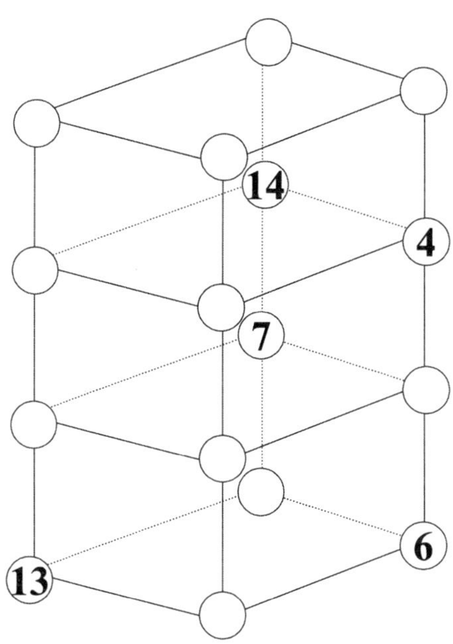

풀이

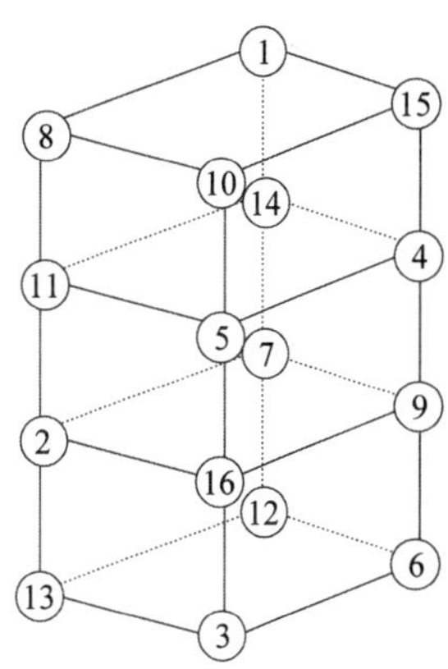

문제 4 문제 2와 동일한 방법으로 풀어라.

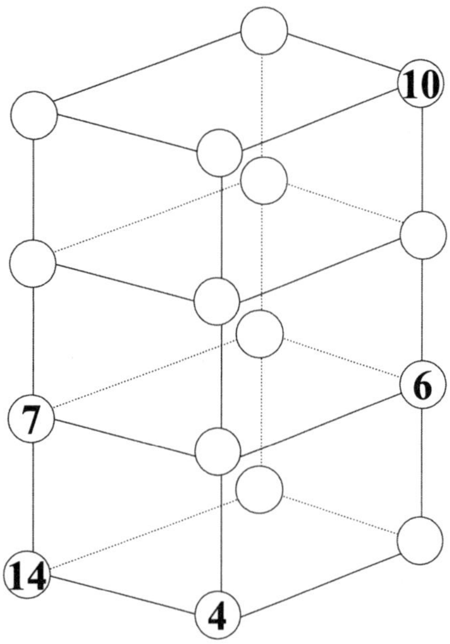

풀이

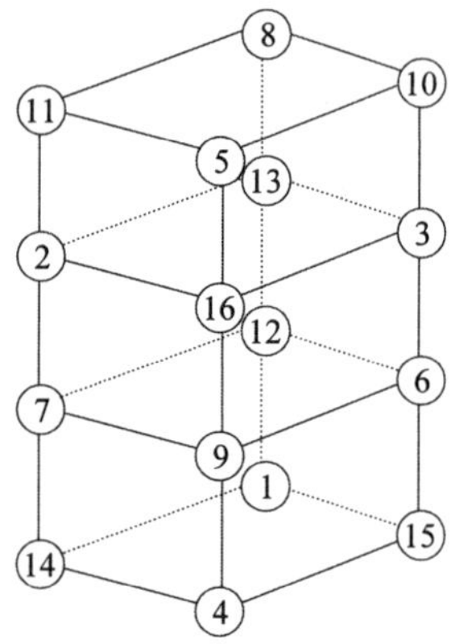

문제 5 문제 2와 동일한 방법으로 풀어라.

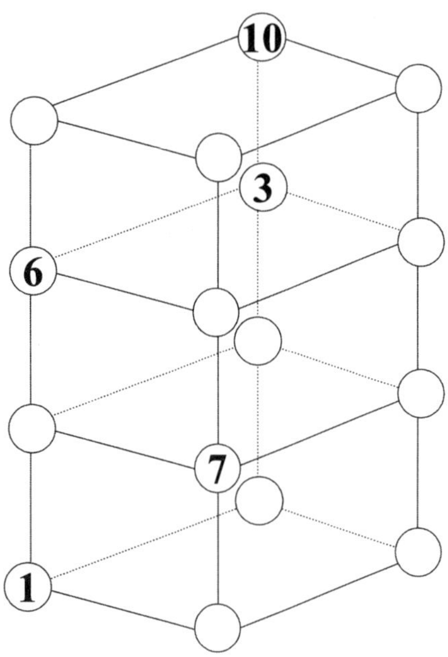

풀이

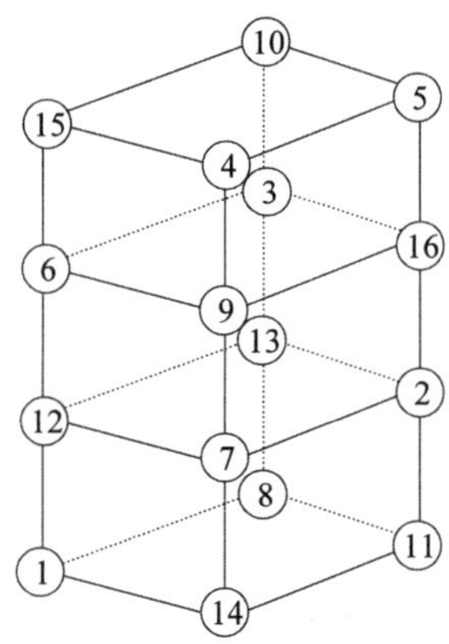

Chapter 04

공간지각퍼즐

4.1 데빌 퍼즐

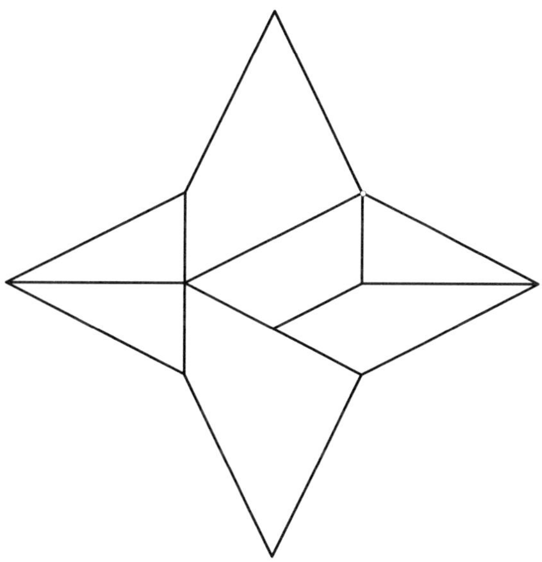

가. 데빌 퍼즐

퍼즐도구 중에는 수학적으로 구성되어 있는 것이 많다. 시중에 가끔 나도는 것 중에 데빌이라는 도구가 있는데 맞추기가 가장 어려운 것 중의 하나이다. 무턱대고 만들지 말고 퍼즐을 수학적으로 분석해 보자. 자와 각도기(더 중요한 것은 직관력) 등을 동원하여 데빌이 가지고 있는 수학적 구조를 찾아보자. 또한 판지 등으로 만들어서 여러 가지 모양을 맞추어보자. 별모양을 굵은 선의 7개 부분으로 자른 것이 데빌이다. 데빌로 약 100개의 모양을 만들 수 있는데 가장 어려운 것이 직사각형 모양을 만드는 것이다. 보이는 직각은 맞추려는 직사각형의 직각을 만드는데 사용되지 않는다. 두 개를 조합해서 직각을 만들어야 한다.

나. 왼쪽의 '퍼즐도형'과 같은 모양을 데빌을 이용하여 만들어보고, 오른쪽의 '완성도'에 그려보자.

퍼즐도형	완성도	퍼즐도형	완성도

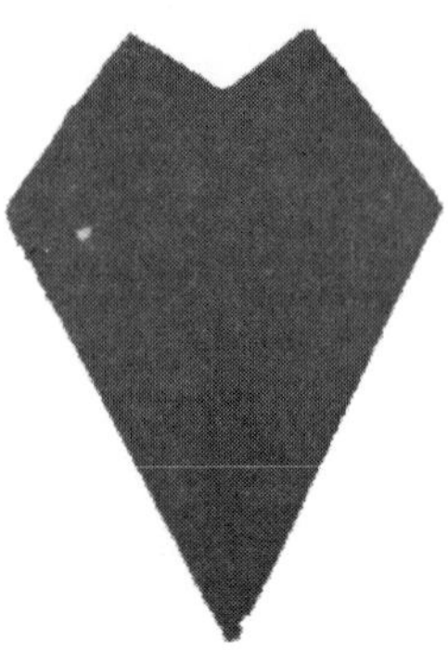			

퍼즐도형	완성도	퍼즐도형	완성도

퍼즐도형	완성도	퍼즐도형	완성도
		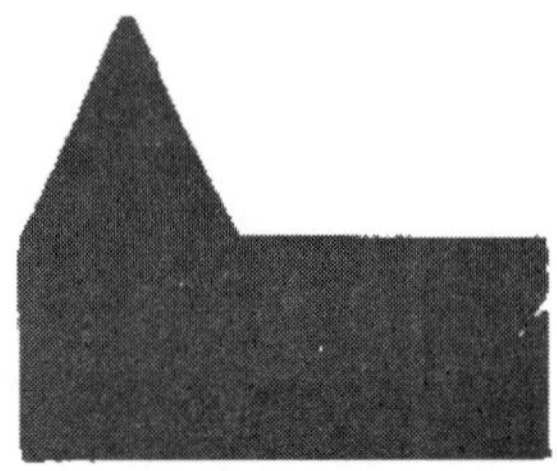	

퍼즐도형	완성도	퍼즐도형	완성도

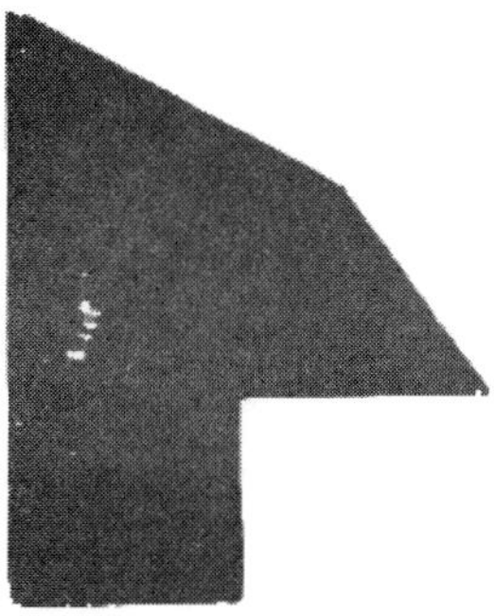			

퍼즐도형	완성도	퍼즐도형	완성도

퍼즐도형	완성도	퍼즐도형	완성도
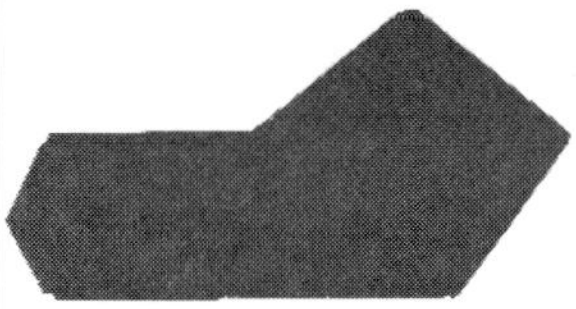			

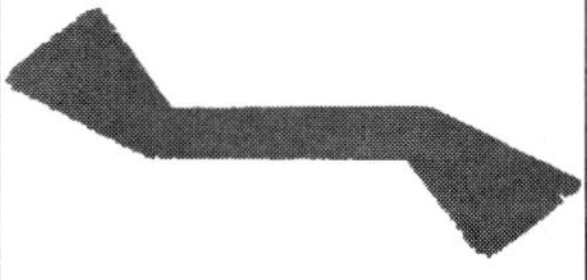			

퍼즐도형	완성도	퍼즐도형	완성도

퍼즐도형	완성도	퍼즐도형	완성도

		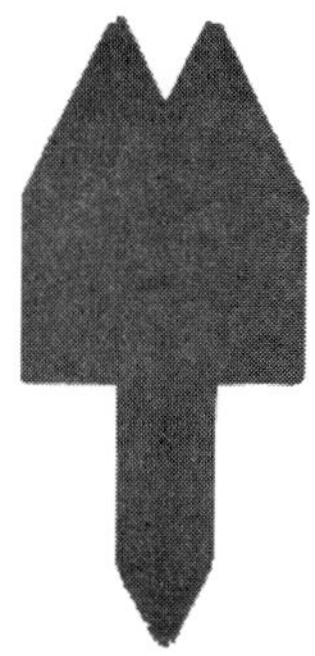	

퍼즐도형	완성도	퍼즐도형	완성도

퍼즐도형	완성도	퍼즐도형	완성도

퍼즐도형	완성도	퍼즐도형	완성도

퍼즐도형	완성도	퍼즐도형	완성도

퍼즐도형	완성도	퍼즐도형	완성도

4.2 달걀 퍼즐(1)

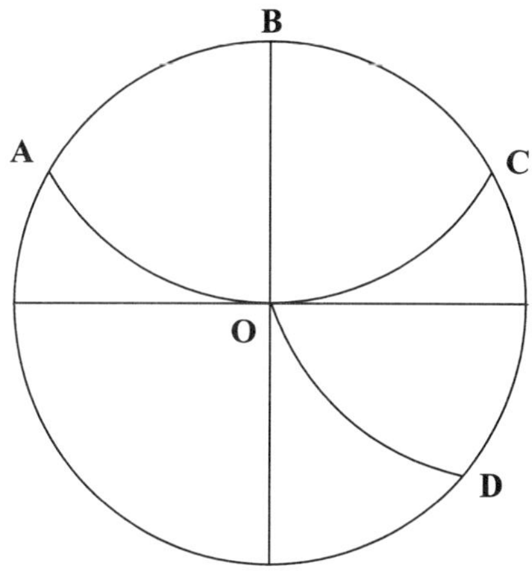

작도 하기

1. 반지름의 길이가 5cm인 원을 그린다.
2. 원의 중심을 O라 하고, 지름과 지름이 중심 O에서 수직이 되도록 그린 후 원주와 만나는 한 점을 B라 놓는다.
3. 점 B를 중심으로 $\overline{BO}$를 반지름으로 하는 원과 원 O와의 교점을 각각 A, C라 놓는다.
4. 점 C를 중심으로 $\overline{CO}$를 반지름으로 하는 원을 작도한 후 원주와 만나는 점을 D라 놓는다.

Q 문제

(1) $\triangle OBC$, $\triangle OCD$는 정삼각형임을 보여라

(2) 곡선 AO와 곡선 OD의 사이각은 얼마인가?

(3) 영역 OCD의 넓이는?

풀이 (1) 호 AC는 점 B를 중심으로 하고 반지름의 길이가 $\overline{OB}$인 원의 일부이다.

$\triangle OBC$ 에서

$\overline{OB} = \overline{OC} = \overline{BC}$ $\therefore$ $\triangle OBC$ 는 정삼각형

△OCD 에서

$\overline{OC} = \overline{OD} = \overline{CD}$ ∴ △OCD 는 정삼각형

(2) 점 C를 중심으로 하는 원에서 호 OD에 접선을 그어 원과 만나는 점을 P라 놓으면, ∠AOB = 60° 이고 ∠AOP = 30° 이다(∵ 원의 중심에서 접점에 이은 선분은 접선과 이루는 각은 90° 이기 때문이다).

그러므로 곡선 AO와 곡선 OD의 사이각은 30° 이다.

(3) 중심각이 60° 인 부채꼴의 넓이와 같다.

활용방법

1. 교사는 여러 가지 예제 그림을 코팅하여 제시해 주고, 학생들은 그림을 보면서 퍼즐을 완성하도록 한다. 이 때, 아래 그림들과 같은 예제 그림을 코팅하여 바탕 판으로 제시한 후 학생들이 직접 그림 위에 퍼즐을 완성하도록 하면 좀더 쉽게 퍼즐을 즐길 수 있다.

2. 예제 그림을 제시하지 않고, 학생들이 원하는 그림을 자유롭게 만들도록 한 후 제목을 붙인 이유를 간단히 써보도록 하면 학생들의 생각을 알 수 있는 기회도 된다. 이 때 여러 형태의 원형퍼즐을 만들어 본 후 재미있는 이야기를 만들어 보도록 할 수도 있는데, 해당하는 단어에 그림을 넣으면서 이야기를 만들면 즐거운 시간이 된다.

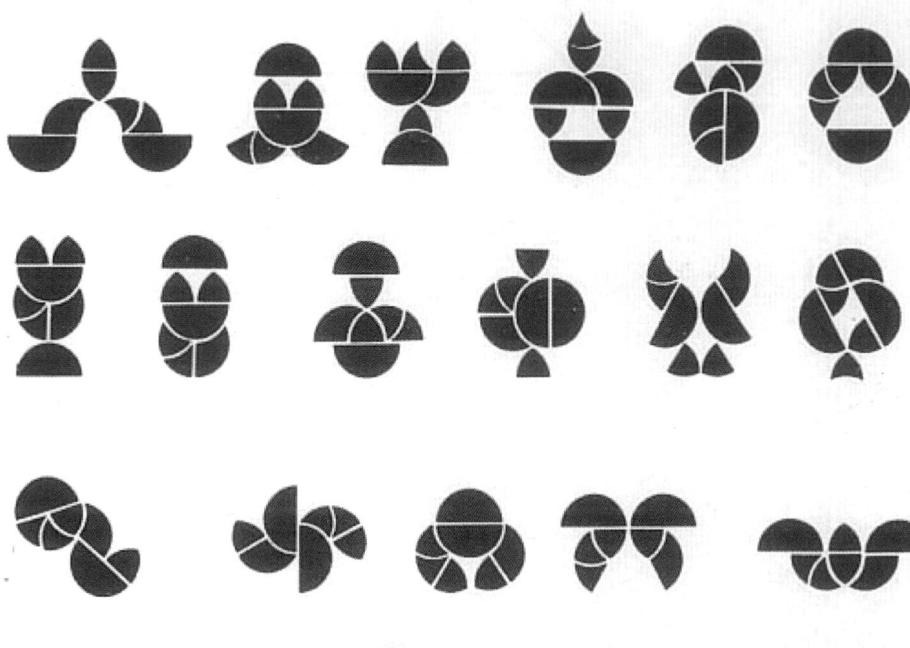

4.3 달걀 퍼즐(2)

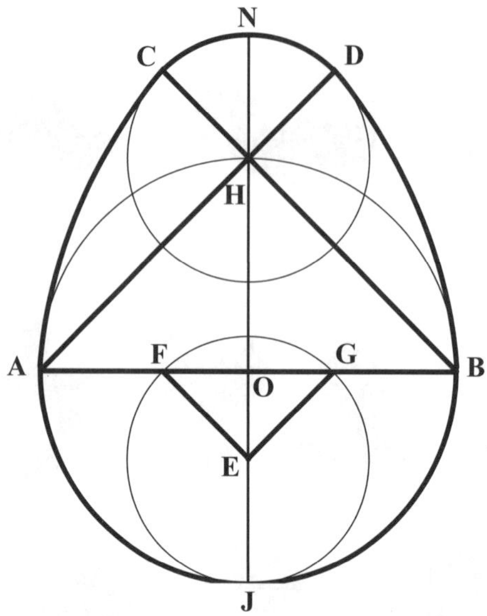

작도 하기

1. 반지름 $\overline{AO}$의 길이가 5cm인 원을 그린다.
2. 원의 중심을 O라 하고, 지름 $\overline{AB}$를 긋는다.
3. 지름 $\overline{AB}$와 수직을 이루도록 선분 $\overline{NJ}$를 작도한 후 위의 원과의 교점을 H라 한다.
4. 점 H를 지나 지름 $\overline{AB}$와 길이가 같도록 선분 $\overline{BC}$를 작도한 후 호 $\overset{\frown}{AC}$를 완성한다. 마찬가지 방법으로 호 $\overset{\frown}{DB}$도 완성한다.
5. 점 H를 중심으로 선분 $\overline{NH}$를 반지름으로 하는 원을 작도한다.
6. $\overline{NJ}$ 위에 중심을 두고 J에 접하면서 반지름의 길이를 $\overline{NH}$로 갖는 원의 중심 E를 찾아 원을 작도한다.
7. 가위로 굵은 선을 따라 오린다.

Q 문제

$\overline{AO} = 1$일 때,

(1) 호 AJB의 점 A에서의 접선과 호 AC의 점 A에서의 접선이 일치함을 보여라.

(2) 호 AC의 점 C에서의 접선과 호 CD의 점 C에서의 접선이 일치함을 보여라.

(3) $\overline{ON}$의 길이를 구하여라.

풀이 (1) 원의 중심 O의 좌표는 $0=(0, 0)$이고, 중심이 B이고 반지름이 2인 원의 방정식 $(x-1)^2+y^2=2^2$의 점 $A(-1, 0)$에서의 접선의 기울기를 구하기 위해 주어진 식을 미분하면, $2(x-1)+2yy'=0$이므로,

$y'=\dfrac{-(x-1)}{y}$. 따라서 $y'=\pm\infty$이므로 두 접선은 일치한다.

(2) $(x-1)^2+y^2=2^2$ 과 $x+y=1$의 교점을 구하기 위해 $x-1=-y$이므로 $2y^2=2^2$ 에서 $y=\pm\sqrt{2}$.

따라서 $C=(1-\sqrt{2}, \sqrt{2})$이고 점 C에서의 접선의 기울기를 구하면

$y'=\dfrac{-(-\sqrt{2})}{\sqrt{2}}=1$.

한편, 중심이 H인 원의 방정식은 $x^2+(y-1)^2=(2-\sqrt{2})^2$이므로 이를 미분하면, $2x+2(y-1)y'=0$. 따라서 점 C에서의 접선의 기울기는

$y'=\dfrac{-x}{y-1}$이므로 $y'=\dfrac{-(1-\sqrt{2})}{\sqrt{2}-1}=1$. 따라서 두 접선은 일치한다.

(3) $1+(2-\sqrt{2})=3-\sqrt{2}$

활용방법

1. 교사는 여러 가지 예제 그림을 코팅하여 제시해 주고, 학생들은 그림을 보면서 퍼즐을 완성하도록 한다. 이 때, 아래 그림들과 같은 예제 그림을 코팅하여 바탕 판으로 제시한 후 학생들이 직접 그림 위에 퍼즐을 완성하도록 하면 좀더 쉽게 퍼즐을 즐길 수 있다.
2. 예제 그림을 제시하지 않고, 학생들이 원하는 그림을 자유롭게 만들도록 한 후 제목을 붙인 이유를 간단히 써보도록 하면 학생들의 생각을 알 수 있는 기회도 된다. 이 때 여러 형태의 원형퍼즐을 만들어 본 후 재미있는 이야기를 만들어 볼 수도 있는데, 해당하는 단어에 그림을 넣으면서 이야기를 만들면 즐거운 시간이 된다.

■ 달걀 퍼즐

나의 노트

4.4 원 퍼즐

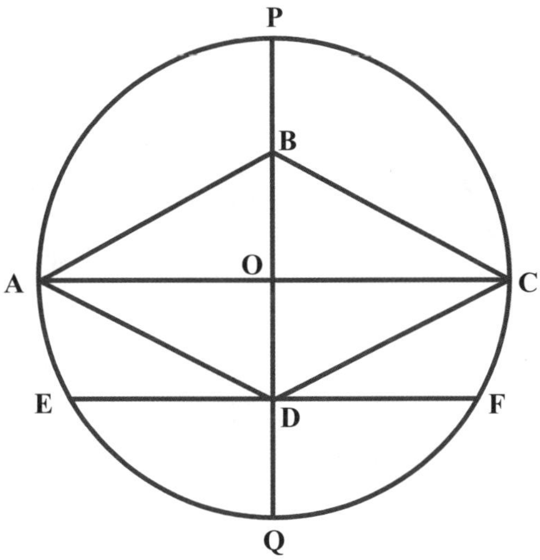

작도 하기

1. 반지름 $\overline{AO}$의 길이가 5cm인 원을 그린다.
2. 원의 중심을 O라 하고, 지름 $\overline{AC}$를 긋는다.
3. 원의 중심을 지나는 선분 $\overline{PQ}$를 긋는다.
4. 선분 $\overline{OP}$의 중점 B를 잡는다.
5. 선분 $\overline{OQ}$의 수직이등분 선 $\overline{EF}$를 긋는다.
6. 그림과 같이 선분을 서로 잇는다.
7. 가위로 굵은 선을 따라 오린다.

Q 문제

$\overline{OA} = 2$일때,

(1) $\overline{AB}$의 길이는 얼마인가?

(2) 호 AE의 중심각은 얼마인가?

(3) $\overline{ED}$의 길이는 얼마인가?

풀이 (1) $\sqrt{5}$ (2) 30° (3) $\sqrt{3}$

활용방법

1. 교사는 여러 가지 예제 그림을 코팅하여 제시해 주고, 학생들은 그림을 보면서 퍼즐을 완성하도록 한다. 이때, 아래 그림들과 같은 예제 그림을 코팅하여 바탕 판으로 제시한 후 학생들이 직접 그림 위에 퍼즐을 완성하도록 하면 좀더 쉽게 퍼즐을 즐길 수 있다.

2. 예제 그림을 제시하지 않고, 학생들이 원하는 그림을 자유롭게 만들도록 한 후 제목을 붙인 이유를 간단히 써보도록 하면 학생들의 생각을 알 수 있는 기회도 된다. 이때 여러 형태의 원형퍼즐을 만들어 본 후 재미있는 이야기를 만들어 볼 수도 있는데, 해당하는 단어에 그림을 넣으면서 이야기를 만들면 즐거운 시간이 된다.

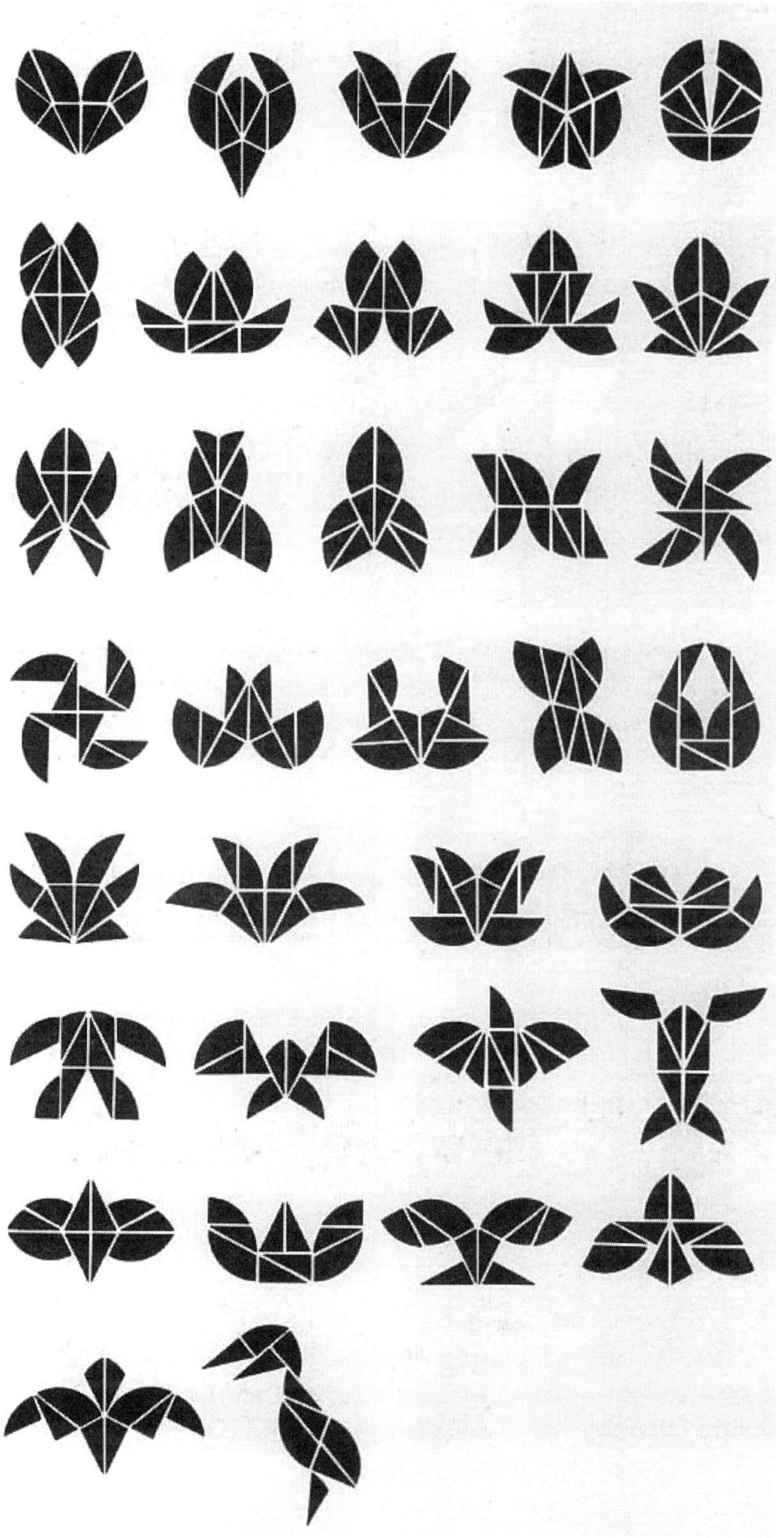

4.5 평면도형

Q 문제 1

한 변의 길이가 1cm인 우유팩을 5개 담을 수 있는 수거함을 만들려고 한다. 재료를 가장 적게 사용하여 정사각형모양의 수거함을 만들고 싶다. 한 변의 길이를 얼마로 해야 할까요? <그림1>은 우유팩 4개만 수거 할 수 있어서 현명하지 못하다.

<그림2>는 5개의 우유팩을 수거 했지만 수거함의 크기는 한 변의 길이가 2.8cm이다. 조금 더 작게 만들고 싶다. 어떤 방법으로 하면 더 작은 수거함을 만들 수 있을까?

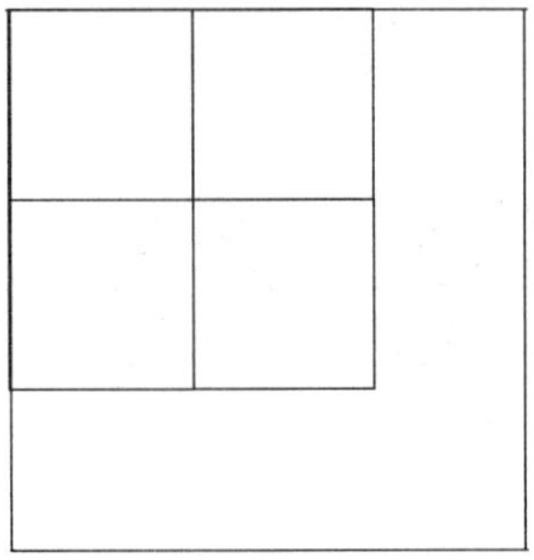

<그림1>

<그림2>

풀이 아래 그림과 같은 수거함의 대각선은 $1.4 \times 2 + 1 = 3.8$이다(여기서 $\sqrt{2} = 1.4$라고 하자).

대각선의 길이가 $\sqrt{2}$인 작은 정사각형과 닮음이므로, 비율로 생각하면, 구하는 수거함의 한 변의 길이 x는 $x : 1 = 3.8 : 1.4$ 이므로 $x = 3.8 \div 1.4 = 2.7$. 따라서 한 변의 길이가 2.7cm인 정사각형의 모양의 수거함이 구하고자 하는 것이다.

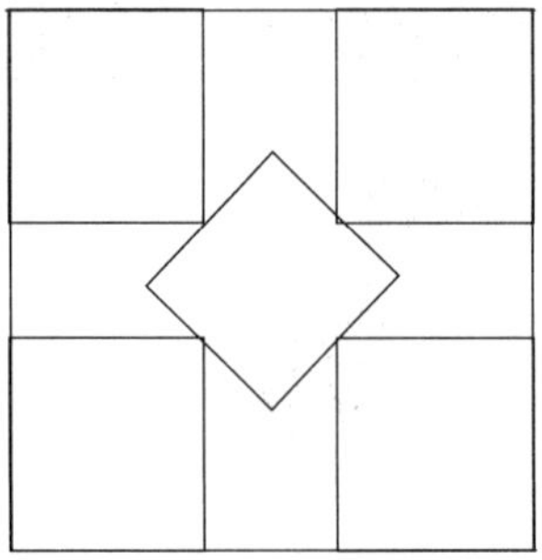

문제 2

정사각형 종이를 점선을 따라 접었다. 그리고 그림처럼 접는 각이 일치하도록 세 부분을 겹쳐 접었을 때, 각 x의 크기를 구하여라.

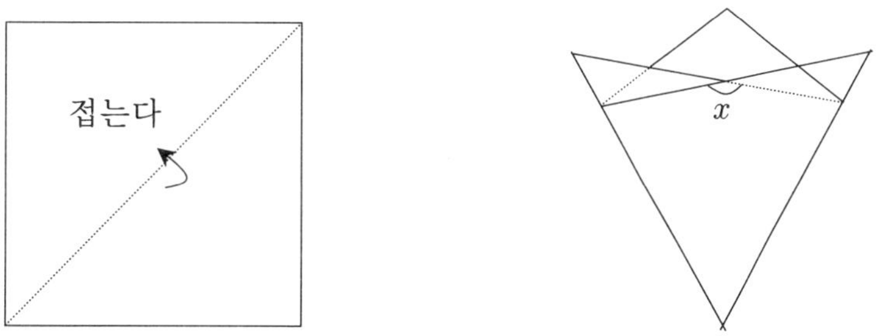

풀이

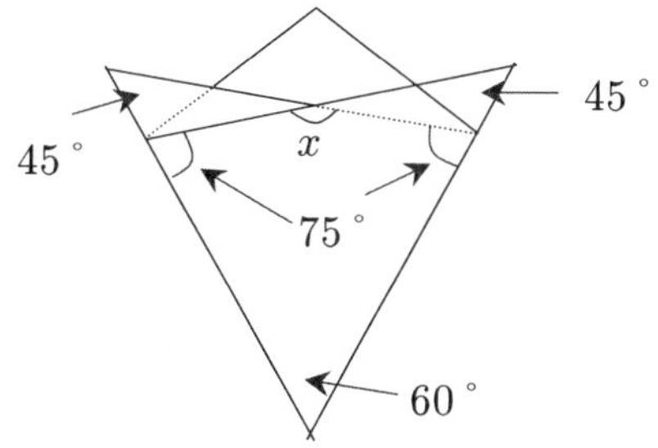

정답 : 150°

문제 3

한변의 길이가 20cm인 정사각형 모양의 종이를 그림과 같이 접었다. 그리고 두 변의 중점을 잡아 작은 삼각형 모양을 잘라 내었을 때, 생기는 도형의 넓이는 얼마인가?

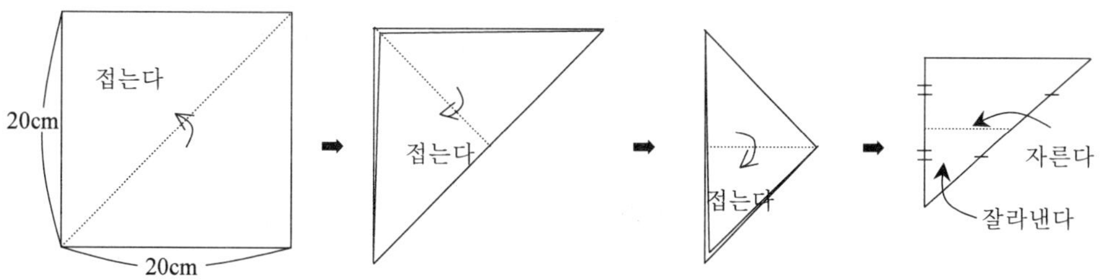

풀이 전체넓이 : 400cm^2

잘린 넓이 $25\text{cm}^2 \times 4 = 100\text{cm}^2$

그러므로, 남는 넓이는 300cm^2

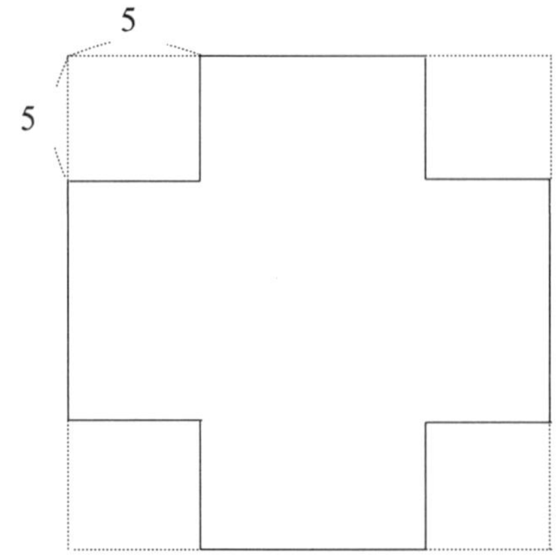

문제 4

그림과 같이 9개의 과일이 있다. 3개씩 과일을 꼬치에 꽂으려면 8개의 꼬치가 필요하다. 그런데 어떻게 하면 과일 2개를 움직여 3개씩 과일을 꽂은 꼬치 10개를 만들 수 있을까?.

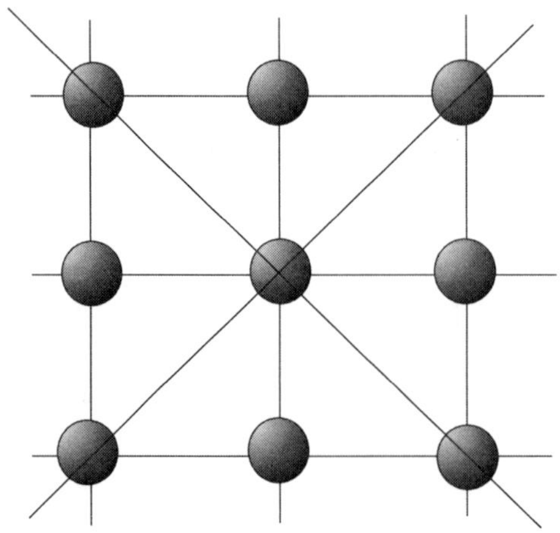

풀이

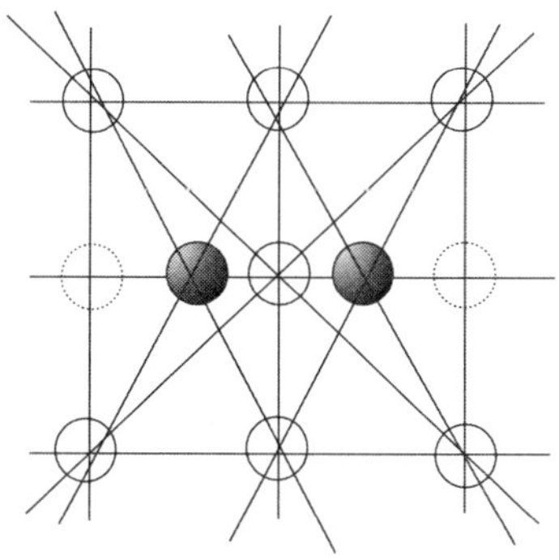

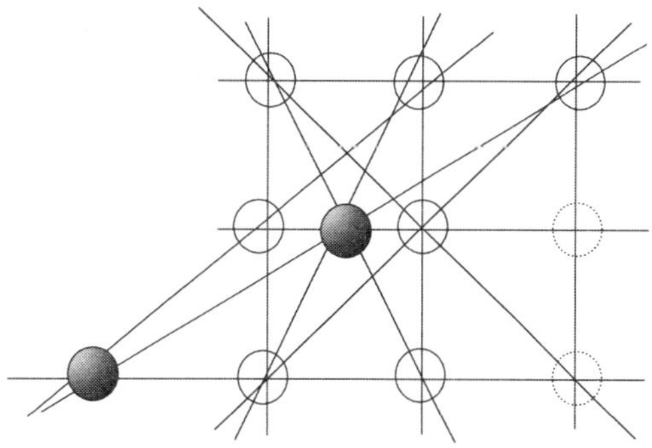

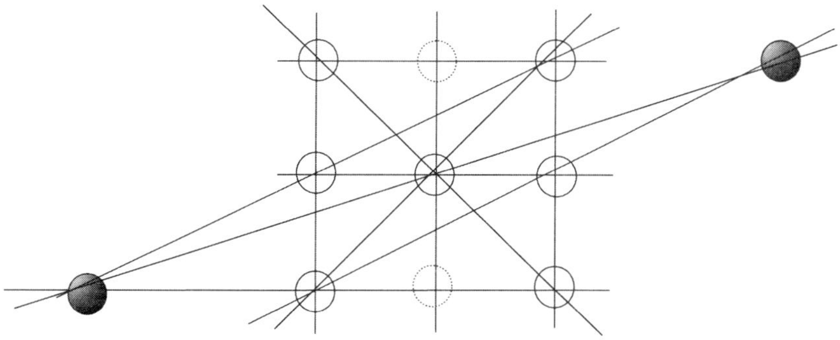

Q 문제 5

그림과 같이 거울 앞에 n명이 서 있다. 거울은 m명을 비출 수 있는 크기이다. 이 때, A지역에 있는 사람들이 볼 수 있는 사람을 n과 m으로 나타내시오.

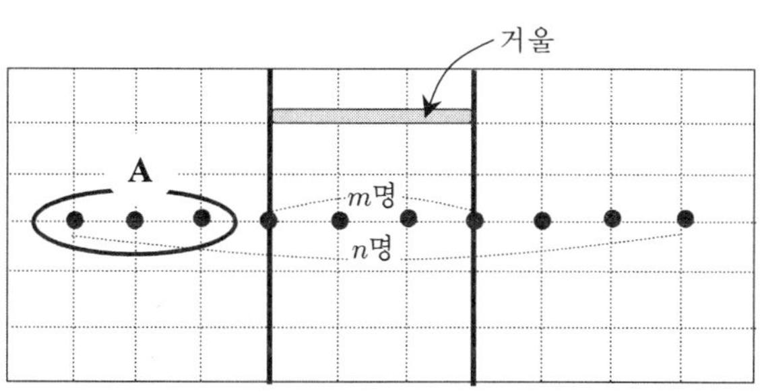

풀이 거울에 비친 사람을 볼 수 있는 사람은 입사각과 반사각이 같은 경우에만 가능하다.

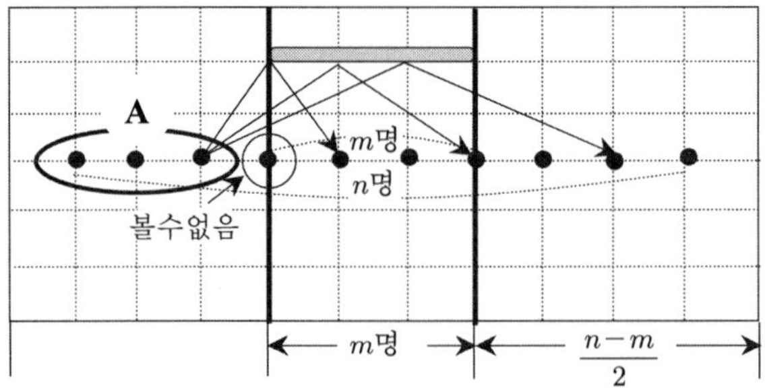

즉, A지역에 위치한 사람이 거울을 통하여 볼 수 있는 사람은 $m+\dfrac{n-m}{2}-1$명이다.

Q 문제 6

2개의 평행선 위에 그림과 같이 삼각자를 두었다. 각 x의 각도를 α를 사용하여 나타내어라.

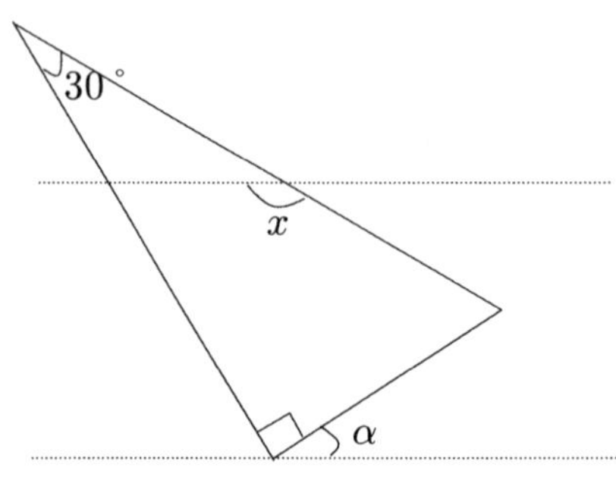

풀이 $x = 180° - (60° - \alpha)$
$x = 120° + \alpha$

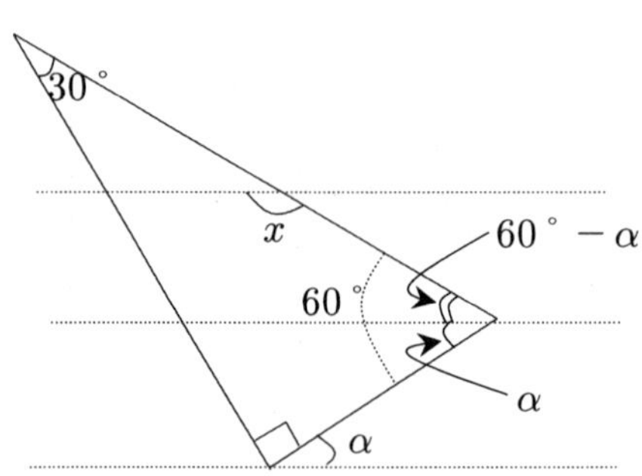

Q 문제 7

아래 그림에서 삼각형 ABC의 넓이가 30cm^2일 때, 색칠한 부분의 넓이를 구하여라.

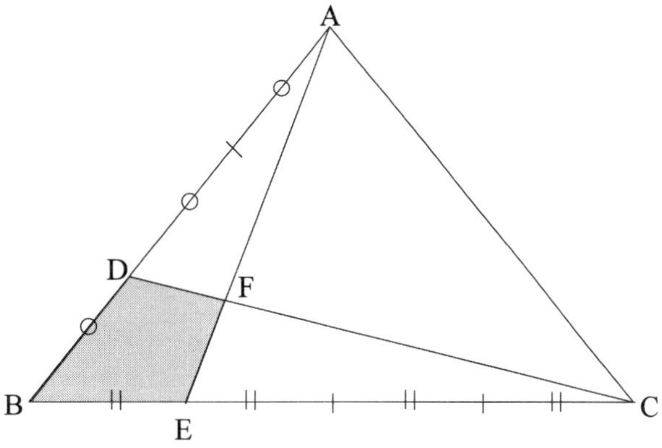

풀이 $\triangle CBD = \frac{1}{3}\times 30 = 10,\ \triangle ABE = \frac{1}{4}\times 30 = \frac{15}{2}$

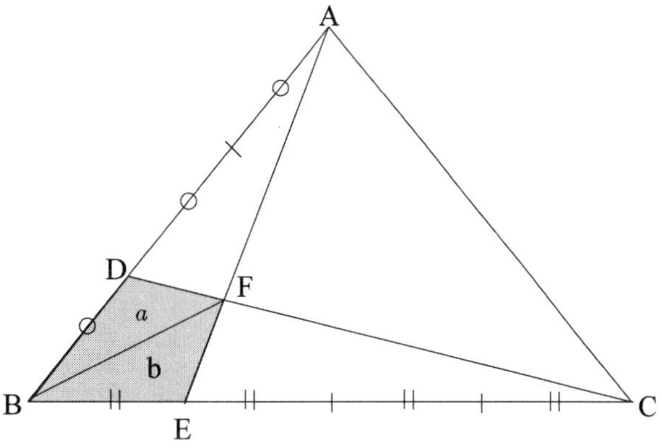

$a = (\frac{15}{2} - b)\times\frac{1}{3}$

$b = (10 - a)\times\frac{1}{4}$

연립하여 풀면

$a = \frac{20}{11},\ b = \frac{45}{22}$

$a + b = \frac{85}{22}$

Q 문제 8

각 격자의 간격이 1인 아래 삼각형에 대해 색칠한 부분의 넓이를 구해보면 처음 넓이의 반이다. 직접 구해보시오.

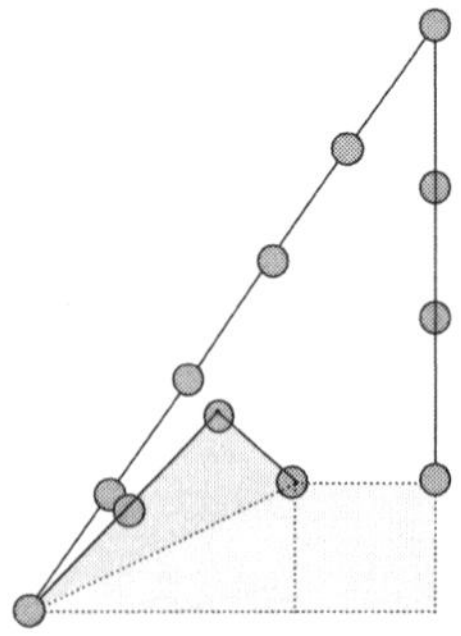

<그림1>

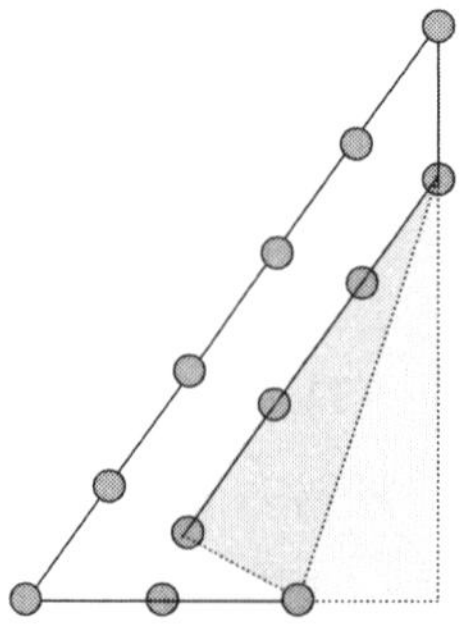

<그림2>

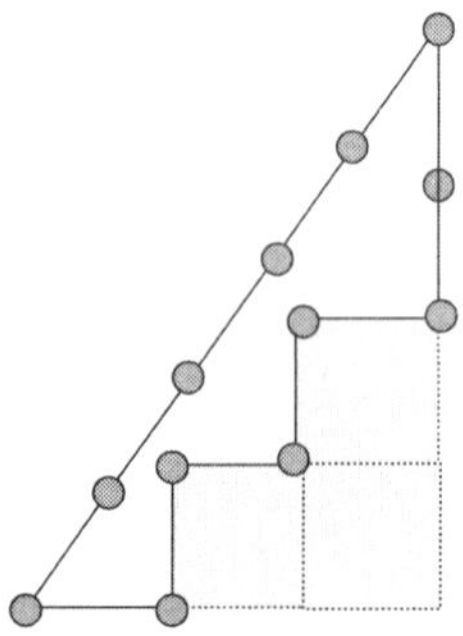

<그림3>

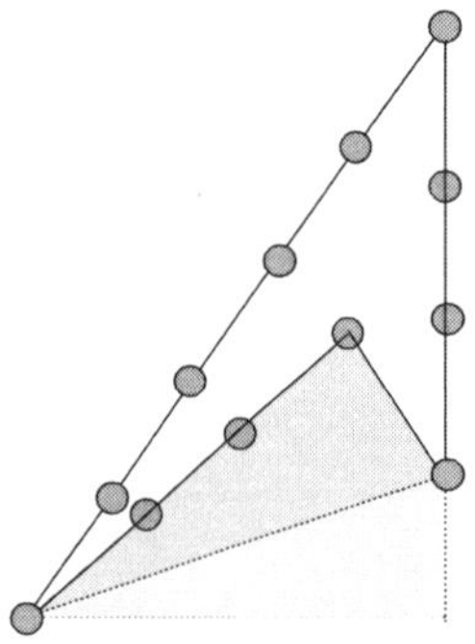

<그림4>

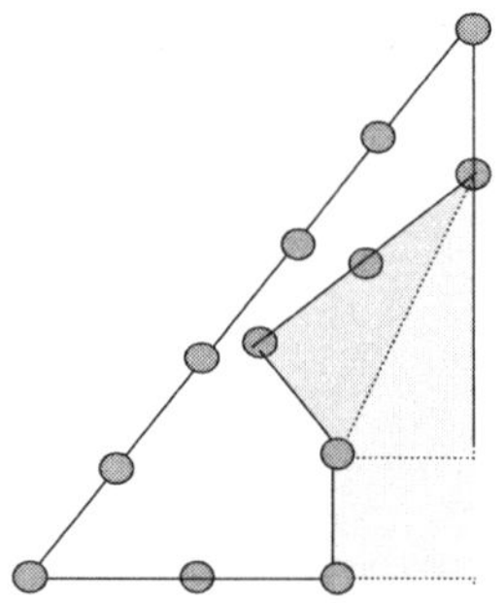

<그림5>

풀이 처음 삼각형의 넓이는 $3\times 4\times \frac{1}{2}=6$이다.

이것의 반이 되려면 3이어야 한다.

<그림1>은 $1\times 2\times \frac{1}{2}\times 2\ +\ 1\times 1$이므로 3이다.

<그림2>는 $1\times 3\times \frac{1}{2}\times 2$이므로 3이다.

<그림3>은 $1\times 1\times 3$이므로 3이다.

<그림4>는 $1\times 3\times \frac{1}{2}\times 2$이므로 3이다.

<그림5>는 $1\times 2\times \frac{1}{2}\times 2\ +\ 1\times 1$이므로 3이다.

Q 문제 9

그림은 반지름의 길이가 5cm인 원을 겹치게 놓은 것이다. 색칠한 부분의 넓이를 구하여라.

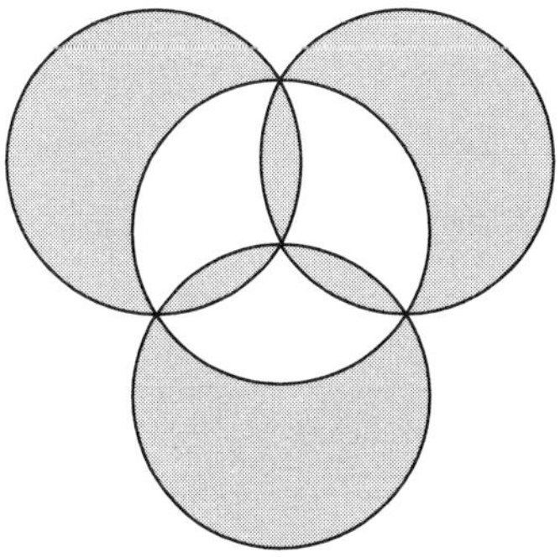

풀이 색칠한 부분의 넓이는 세원의 넓이의 합에서 가운데 흰 원 전체의 넓이를 뺀 것과 같다. 색칠한 부분의 넓이: $25\pi \times 3 - 25\pi = 50\pi$

Q 문제 10

다음과 같은 모양의 천이 있다. 작은 정사각형 모양의 손수건은 25개를 만들 수 있다. 그러나 처음에 만들고자 하는 손수건은 정사각형 두장을 이어서 만든 손수건이다. 몇 장을 만들 수 있을까?

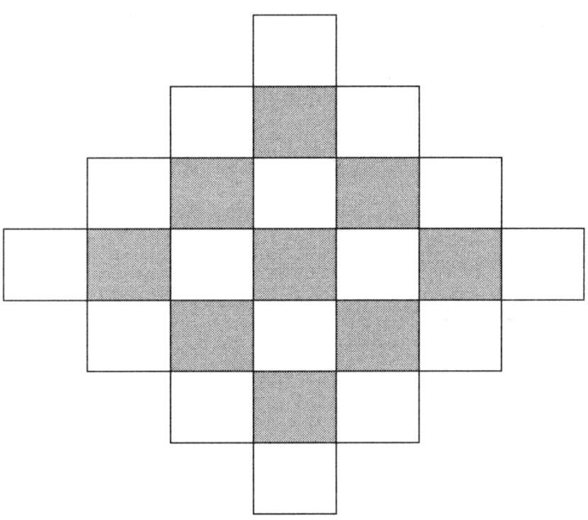

풀이 두 장을 이어서 손수건을 만들려면 흰색과 색칠한 부분을 이어서 만들어야 한다. 그런데 색칠한 사각형이 9개이므로 만들 수 있는 손수건은 총 9장이다.

Q 문제 11

"뫼비우스띠"를 폭이 반이 되는 지점에서 자르면 길이가 2배인 두 번 꼬은 고리가 나온다. 폭이 3분의 1 지점에서 자르면 큰 고리와 작은 고리가 연결되어 있다. 큰 고리는 두 번 꼬여 있고, 작은 고리는 한번 꼬여 있다. 그렇다면 5번 자른 뫼비우스띠는 어떤 모양을 하고 있을까?

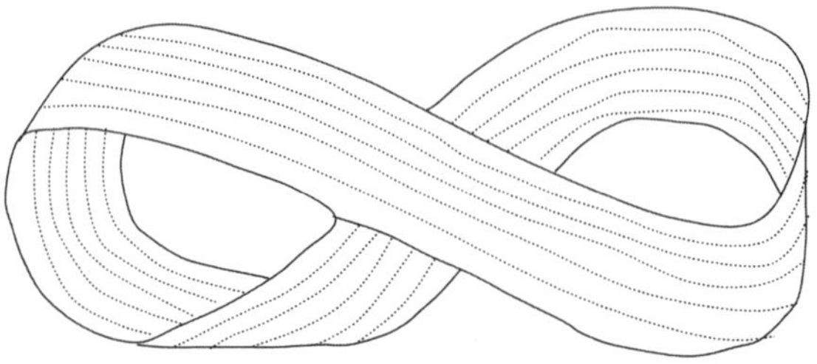

풀이 1번 자른 뫼비우스띠 : 큰고리 1개(두 번 꼬임)
2번 자른 뫼비우스띠 : 큰고리 1개(두 번 꼬임), 작은 고리(한 번 꼬임)
3번 자른 뫼비우스띠 : 큰고리 2개(두 번 꼬임)
4번 자른 뫼비우스띠 : 큰고리 2개(두 번 꼬임), 작은 고리(한 번 꼬임)
5번 자른 뫼비우스띠 : 큰고리 3개(두 번 꼬임)

Tip 이 경우에는 직접 잘라보는 것이 해답을 가장 쉽게 찾을 수 있는 방법이다.

나의 노트

문제 12

5×5(30장판)과 8×8(64장판)의 사이즈인 방에 장판(1×2, 2×1)을 깔려고 한다. 단, 방을 한쪽 끝에서 맞은편 다른 끝으로 절단하는 직선(절단선)이 없는 방법으로 깔려고 한다. 예를 들어 아래 〈보기〉의 그림과 같이 5×4(20장판)의 방에서는 3개의 절단선이 생겼다. 5×6과 8×8인 방에 1×2와 2×1인 장판을 사용하여 끝에서 끝으로 절단하는 직선(절단선)이 없이 장판을 까는 방법을 찾아보아라.

〈보기〉

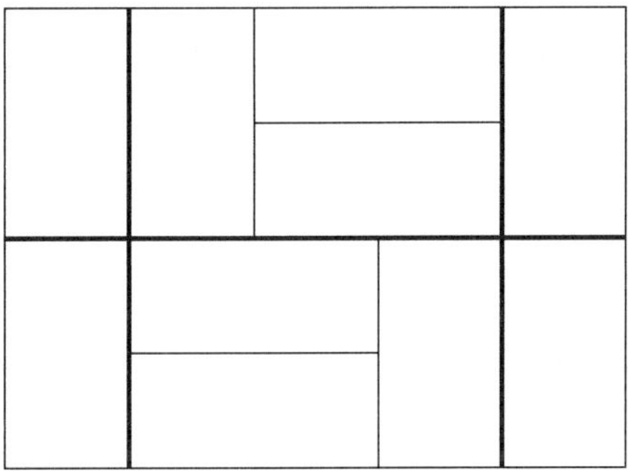

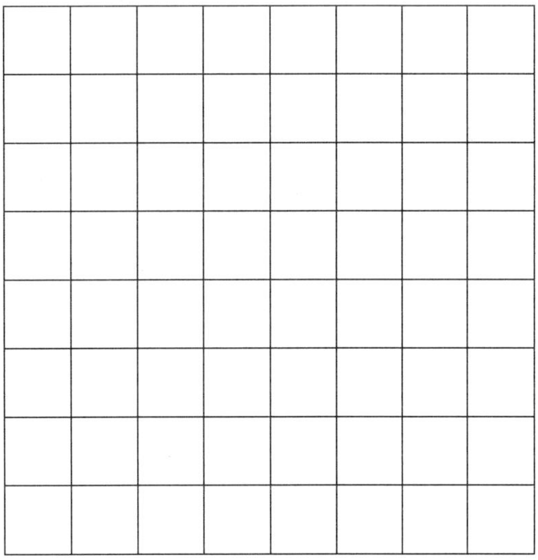

풀이

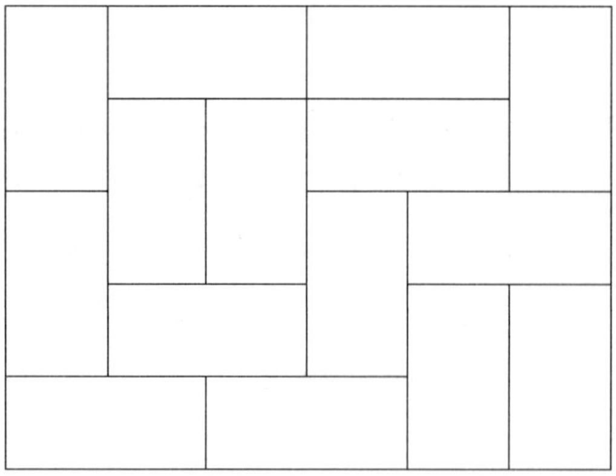

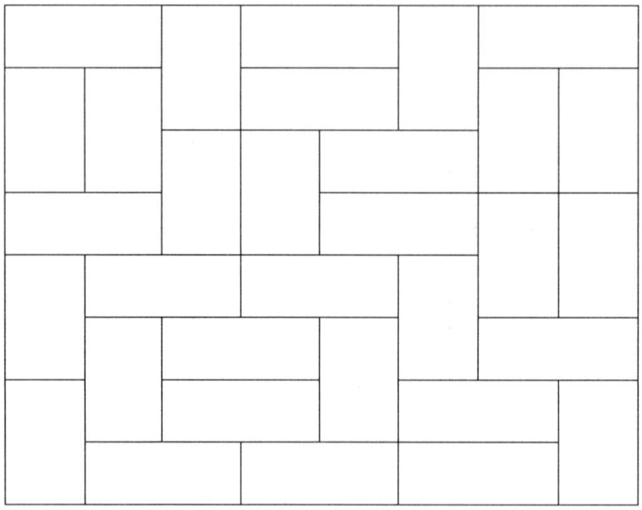

문제 13

비스듬히 자른 원기둥의 측면은 어떤 전개도 일까?

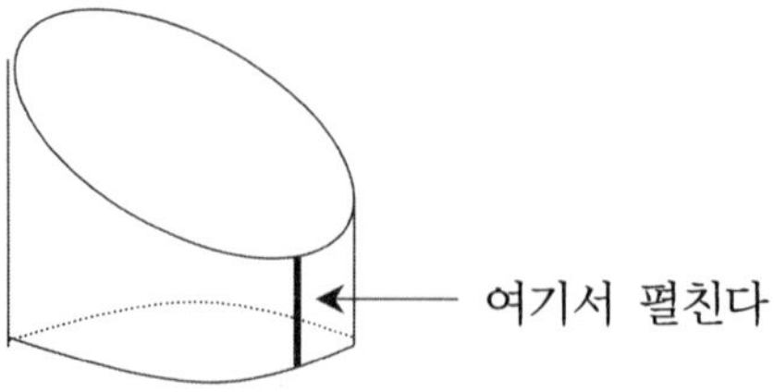

풀이

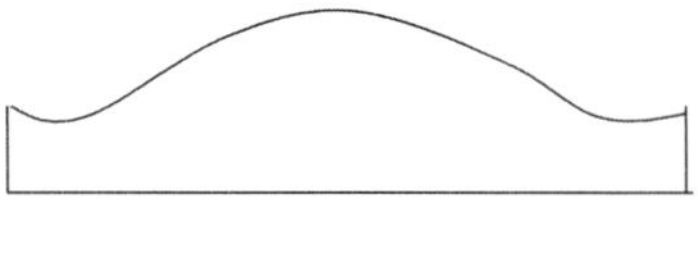

문제 14

아래 그림과 같이 ∠BAC의 크기가 115° 인 △ABC가 있다. 이때 변 BC를 7:5로 나누는 점 D와 꼭지점 A를 연결하고, ∠BAD = 50°, ∠CAD = 65° 라 하자. 이때 선분 AB의 길이는 몇 cm 일까?

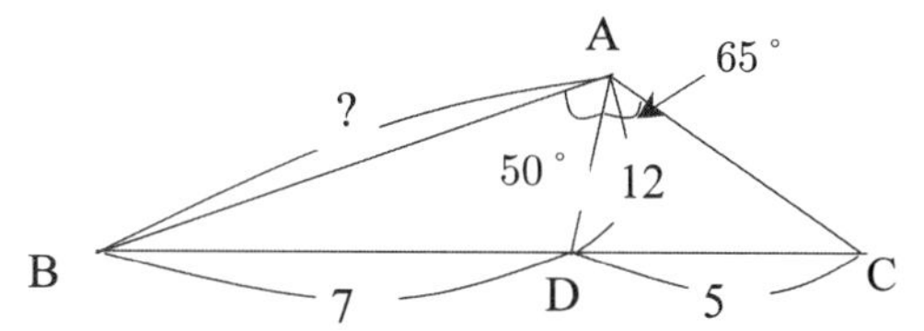

풀이 $12 : 5 = x : 12$ $\qquad 5x = 144$ $\qquad x = \dfrac{144}{5}$

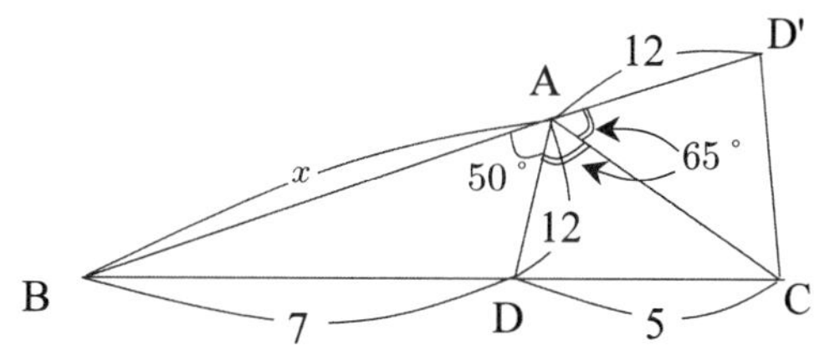

정답 : $\dfrac{14.4}{5}$ cm

문제 15

그림에서 각 x의 크기를 구하여라.

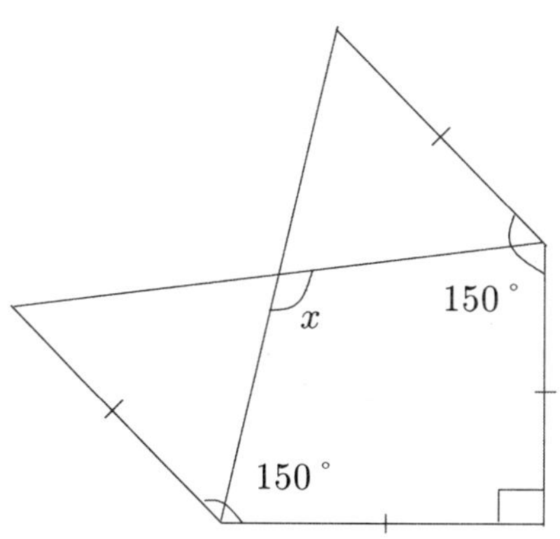

풀이

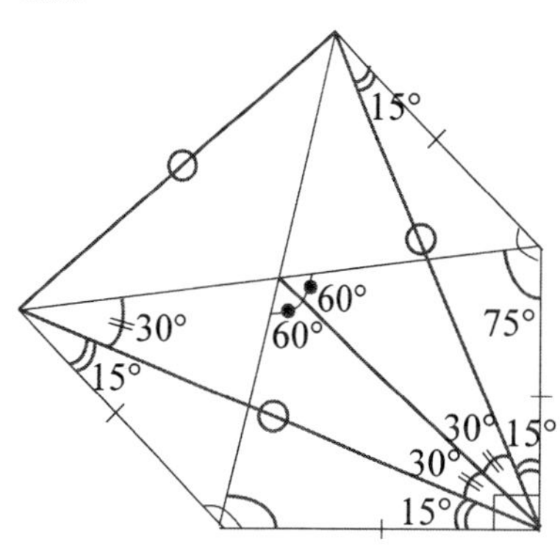

정답 : 120°

문제 16

2개의 직사각형을 그림과 같이 겹쳐 놓는다. 작은 직사각형의 폭은 $2m$이고, A가 큰 직사각형의 한 변의 중점이면 그림에서 색칠한 부분의 넓이는 얼마인가?

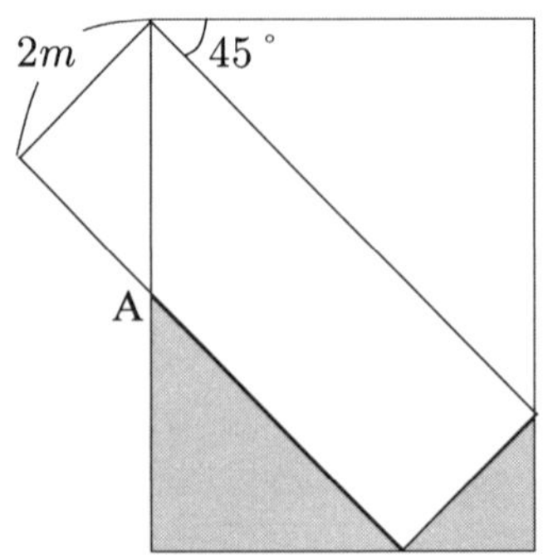

풀이 색칠한 부분을 그림과 같이 두 부분으로 나누면 색칠된 큰 삼각형은 한 변의 길이가 $2\sqrt{2}m$인 정사각형의 $\frac{1}{2}$이고, 색칠된 작은 삼각형은 한 변이 $2m$인 정사각형의 $\frac{1}{4}$이다. 따라서 구하는 넓이는

$$2\sqrt{2}\times 2\sqrt{2}\times\frac{1}{2}+\sqrt{2}\times\sqrt{2}\times\frac{1}{2}=4+1$$
$$=5$$

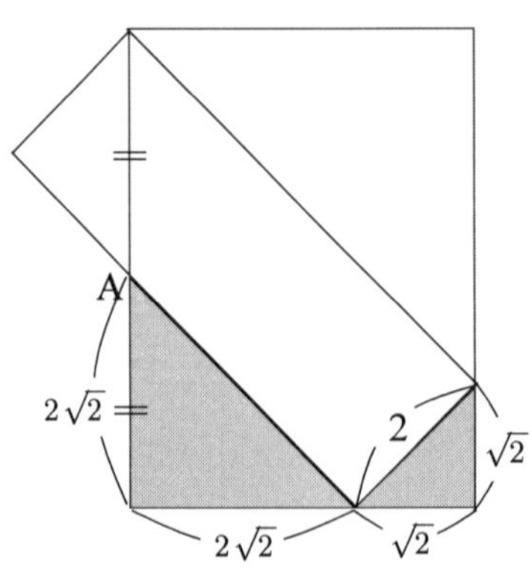

정답 : $5m^2$

문제 17

그림의 사각형 ABCD는 정사각형이고, 한 변의 길이는 $8cm$이고, $\overline{BE}$=$4cm$이다. 그림에 생긴 호 BD는 점 C를 중심으로 그린 원호이다. 원주율을 3이라고 하면, 그림에서 색칠한 부분의 넓이는 얼마인가?

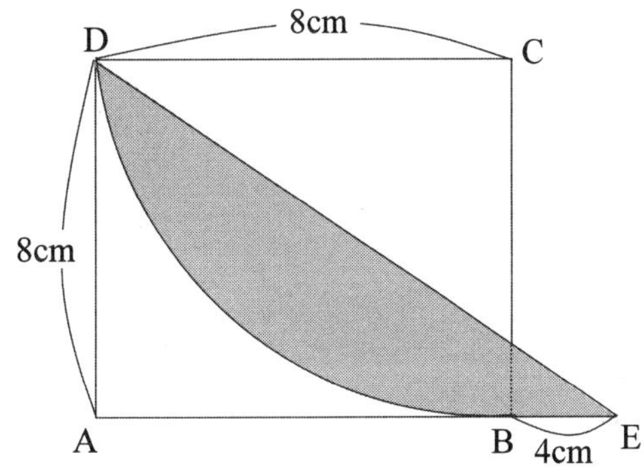

풀이 색칠한 부분을 △DBE와 나머지 부분으로 나누어 생각한다.

$\triangle DBE = 4 \times 8 \times \frac{1}{2} = 16$

나머지 부분 = 부채꼴 CDB − 삼각형 CDB

= 48 − 32(원주률이 3이므로)

= 16

따라서 구하는 넓이는 16 + 16 = 32

정답 : $32cm^2$

문제 18

그림에서 부채꼴 AOB는 반지름이 $6cm$, 중심각이 90° 이며, 점 P와 점 Q는 호 AB를 삼등분하는 점이다. 이때 색칠한 부분의 넓이를 구하라.

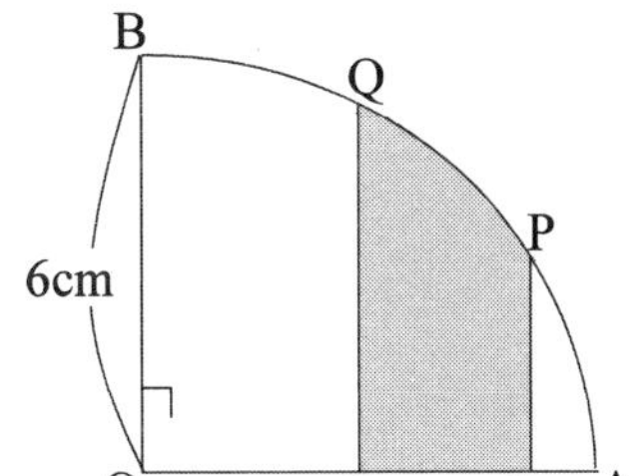

풀이 점 P와 O, 점 Q와 O를 연결하면 삼각형 ORP와 QSO는 합동이다. 그러므로, 구하고자 하는 것은 부채꼴 OQP의 넓이를 구하면 된다. $6 \times 6 \times \pi \div 12 = 3\pi$

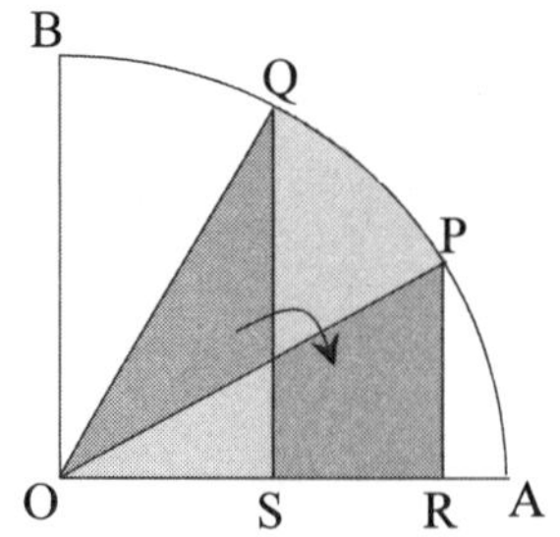

문제 19

정사각형 ABCD가 있다. 변 AB위에 $\overline{AP} : \overline{PB} = 2 : 1$이 되는 점 P를 잡고, 변 AD의 연장선상에 (D의 오른쪽) $\overline{PB} = \overline{QD}$가 되는 점 Q를 잡자. $\overline{PQ}$ 위의 중점 M을 잡을 때, 사각형 ABCD의 넓이가 $18cm^2$ 라면, $\overline{DM}$의 길이를 구하시오.

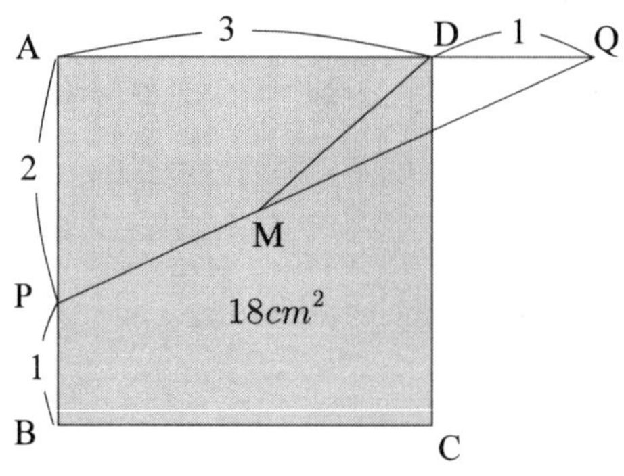

풀이 각 격자점 사이의 간격이 $\sqrt{2}$인 격자평면을 이용하여 그림을 완성하면 $\overline{DB} = 6cm$임을 알 수 있다. 따라서 구하고자 하는 $\overline{DM} = \frac{1}{3} \times 6 = 2(cm)$이다.

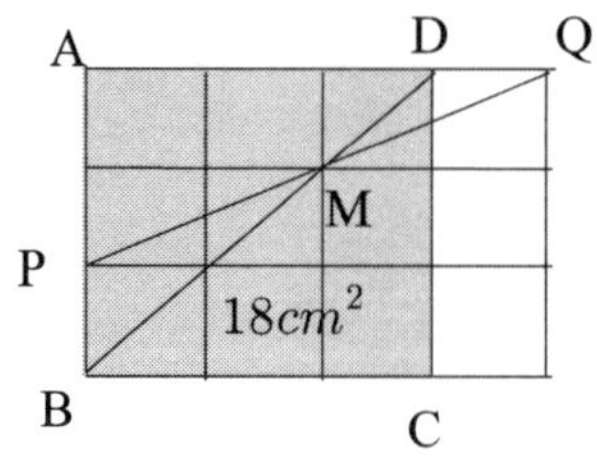

Q 문제 20

그림에서 $\overline{DE}$ 의 길이를 구하여라.

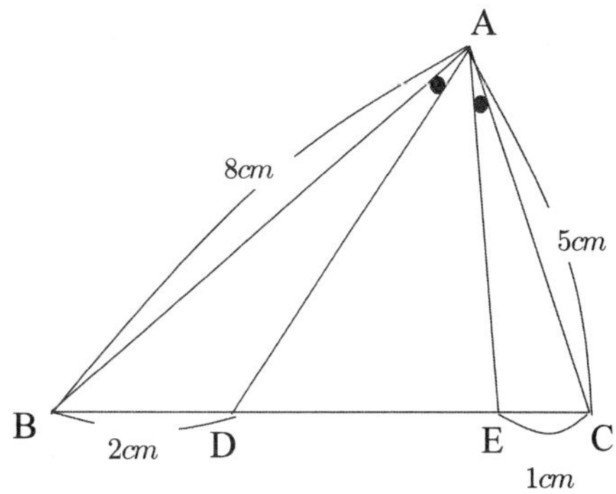

풀이 $\overline{BD}:\overline{CE} = 2:1$이므로

$\triangle ABD : \triangle ACE = 2:1$

따라서 $\overline{AB}\times\overline{AD} : \overline{AC}\times\overline{AE} = 2:1$에서

$8\times\overline{AD} : \overline{AE}\times 5 = 2:1$

$10\times\overline{AE} = 8\times\overline{AD}$

$\therefore \overline{AE}:\overline{AD} = 4:5$

$\angle BAE = \angle DAC$이므로

$= 8\times 4 : 5\times 5$

$= 32:25$

따라서

$\overline{BE}:\overline{DC} = 32:25$

$\overline{BE}-\overline{DC} = 2-1 = 1$이므로

$\overline{DC}+1:\overline{DC} = 32:25$ 에서 $7\times\overline{DC} = 25$이고

$\overline{DC} = \frac{25}{7}$

$\overline{DE} = \frac{25}{7} - 1 = \frac{18}{7}$

정답 : $\frac{18}{7}$cm

문제 21

$\overline{AB}$ = 4cm, $\overline{AC}$ = 6cm, $\overline{BC}$ = 8cm인 삼각형 ABC에서 $\overline{AB}$ = $\overline{AP}$ 가 되게 점 P를 잡고 $\overline{AC}$ 위에 ∠APQ = ∠BCA가 되도록 점 Q를 잡자. 이 때, $\overline{BQ}$ 의 길이를 구하시오.

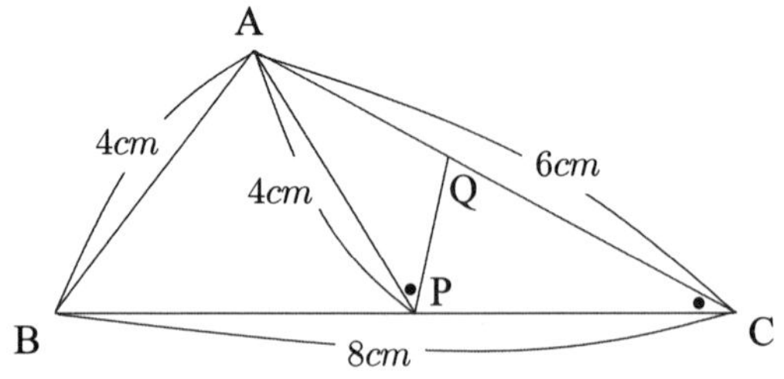

풀이

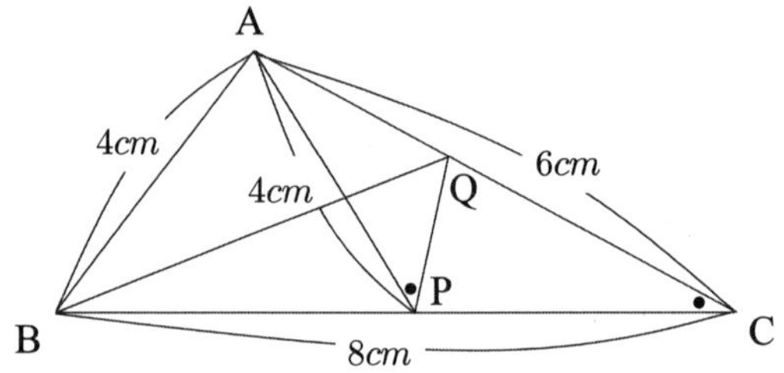

△ACP과 △APQ는 닮음 도형이다.

따라서 $\overline{AQ} = \overline{AP} \times \dfrac{\overline{AP}}{\overline{AC}} = 4 \times \dfrac{4}{6} = \dfrac{8}{3}$ 이다.

△ABQ와 △ACB는 닮은 도형이다.

따라서 $\overline{BQ} = \overline{AB} \times \dfrac{\overline{BC}}{\overline{AC}} = 4 \times \dfrac{8}{6} = \dfrac{16}{3}$ 이다.

정답 : $\dfrac{16}{3}$cm

나의 노트

문제 22

직각삼각형 ABC에서 각 A의 이등분선과 변 BC와의 교점을 E라 하자. $\overline{BE}$ = 5cm, $\overline{EC}$ = 6cm가 되고, 점 B의 $\overline{AC}$ 로의 수선의 발을 D라 하고, $\overline{BD}$ 와 $\overline{AE}$ 의 교점을 F라 할 때, $\overline{FD}$ 의 길이를 구하여라.

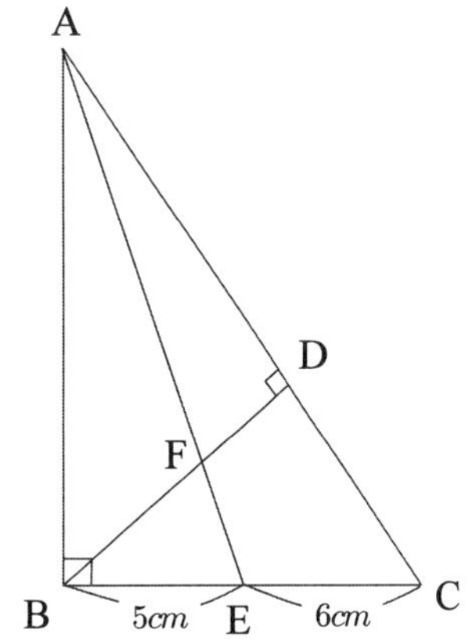

풀이

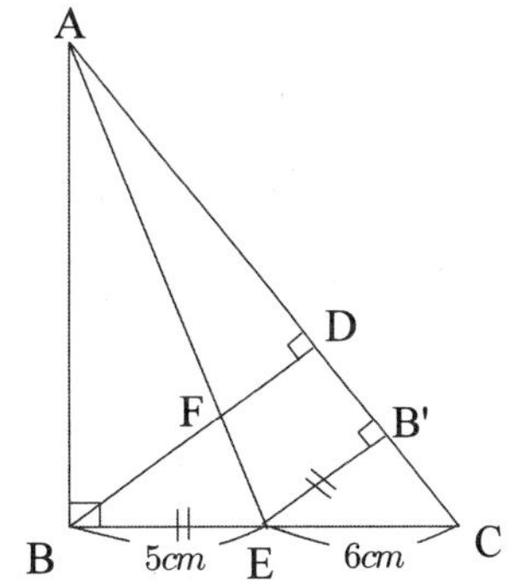

$\triangle$ABE를 이동하여 $\triangle$AB′E를 만든다. $\overline{B'E}=\overline{BE}=5$cm

또, $\overline{BD}$ 와 $\overline{EB'}$ 은 평행하고 삼각형 CBD와 삼각형 CEB′는 닮음이다.

따라서, $\overline{BD}:\overline{EB'}=\overline{BC}:\overline{EC}=11:6$

삼각형 BDA와 삼각형 CB'E가 닮음이므로

$\overline{AB}:\overline{BD}=\overline{CE}:\overline{EB'}=6:5$

삼각형 ABE와 삼각형 ADF는 닮음이므로

$\overline{BE}:\overline{DF}=\overline{AB}:\overline{AD}=6:5$

그러므로, $\overline{FD}=\overline{BE}\times\frac{5}{6}=5\times\frac{5}{6}=\frac{25}{6}$

정답 : $\frac{25}{6}$cm

문제 23

한 변의 길이가 7cm인 정사각형 ABCD에서 선분 AD 위에 $\overline{AP}$ = 2cm가 되는 지점에 점 P를 잡고, 변 DC 위에 $\angle APB = \angle QPB$가 되도록 점 Q를 잡는다. 또, 선분 BP와 평행이 되도록 점 Q에서 내린 선분과 변 BC와의 교점을 R이라고 하자. 이 때, $\overline{DQ}$의 길이를 구하라.

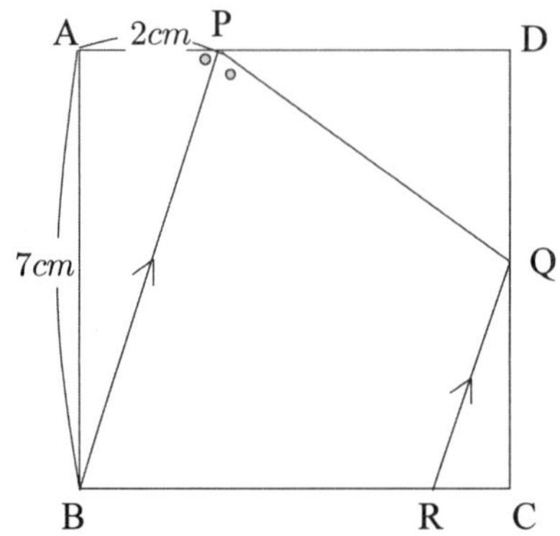

풀이 $\overline{RQ}$의 연장선과 $\overline{AD}$의 연장선과의 교점을 T라 놓자.

또, $\angle TPQ$의 2등분선과 $\overline{QT}$와의 교점을 G라 하고, G에서 $\overline{DT}$에 내린 수선의 발을 H라 하자. $\overline{PB} // \overline{TR}$ 이므로, $\angle PTG = \angle APB = \angle BPQ = \angle PQG$이다.

그러므로, 삼각형 PQT는 이등변삼각형($\overline{PT} = \overline{PQ}$)이고, G는 $\overline{QT}$의 중점, H는 $\overline{DT}$의 중점이다.

따라서, $\triangle TGP$, $\triangle THG$, $\triangle GHP$, $\triangle PAB$는 닮음이다.

$\overline{HG} = \overline{HT} \times \frac{7}{2} = 14$, $\overline{PH} = \overline{HG} \times \frac{7}{2} = 49$

$\overline{DH} = \overline{HT} = 4$, 그러므로, $\overline{PD} = \overline{PH} - \overline{DH} = 49 - 4 = 45$

$\overline{DQ} = \overline{PD} \times \frac{28}{45} = 5 \times \frac{28}{45} = \frac{28}{9}$

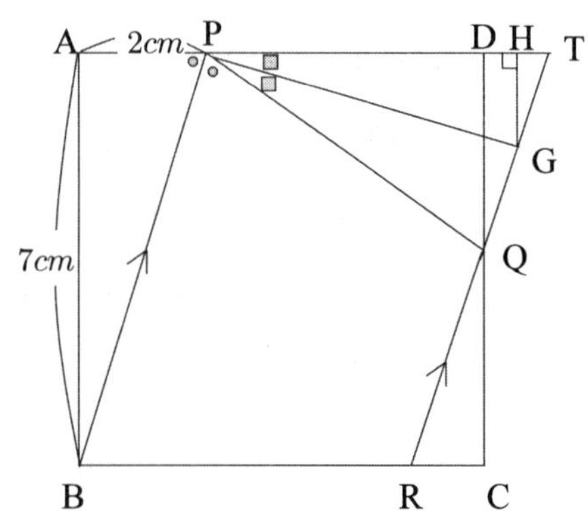

정답 : $\frac{28}{9}$cm

Chapter 05

탐구주제

5.1 자석블럭

학생들에게 개방형 문제가 주어졌을때 학생들의 반응을 살펴보고 개방형 문제가 학생들에게 어떤 영향을 주는지 알아보기 위하여 자석블럭을 이용하여 살펴보자.
(자석블럭은 같은 길이의 일자형 자석과 쇠링으로 구성되어 있다.)

1단계 : 자석퍼즐을 학생들에게 나누어주고 충분히 가지고 놀게 한다.

2단계 : 쇠링을 꼭지점으로 하고 일자형 자석을 선분이라고 하자.
학생들에게 여러 가지 도형을 만들어보게 한다.

3단계 : 각 점마다 선분이 3개씩 모이는 여러 가지 평면도형을 만들어보게 한다.

4단계 : 학생들이 만든 도형을 각각 점의 수, 선분의 수, 면의 수를 기록하게 한다.
(이때 꼭지점의 수를 P, 선분의 수를 L,면의 수를 S 라고 하자.)

5단계 : 꼭지점이 낮은 도형 순으로 나열하게 한다.

6단계 : 학생들 스스로 점, 선, 면에 대한 규칙을 찾아낼 수 있게 발문을 통해 유도한다.

학생들 반응의 예

모든 점에 선분이 3개씩 모이는 평면도형

① 

$P=8,\ L=12,\ S=5$

② 

$P=10,\ L=15,\ S=6$

③ 

$P=12,\ L=18,\ S=7$

④ 

$P=14,\ L=21,\ S=8$

⑤ 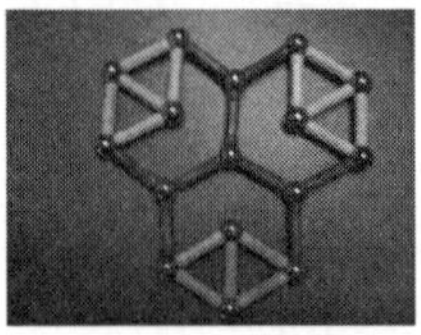

$P=16,\ L=24,\ S=9$

⑥ 

$P=18,\ L=27,\ S=10$

⑦ 

$P=20,\ L=30,\ S=11$

⑧ 

$P=22,\ L=33,\ S=12$

⑨ 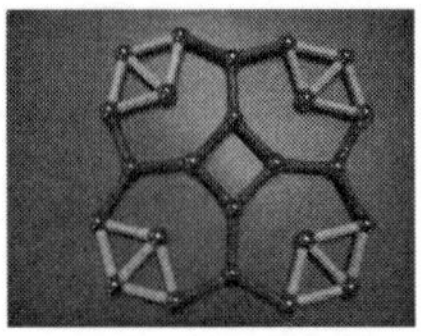

$P=24,\ L=36,\ S=13$

⑩ 

$P=26,\ L=39,\ S=14$

⑪ 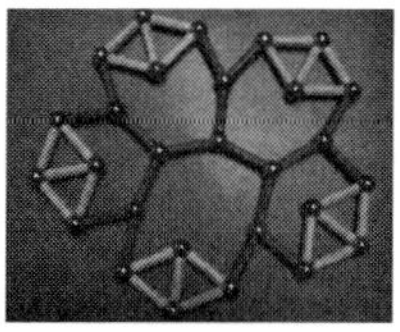

$P=28$, $L=42$, $S=15$

발문1 도형들의 P(점의 수)를 관찰해보고 만약 $P=8$인 도형보다 더 간단한 도형이 존재한다면 P가 될 수 있는 것은 어떤 수인가?

▶ $P=2,\ 4,\ 6$

발문2 각 도형들의 P(점의 수)의 관계를 알아보자.

▶ $P=2,\ 4,\ 6,\ 8,\ 10,\ 12,\ 14,\ \cdots$

이므로 첫째항이 2이고 등비가 2인 등비수열이다. 즉, $P=2n$

발문3 $P=8$인 도형보다 더 간단한 평면도형을 만들 수 있는가?

▶ 없다.

$P=2(n=1)$인 도형은 존재하지 않는다.

(두 점으로는 선분밖에 만들 수 없다.)

$P=4(n=2)$인 도형은 오른쪽 그림처럼 같은 길이의 막대로는 평면에서 구성할 수 없다.

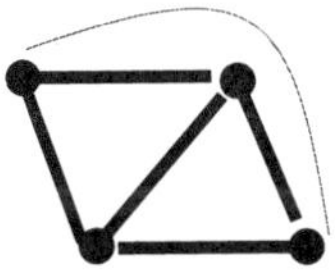

$P=6(n=3)$인 도형 역시 오른쪽 그림처럼 평면에서는 구성할 수 없다.

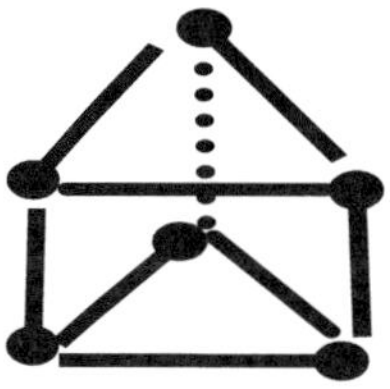

발문4 $P=2n$의 일반식은 $n \geq x$일 때 성립한다. x의 값은 무엇인가?

▶ $x=4$, 즉 $P=2n$은 $n \geq 4$일 때 성립한다.

발문5 도형들의 L(선분의 수)를 관찰해보고 만약 $L=12$인 도형보다 더 간단한 도형이 존재한다면 L(선분의 수)가 될 수 있는 것은 어떤 수인가?

▶ $L=3,\ 6,\ 9$

발문6 각 도형들의 L(선분의 수)의 관계를 알아보자.

▶ $L=3,\ 6,\ 9,\ 12,\ 15,\ 18,\ \cdots$

이므로 첫째항이 3이고 등비가 3인 등비수열이다. 즉, $L=3n$이고, [발문4]에서 살펴본 것처럼 $n \geqq 4$이다.

발문7 각 도형들의 S(면의 수)의 관계를 알아보자.

▶ $n=4$일 때, $S=5$

$n=5$일 때, $S=6$

$n=6$일 때, $S=7$

$\vdots$

이므로 $S=n+1$이고, $n \geqq 4$이다.

위의 활동을 통해 학생들은 한 점에 3개의 선분이 모이는 평면도형의 일반식은 $P=2n,\ L=3n,\ S=n+1(n \geqq 4)$임을 알 수 있다.
이것은 평면도형의 오일러 공식 $P-L+S=1$에서 확인 할 수 있다. 각 점에 선이 3개씩 모이므로 $2L=3P$가 성립된다. 따라서 $P=2n,\ L=3n,\ S=n+1(n \geqq 4)$임을 알 수 있다.

이제 위의 3단계부터 각 점마다 3개의 선분이 모이는 평면도형이 아닌 공간도형에 대해서 활동을 해보자.

학생들 반응의 예

모든 점에 선분이 3개씩 모이는 공간도형

①

$P=4,\ L=6,\ S=4$

②

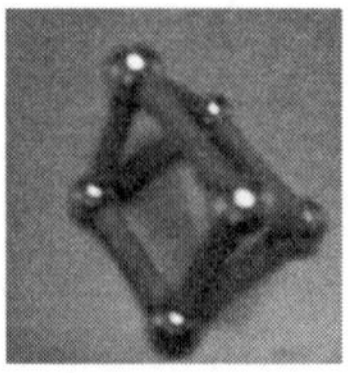

$P=6,\ L=9,\ S=5$

③

$P=8,\ L=12,\ S=6$

④

$P=10,\ L=15,\ S=7$

⑤

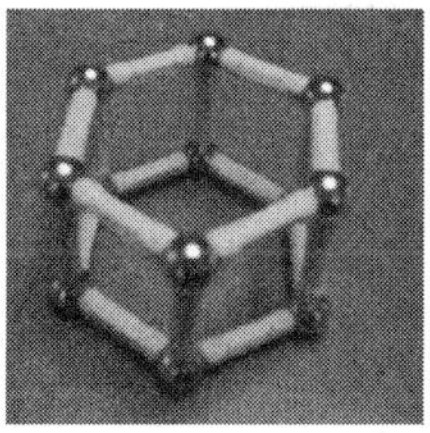

$P=12,\ L=18,\ S=8$

⑥

$P=14,\ L=21,\ S=9$

⑦

$P=16,\ L=24,\ S=10$

⑧

$P=18,\ L=27,\ S=11$

⑨

$P=20,\ L=30,\ S=12$

발문1 평면도형과 공간도형의 P(점의 수)와 L(선분의 수)를 비교해 보자.

▶ P(점의 수)와 L(선분의 수)는 같은 규칙으로 변화한다.

즉, $P=2n$, $L=3n$이다. 그러나 평면도형은 $n \geq 4$일 때 성립하지만 공간도형은 $n \geq 2$일 때 성립한다.

발문2 각 도형들의 S(면의 수)의 관계를 알아보자.

▶ $n=2$ 일 때, $S=4$

$n=3$ 일 때, $S=5$

$n=4$ 일 때, $S=6$

⋮

이므로 $S=n+2$이고, $n \geqq 2$ 이다.

위의 활동을 통해 학생들은 한 점에 3개의 선분이 모이는 공간도형의 일반식은 $P=2n$, $L=3n$, $S=n+2(n \geqq 2)$임을 알 수 있다.
이것은 공간도형의 오일러 공식 $P-L+S=2$에서 확인 할 수 있다. 각 점에 선이 3개씩 모이므로 $2L=3P$가 성립된다. 따라서 $P=2n$, $L=3n$, $S=n+2(n \geqq 4)$임을 알 수 있다.

각각의 점에 4개의 선분이 모이는 평면도형은 상당히 어려운 문제여서 학생들이 해를 찾아내기는 힘들다. 오른쪽의 야베씨의 해를 소개하고 위의 3단계부터 각 점마다 4개의 선분이 모이는 공간도형에 대해서 활동을 해보자.

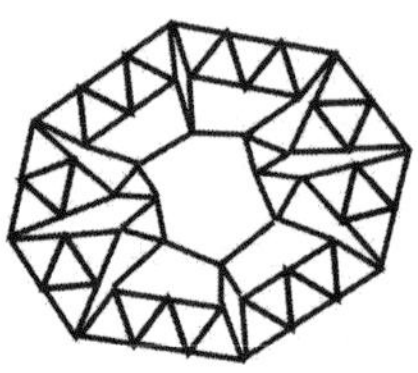

학생들 반응의 예

모든 점에 선분이 4개씩 모이는 공간도형

① 

$P=6$, $L=12$, $S=8$

② 

$P=8$, $L=16$, $S=10$

③ 

$P = 10,\ L = 20,\ S = 12$

④ 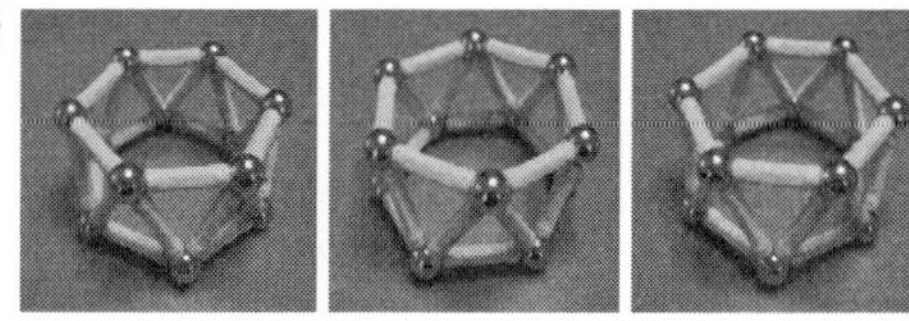

$P = 12,\ L = 24,\ S = 14$

⑤ 

$P = 14,\ L = 28,\ S = 16$

⑥ 

$P = 16,\ L = 32,\ S = 18$

⑦ 

$P = 18,\ L = 36,\ S = 20$

발문1 도형들의 P(점의 수)를 관찰해보고 만약 $P = 6$인 도형보다 더 간단한 도형이 존재한다면 P가 될 수 있는 것은 어떤 수인가?

▶ $P = 2,\ 4$

발문2 각 도형들의 P(점의 수)의 관계를 알아보자.

▶ $P = 2,\ 4,\ 6,\ 8,\ 10,\ 12,\ 14,\ \cdots$

이므로 첫째항이 2이고 등비가 2인 등비수열이다. 즉, $P = 2n$

발문 $P = 6$인 도형보다 더 간단한 평면도형을 만들 수 있는가?

▶ 없다. (점 2개로는 선분, 점 4개로는 평면만 만들 수 있다.)

발문4 $P = 2n$의 일반식은 $n \geqq x$일 때 성립한다. x의 값은 무엇인가?

▶ $x = 4$, 즉 $P = 2n$은 $n \geqq 3$일 때 성립한다.

발문5 도형들의 L(선분의 수)를 관찰해보고 만약 $L=12$인 도형보다 더 간단한 도형이 존재한다면 L(선분의 수)가 될 수 있는 것은 어떤 수인가?

▶ $L=4,\ 8$

발문6 각 도형들의 L(선분의 수)의 관계를 알아보자.

▶ $L=4,\ 8,\ 12,\ 16,\ \cdots$

이므로 첫째항이 4이고 등비가 4인 등비수열이다. 즉, $L=4n$이고, [발문4]에서 살펴본 것처럼 $n \geqq 4$이다.

발문7 각 도형들의 S(면의 수)의 관계를 알아보자.

▶ $n=3$ 일 때, $S=8$

$n=4$ 일 때, $S=10$

$n=5$ 일 때, $S=12$

⋮

이므로 $S=2n+2$이고, $n \geqq 3$이다.

위의 활동을 통해 학생들은 각각의 점에 4개의 선분이 모이는 공간도형의 일반식은 $P=2n,\ L=4n,\ S=2n+2(n \geqq 3)$임을 알 수 있다.
이것은 공간도형의 오일러 공식 $P-L+S=2$에서 확인 할 수 있다. 각 점에 선이 3개씩 모이므로 $2L=3P$가 성립된다. 따라서 $P=2n, L=4n,\ S=2n+2(n \geqq 3)$임을 알 수 있다.

위의 활동에서 보듯이 학생들은 제각기 다른(독창성) 의미있는 여러가지 해를 찾아낼 수 있었으며(유창성), 그 해들의 규칙성을 발견하고(정교성) 일반화까지 시킬 수 있었다. 또한, 위의 활동을 확장시켜 각각의 점에 5개의 선분이 모이는 평면도형은 존재하는지, 존재하지 않는다면 왜 존재하지 않는지 확인할 수 있을 것이며, 정다면체와 준정다면체까지도 확장시킬 수 있을 것이다.
이와 같이 개방형 문제는 학생들의 창의력 신장은 물론 학생스스로 창의적 산출물을 만들 수 있는 능력을 신장시킬 수 있다고 볼 수 있다.

5.2 디피(DIFFY)활동

디피활동 속에 담긴 규칙을 찾는 학습내용을 담고 있다. 디피(DIFFY)활동을 처음 만들고 사용한 사람은 윌스(Herbert Wills)이다. 디피란, 차이를 뜻하는 'difference'에서 나온 것으로 뺄셈의 학습에 많이 사용되기도 한다.

본 주제에서의 활동은 디피활동의 방법을 알고, 그것이 갖는 특징과 성질을 탐색하고 파악하여 규칙성을 찾아내는 활동이다. 디피활동에서 규칙성을 찾아내어 그 특성을 적용하여 결과를 설정하여 디피문제를 직접 만들어보는 가역적인 사고를 할 수 있게 학습활동이 전개되도록 하였다.

디피활동을 잘 이용하면 간단한 뺄셈을 암산할 수 있고, 거꾸로 풀기 전략을 사용하여 문제를 해결할 수 있다. 또한, 귀납적 사고 및 추론 결과를 정당화하려는 시도를 할 수 있다. 또 한편 문제의 구조와 조건을 이해하고 조건을 변경하여 유사한 문제를 개발하거나 이를 해결하려는 태도를 가질 수 있다.

단순하게 디피활동을 반복적으로 하는, 그래서 숙련되게 두 수간의 차이를 구하는 활동에 그치지 않고 디피활동이 갖는 특징을 찾아내서 정리하여 발표하게 함으로써 대상을 구조나 성질로서 이해하게 하고, 논리적으로 말하고 발표하고 모델화하는 능력을 기를 수 있도록 지도하는 것이 매우 중요할 것이다. 좀 더 나아가 디피활동을 변형시켜보고, 변형시켰을 때, 이상이 없는지 논리적으로 분석적으로 확인해본다.

활동1 디피활동 알아보기
활동2 1, 2, 3, 4, 5회에 끝나는 경우 찾아보기
활동3 가장 긴 디피 문제 만들기
활동4 변형된 디피활동하기

5.2.1 디피(DIFFY)활동이란?

Herbert Wills라는 사람이 처음 만든 디피(DIFFY)활동을 알아보자. 디피란 차이를 뜻하는 'difference'에서 나온 것으로서, 다음과 같은 순서로 진행한다.

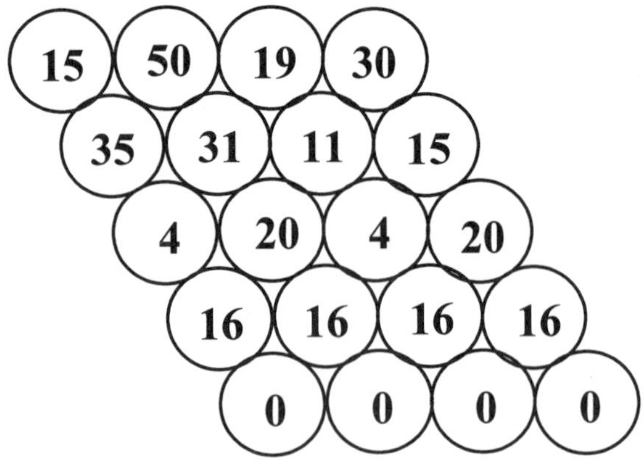

① 위의 왼쪽과 오른쪽에 있는 두 수의 차를 아래 줄의 가운데 칸에 적는다.

② 가장 오른쪽의 원에는 위의 왼쪽의 수와 가장 왼쪽에 있는 두 수의 차를 적는다.

③ 결과가 모두 0이 되면 이 활동은 끝이 난다.

5.1.2 1, 2, 3회에 끝나는 경우 찾아보기

쓰고 싶은 어떤 수를 써넣어서 디피활동을 해 보자. 모두 0으로 끝나면 디피활동이 마무리되는지 알아보자.

① 1회에 끝나는 경우

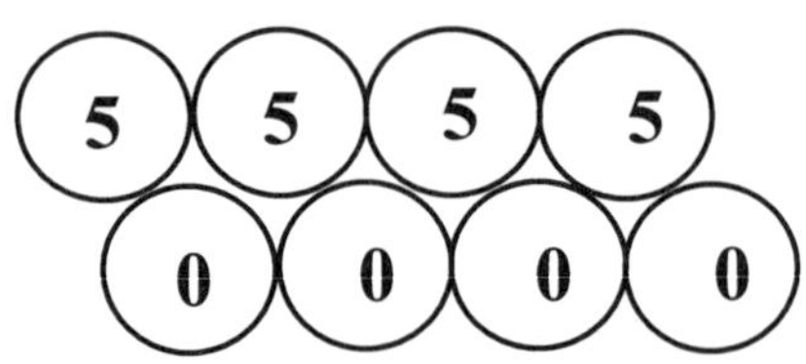

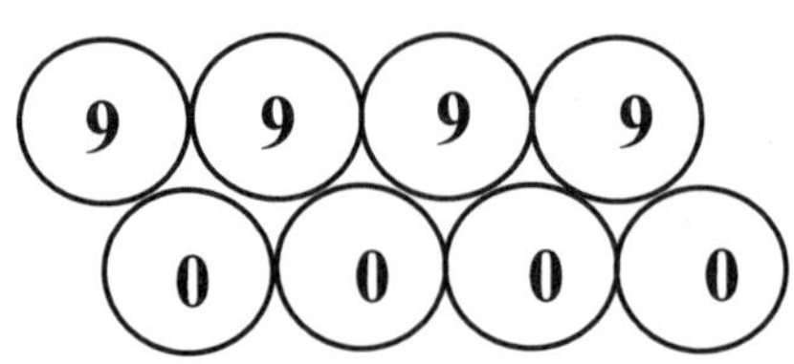

➡ 단순히 체험적으로 접했던 디피활동에 대해서 학습아동들이 본격적으로 그 속에 담긴 규칙성이나 또는 발견되는 수학적 성질이 있는지 찾아보는 활동을 시작하는 단계이다.

➡ 논리적인 사고활동 뿐만 아니라 직관적인 사고활동을 비롯한 모든 다양한 창의적인 생각들을 할 수 있도록 유도한다.

② 2회에 끝나는 경우

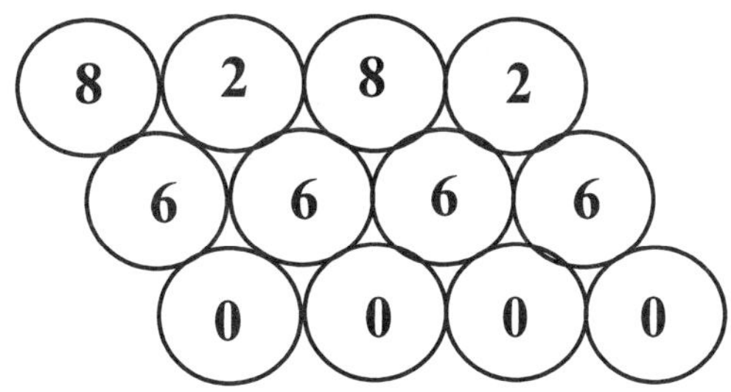

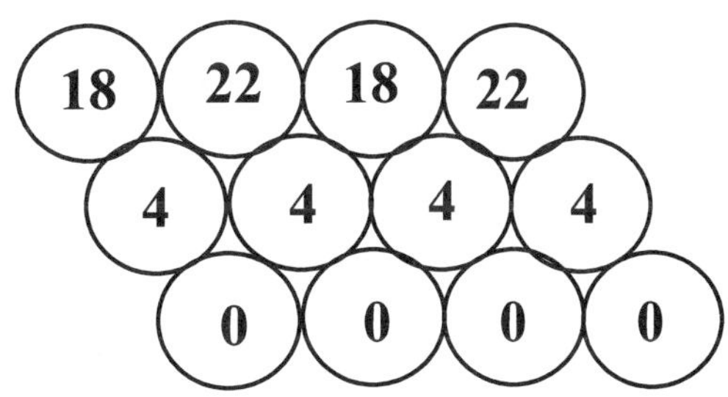

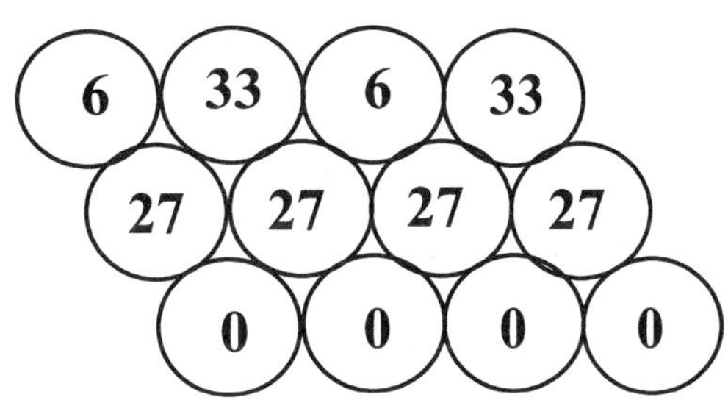

➡ 첫 번째 줄에 두 수가 반복되어 나와야 반복되는 두 수간의 차이가 같아진다는 사실을 발견하게 한다.

③ 3회에 끝나는 경우

3회로 끝나는 경우의 공통점은 무엇입니까?

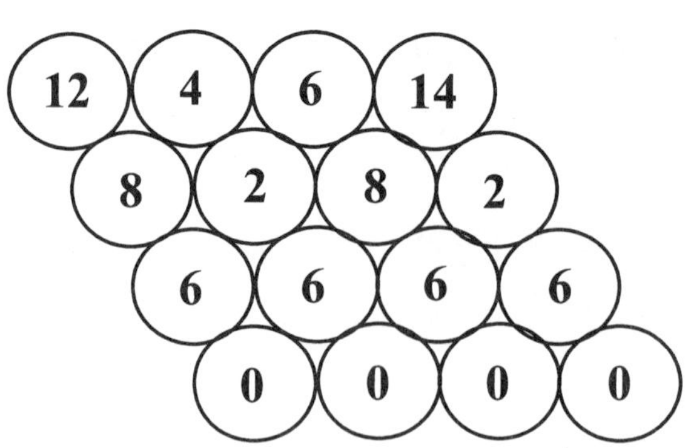

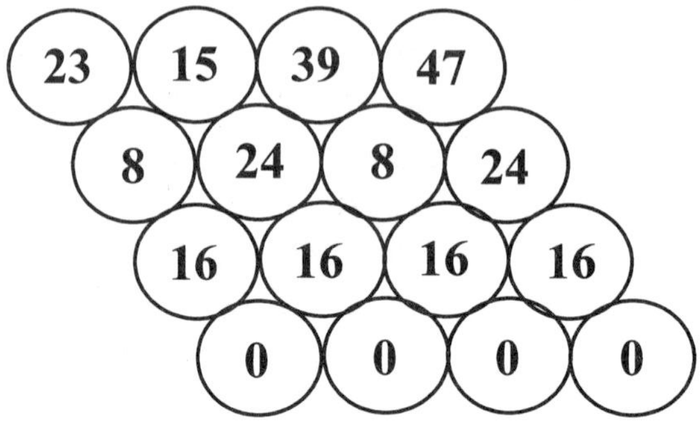

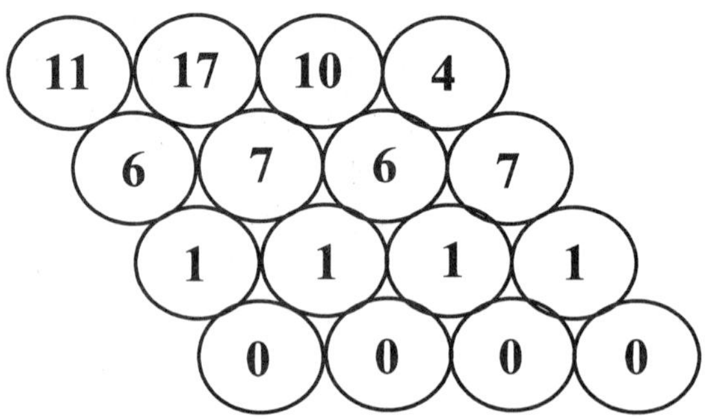

➡ 모든 경우에 다 그 위의 단계를 찾을 수 있는 것은 아니다. 네 수를 적당히 빼었을 때 0이 되는 경우만 그 위 단계가 있다. 즉, <a b c d>가 있다면, $a \pm b \pm c \pm d = 0$의 관계가 있을 때만 상위 단계가 존재한다. 6, 5, 11, 12와 같이 $12+5-11-6=0$이므로 그 위 단계를 만들 수 있다. 또는 3, 1, 1, 5와 같이 $5-1-1-3=0$이므로 그 위 단계를 만들 수 있는 것이다.

➡ 전체적인 활동에서 평면적인 사고의 틀에서 벗어나 입체적으로 생각해보게 함으로써 디피활동을 입체로 꾸밀 수 있다는 사실을 발견할 수 있다. 예를 들어 종이컵 같은 것에 4개의 숫자를 쓰고 숫자들끼리의 차이를 두 수의 아래에 적게 하는 활동이나 완성된 디피활동의 그림을 오려서 입체로 만들어 보게 하는 활동 등을 구안할

수 있을 것이다. 디피활동은 결국 환을 이루고 있다는 사실을 구체적이고도 명시적으로 관찰할 수 있을 것이다.

④ 4회에 끝나는 경우

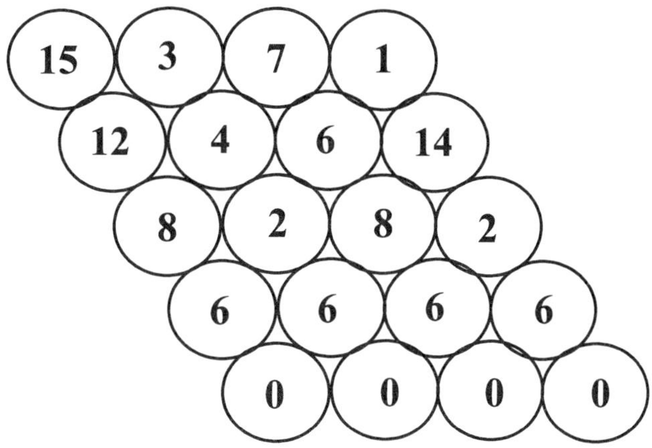

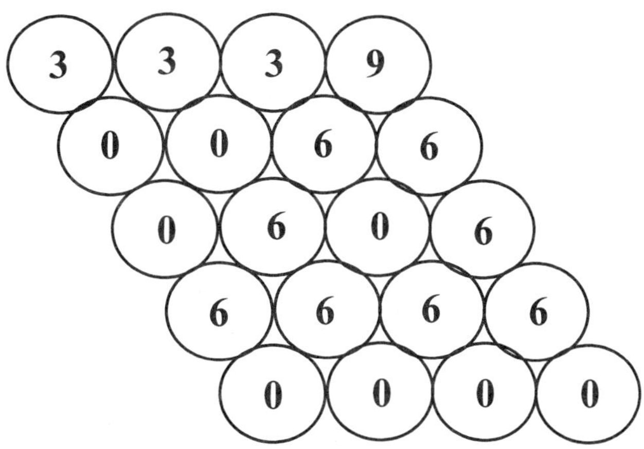

➡ 위와 같이 차이가 나머지 하나만 다를 경우, (2, 2, 2, 6)과 같은 경우는 5줄이 되어야만 활동이 끝나게 됨을 학습한다. 또한, 0, 0, 4, 4와 같이 두 수끼리 같은 경우에는 4줄로 끝나게 된다. 학습을 하면서 디피 활동이 몇 줄로 끝나게 될 것인지를 예상해 보는 것은 아주 중요하다. 학생들이 수들 사이의 관계를 통하여 알게 한다.

5.1.3 가장 긴 디피 문제 만들기

① 여섯 단계나 그 이상으로 끝나는 디피 활동을 만들어 보자. 어떤 경우에 그 위에 줄을 만들 수 있는지 생각해 보자.

➡ 바로 위에서 그 원리를 다소 찾아보았으므로 이를 이용하여 구하게 한다. 몇 단계까지 만들 수 있는지 학생들이 찾아보게 하는 것도 좋다. 11단계 정도에서 대부분의 디피활동이 끝나는 것으로 알려져 있다.

② 분수를 사용해도 디피활동을 할 수 있는지, 또 같은 결과가 나올 수 있는지 실제로 해 보자.

➡ 학생들이 임의의 분수를 넣어 디피활동을 직접 해 보게 한 후 그 결과를 적도록 한다.

➡ 학생들에게 이 원리를 이해시키기는 다소 어려운 부분이 있다. 네 개씩의 차이들 속에서 이와 같은 활동이 되므로 뒤에 2칸, 3칸, 5칸 등의 활동과 함께 생각해 보는 시간을 갖는 정도로 하는 것이 좋다.

③ 1, 3, 5, 7로 시작하는 디피활동을 한다면 몇 줄로 끝나게 되는가? (6줄)
그렇다면, 3, 3, 3, 9로 시작하는 디피활동을 한다면 몇 줄로 끝나게 되는가? (5줄)

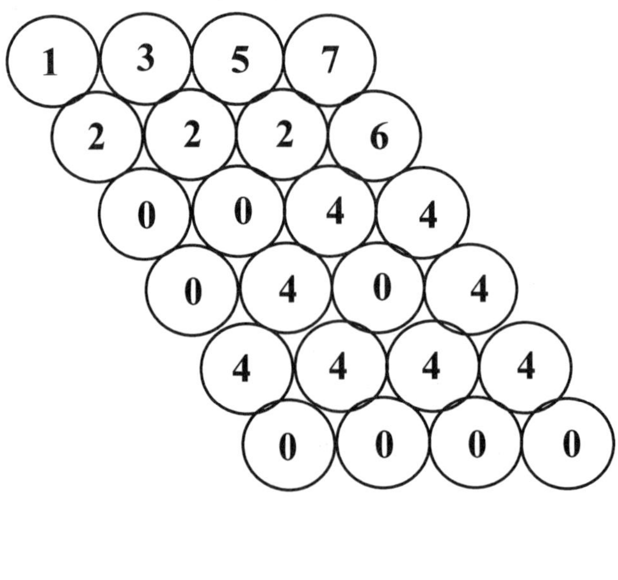

5.1.4 변형된 디피 활동하기

① 4개의 수가 아닌 경우에 디피 문제는 어떻게 달라지는지 다음과 같은 경우에 대해서 조사하여 규칙을 만들어 보자.

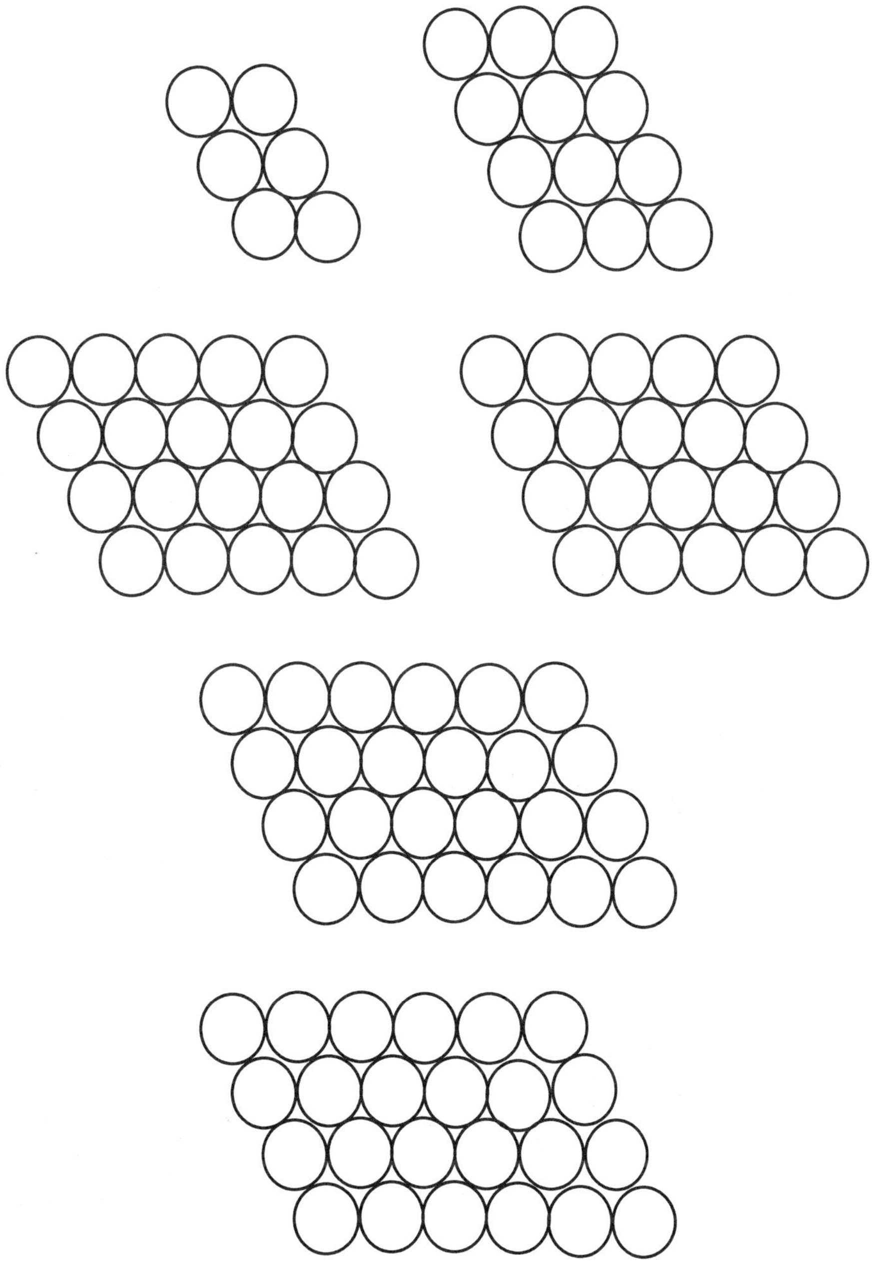

➡ 디피활동을 하면서 내가 스스로 찾아낸 결론은 어떤 것인지를 생각하고 표현하게 하고, 지금까지 배운 디피활동에 대한 내용을 정리하게 한다.
네 수를 주었을 때 몇 줄로 끝나게 될 것인지 예상하여 보아라.

준비물

(1) 성냥개비

(2) 학생용 활동지 학생당 각 2장씩

학생 활동지 이름 (   )

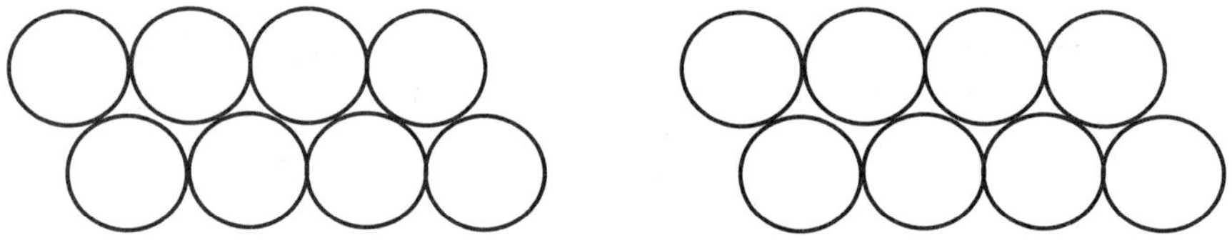

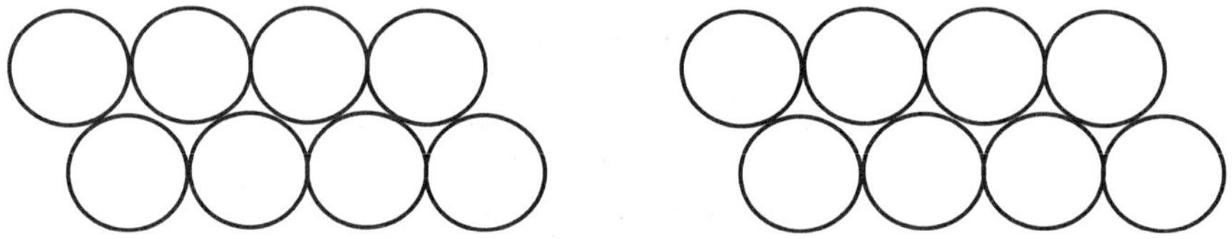

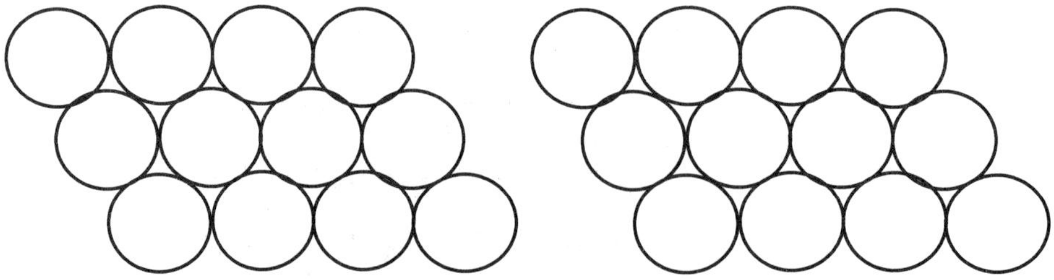

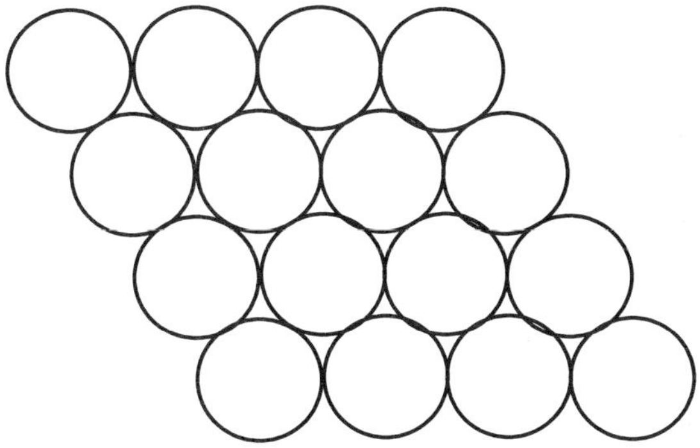

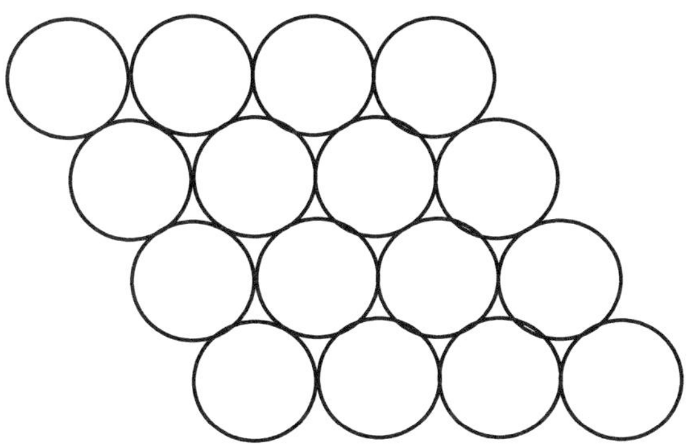

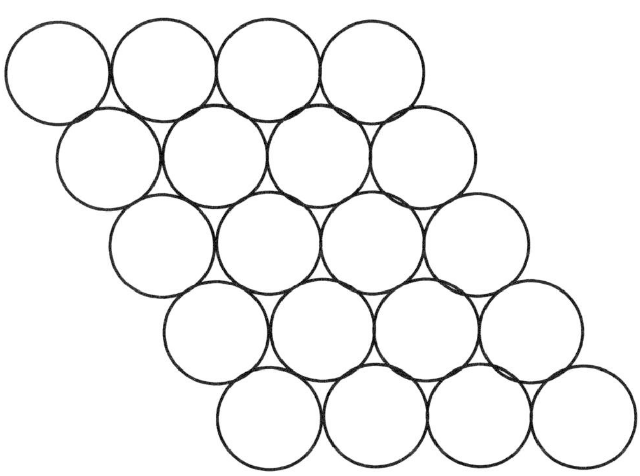

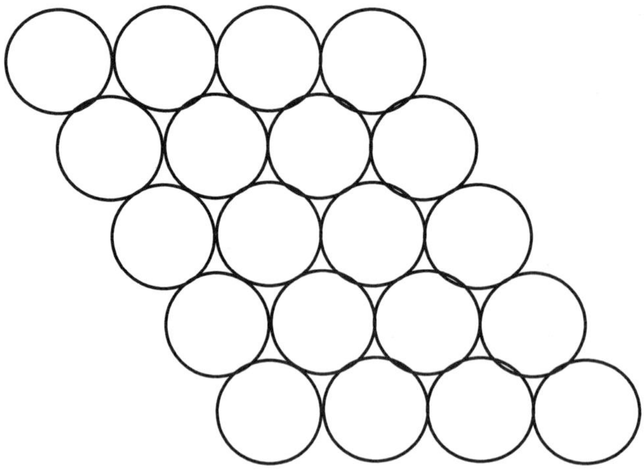

나의 노트

5.3 원 안의 수 일정하게 하기

문제 1의 정답을 쉽게 구하기 어려우면 문제 2부터 문제 8까지 순서대로 해결한 후, 문제 1의 정답을 다시 확인해 보아라.

Q 문제 1

그림의 원 안에 있는 □에 1부터 5까지의 수를 넣어서 각 원의 내부에 있는 수들의 합이 일정하게(모두 같게) 하여라. 원 안의 수들의 합이 일정하게(모두 같게) 되는 경우는 몇 가지인가?

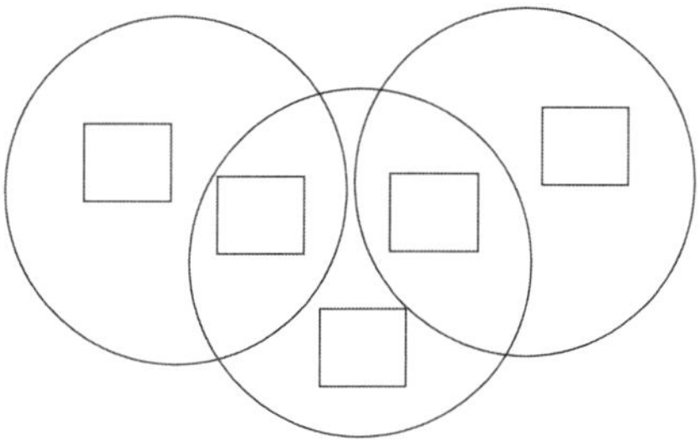

풀이

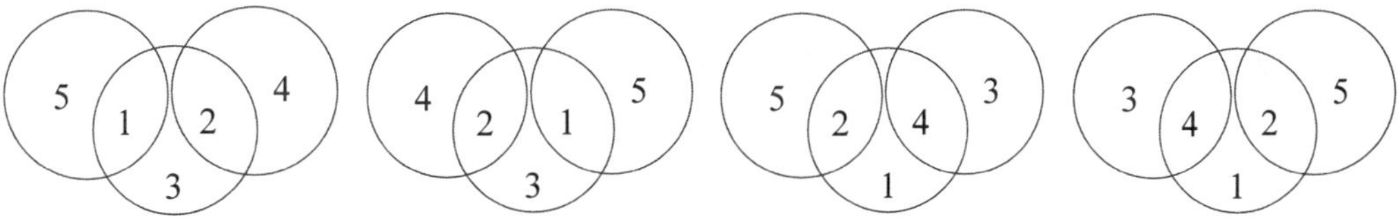

그러므로 좌우 대칭인 것을 모두 합쳐 구하는 경우의 수는 4가지이다.

정답 : 4가지

Q 문제 2

원 안의 수들의 합을 구할 때, a b c d e 중 두 번 중복하여 계산되는 자리는 어디인가?

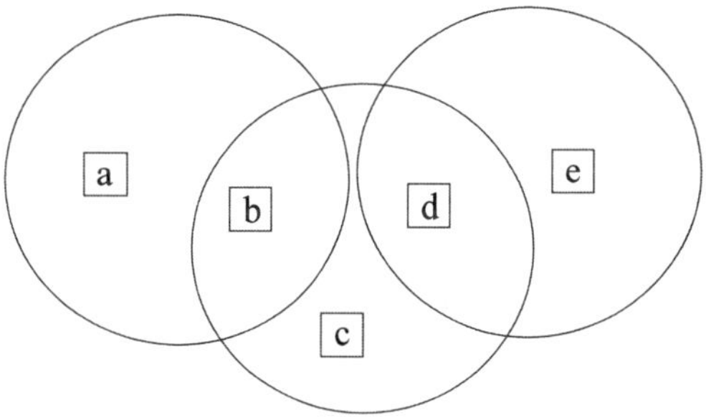

풀이 b, d

문제 3

원 안의 수들의 합을 K(상수)라 할 때, K를 구하기 위해서는 다음 식이 성립하도록 해야 한다.

K = □ + □

K = □ + □ + □

K = □ + □

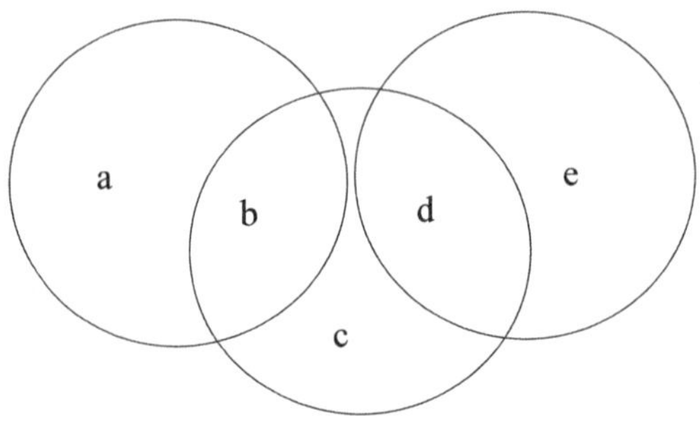

위의 세 식을 더하면 문제 1에 의해

□ × K = 1 + 2 + 3 + 4 + 5 + □ + □가 된다. 각 □안에 알맞은 수를 써 넣어라.

풀이 K = a + b 또는 a, b의 순서 바꾼 것

K = b + c + d 또는 b, c, d의 순서 바꾼 것

K = d + e 또는 d, e의 순서 바꾼 것

정답 : 3, b, d

문제 4

이제 b+d = 3K − 15를 얻는다.

□ ≤ 3K − 15 ≤ □를 얻는다. 빈 곳을 채워라.

풀이 3, 9

문제 5

18 ≤ 3K ≤ 24 이므로

□ ≤ K ≤ □가(이) 된다. 빈 곳을 채워라.

풀이 6, 8

Q 문제 6

K = 6일 때, b + d = □가 된다.
따라서 가능한 경우는 b = □, d = □가 된다.
빈 곳을 채워라.
위의 결과로 가능한 배열을 해보자. 대칭인 경우까지 포함해서 몇 가지인가?

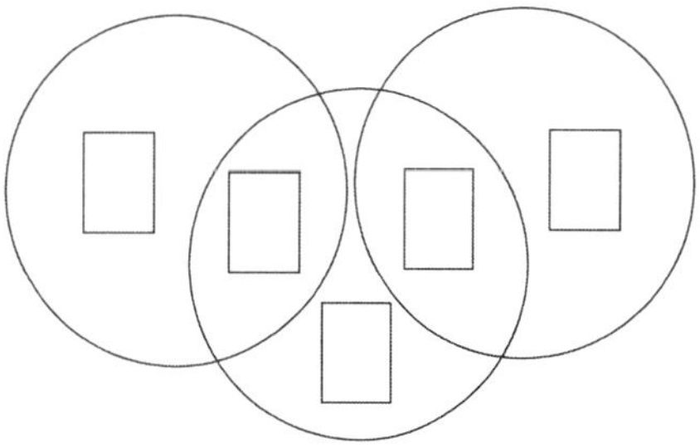

풀이 b + d = 3k − 15이므로
b + d = 3이다. 따라서
b = 1, d = 2 또는 대칭
b = 2, d = 1 또는 대칭

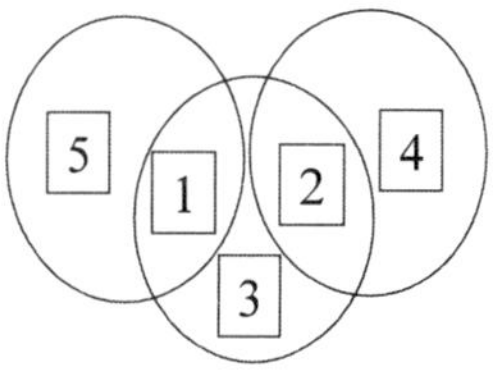

정답 : 2가지

Q 문제 7

K = 7일 때, b + d = □가 된다.
따라서, 가능한 경우는 b = □, d = □가 될 때이다. 빈 곳을 채워라.
위의 결과로 가능한 배열을 하라. 대칭인 경우까지 포함해서 몇 가지인가?

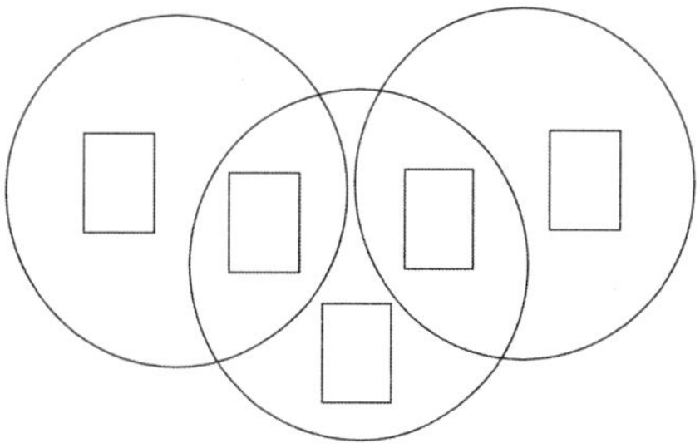

풀이 b + d = 6이므로
b = 2, d = 4 또는 대칭
b = 4, d = 2 또는 대칭

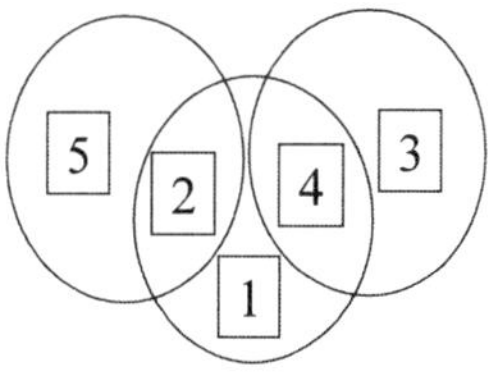

정답 : 2가지

Q 문제 8

K = 8 일 때, b + d = □가 된다.

가능한 경우로 b = □, d = □일 때를 구하여라. 대칭인 경우를 포함해서 몇 가지인가?

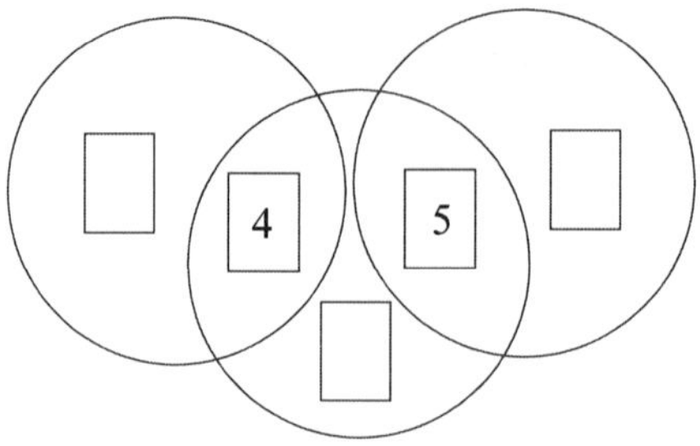

풀이 b + d = 3K − 15이므로

b + d = 9,

b = 4, d = 5 또는 대칭인 것

그러나 이 경우는 K = 8이 될 수 없다.

정답 : 0가지

나의 노트

5.4 평면 수 배열하기

그림의 타원 모양의 도형(⬭) 안에 있는 □에 0부터 5까지의 수를 넣어서 각 도형(⬭)의 내부에 있는 수들의 합이 일정하게 할 때 0은 아래와 같이 미리 배치하였다. 같은 수 0을 갖는 영역을 아래 [예제]처럼 겹치게 하면 다음과 같다.

[예제]

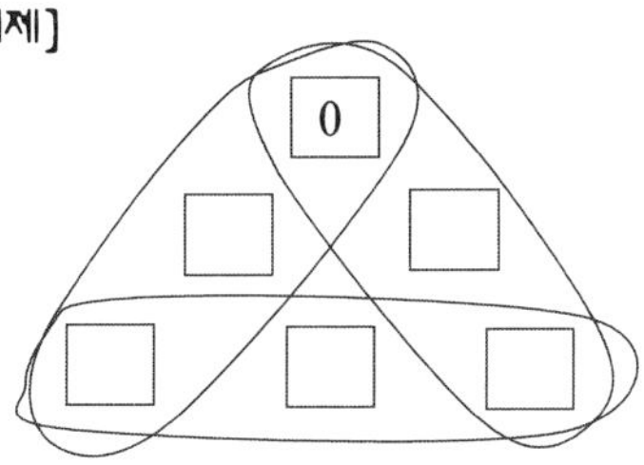

[풀이]

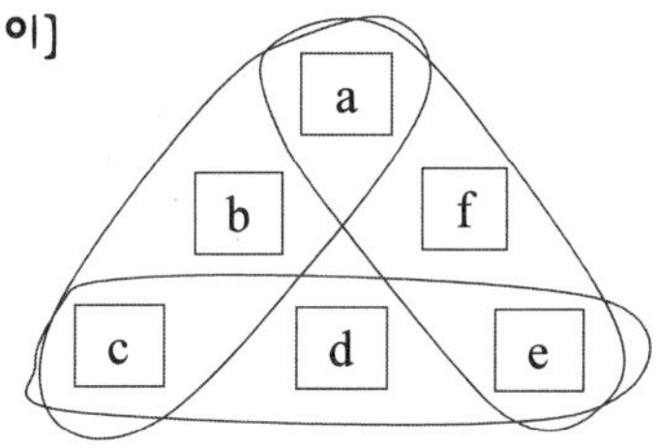

Q 문제 1

그림의 타원 안에 있는 □에 1부터 6까지의 수를 넣어서 각 원의 내부에 있는 수들의 합이 일정하게 하는 경우를 모두 찾아보아라(단, 좌우대칭인 것은 같은 것으로 본다).

풀이

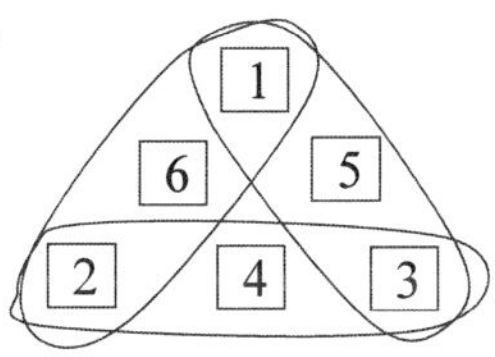

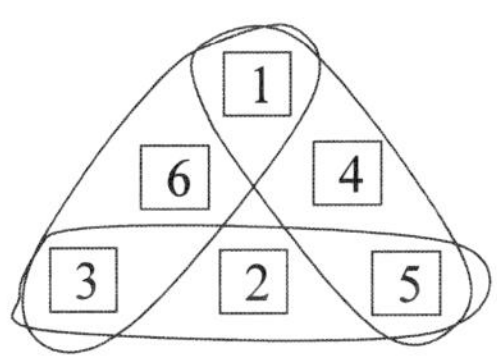

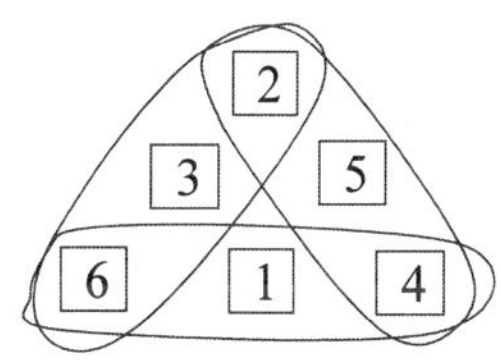

문제 1의 답을 확인하기 위해 아래의 문제 2부터 순서대로 따라 가보자.

Q 문제 2

타원 안의 수들의 합을 구할 때, a b c d e f 중 두 번 중복하여 계산되는 자리는 어디인가?

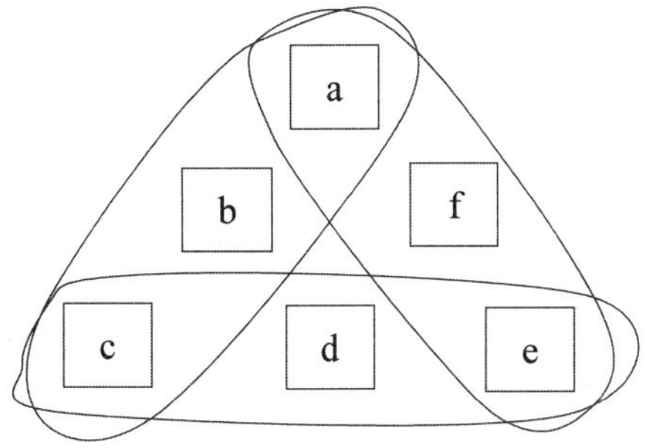

풀이 a. c. e

Q 문제 3

원 안의 수들의 합을 K라 할 때, 다음 식이 성립하도록 입력하여라.

K = □ + □ + □

K = □ + □ + □

K = □ + □ + □

위의 세 식을 더하면 □ × K = 1 + 2 + 3 + 4 + 5 + 6 + □ + □ + □ 가 된다.
각 □안에 알맞은 수를 입력하여라.

풀이 K = a + b + c 또는 a, b, c의 순서 바꾼 것

K = c + d + e 또는 c, d, e의 순서 바꾼 것

K = a + f + e 또는 a, f, e의 순서 바꾼 것

그러므로, 3 × K = 1 + 2 + 3 + 4 + 5 + b + a + b + e

정답 : 3

Q 문제 4

이제 $a + c + e + \frac{6 \times 7}{2} = 3K$를 얻는다.

$6 \leq a + c + e = 3K - 21 \leq 15$

□ ≤ 3K − 21 ≤ □를 얻을때, 27 ≤ 3K ≤ 36 이므로

□ ≤ K ≤ □ 가(이) 된다. 빈 곳을 채워라.

풀이 $6 \leq 3K - 21 \leq 15$ $\quad 9 \leq K \leq 12$

Q 문제 5

K = 9 일 때, a + c + e = □ 가 된다.

따라서, 가능한 경우는 a = □, c = □, e = □ 일 때이다.

위의 결과로 가능한 배열을 찾아라.

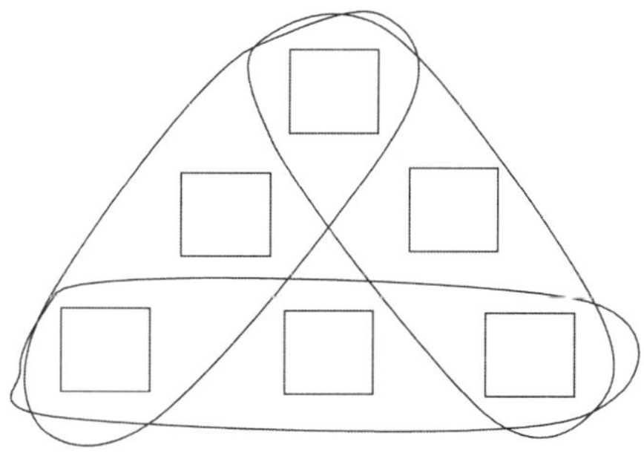

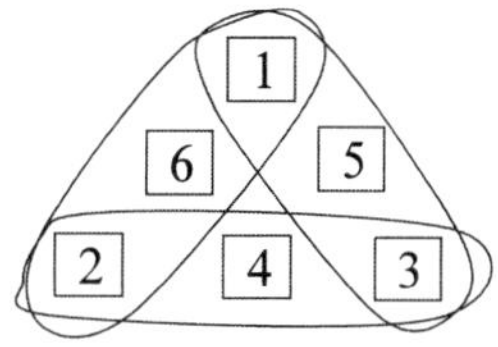

풀이 K = 9이고

a + c + e = 3k − 21이므로

a + c + e = 6이다. 따라서

a=1, c=2, e=3 또는 대칭

a=1, c=3, e=2 또는 대칭

문제 6

K = 10일 때, a + c + e= □가 된다.

따라서 가능한 경우는 a = □, c = □, e = □가 된다.

위의 결과로 가능한 배열을 찾아보아라.

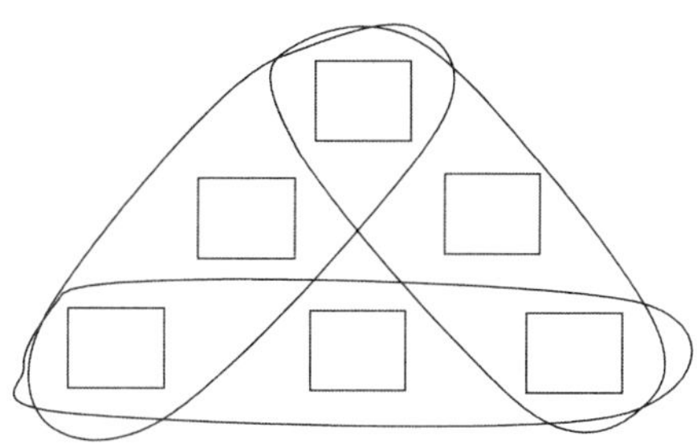

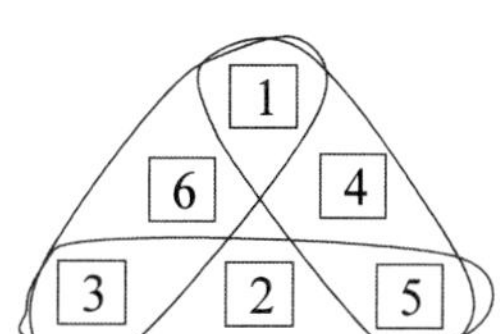

풀이 a + c + e = 9이므로

a=1, c=3, e=5 또는 대칭

a=1, c=5, e=3 또는 대칭

Q 문제 7

K = 11 일 때, a + c + e = □ 가 된다.

따라서 가능한 경우는 a = □, c = □, e = □ 가 된다.

위의 결과로 가능한 배열을 찾아보아라.

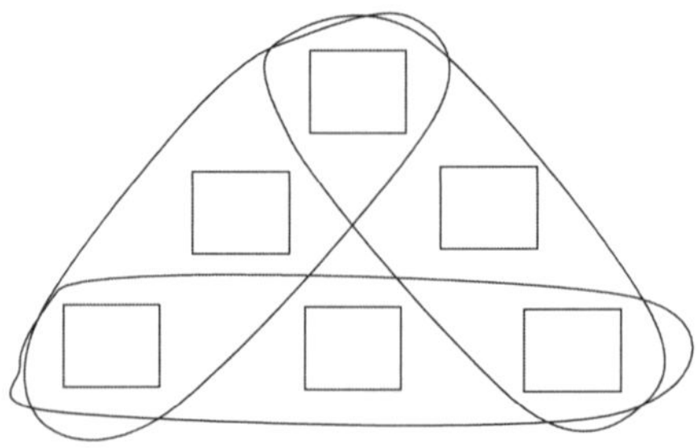

풀이 a + c + e = 12이므로

a=2, c=6, e=4 또는 대칭

a=2, c=4, e=6 또는 대칭

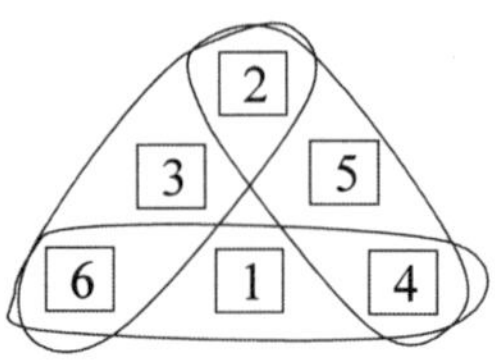

Q 문제 8

K = 12일 때, 불가능한 이유를 찾아보아라.

K = 12일 때, a + c + e= □가 된다.

가능한 경우는 a = □, c = □, e = □인데, 왜 K = 12일 때 불가능한 이유는 무엇인가?

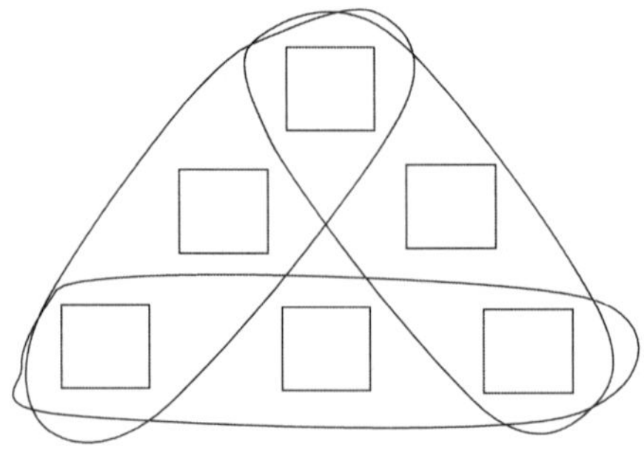

풀이 a + c + e = 15이나 K ≠ 12이다. 따라서 이 경우는 생기지 않는다.

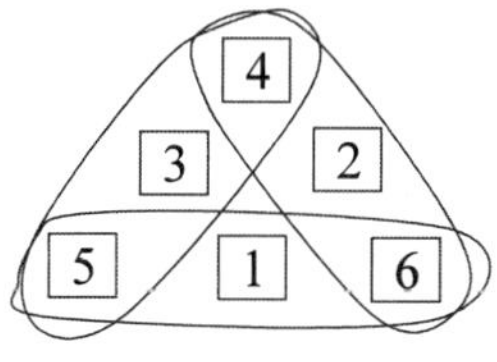

또는 대칭

즉, 이 그림은 원하는 경우가 아니다.

문제 2부터 문제 8까지의 아이디어를 일반화하여 다음 문제를 풀어보기로 하자.

Q 문제 9

그림의 원 안에 있는 □에 0부터 7까지의 수를 넣어서 각 원의 내부에 수들의 합이 일정하도록 해보아라. 0은 미리 배치하였다.

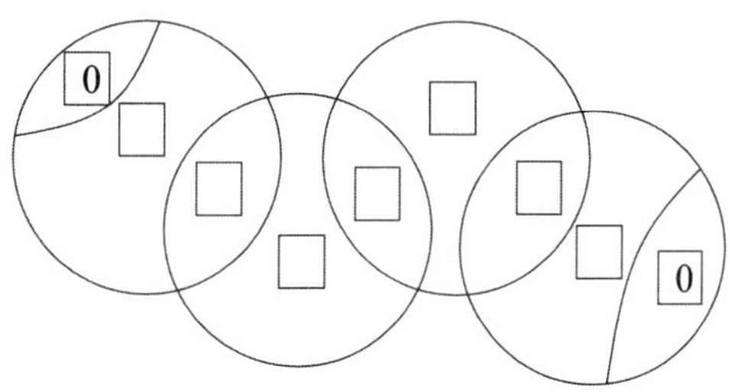

풀이

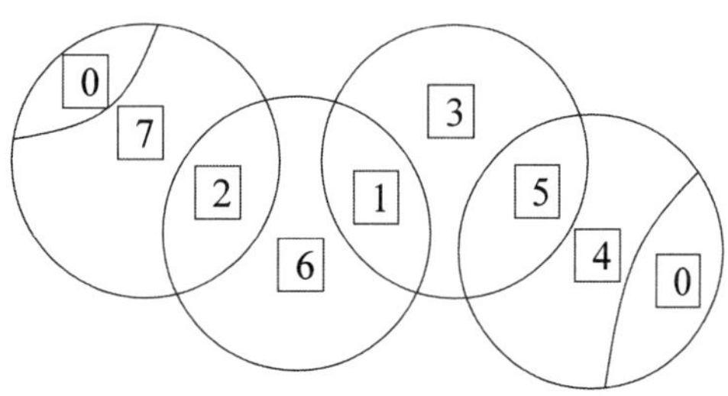

나의 노트

5.5 공간 수 배열

5.4절에서 체험한 내용을 공간에 확장하여 생각해 보기로 하자.

Q 문제 1

사면체를 이루는 네 면을 포함하고 있는 네 개의 평면 위에 있는 네 수들의 합이 일정하게 할 때, ⓐ ~ ⓗ 중 세 번 중복하여 계산 된 자리는 어디인가?

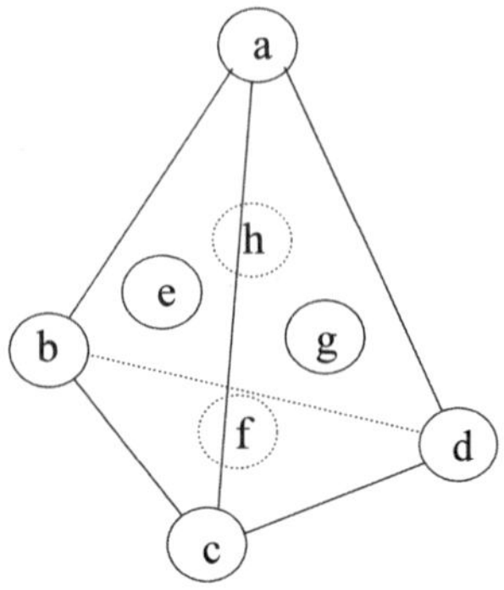

풀이 a, b, c, d

문제 1의 풀이를 확인하기 위해 문제 2부터 문제 7까지를 따라가 보자.

Q 문제 2

각 평면 위에 있는 네 수들의 합을 K라 할 때, 네 면의 수들의 합을 모두 더하면

$K = a + b + c + e$

$K = a + c + d + g$

$K = a + b + d + h$

$K = d + b + c + f$

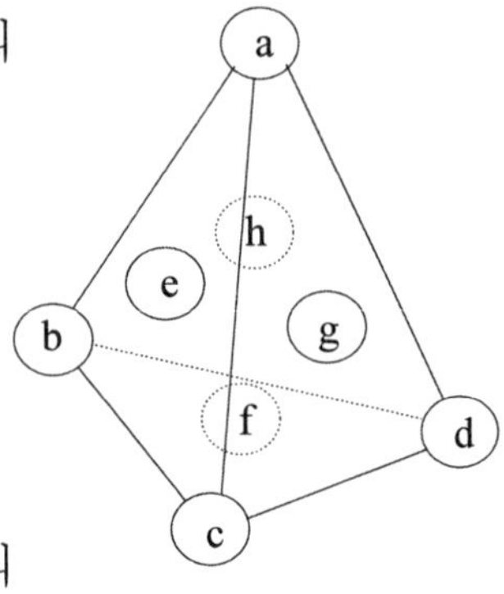

이다. 만약 그림의 원 안에 있는 a, b, ⋯, g에 1부터 8까지의 수를 넣었다고 하자. 따라서 위의 네 식을 더하면

$\square \times K = 1 + 2 + \cdots + 8 + \square \times (a + b + c + d)$가 되고,

$1 + 2 + 3 + 4 \leq a + b + c + d = 2K - 18 \leq 5 + 6 + 7 + 8$이므로

$\square \leq 2K - 18 \leq \square$을 얻는다. 빈 칸 □를 채워라.

풀이 차례로 4, 2, 차례로 10, 26

Q 문제 3

문제2를 이용하면 $28 \le 2K \le 44$이므로 □ $\le K \le$ □를 얻는다.

$K = 14$ 일 때, $a+b+c+d=$ □가 된다. □에 알맞은 수를 넣어라.

또 $K = 14$일 때, 가능한 배열을 찾아보아라.

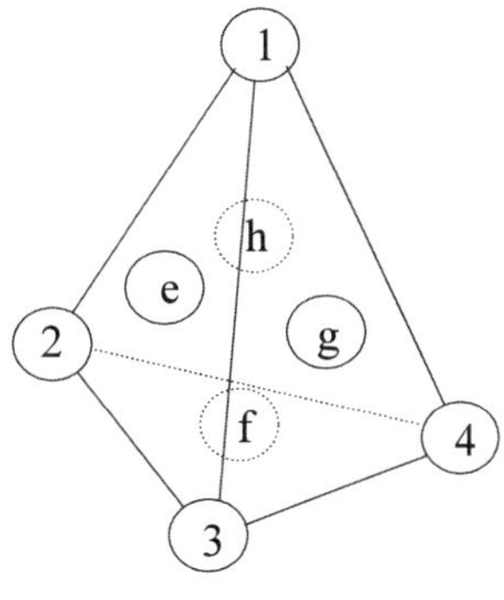

풀이 $a+b+c+d = 2K - 18 = 10$

이므로, 가능한 경우는 { a, b, c, d } = { 1, 2, 3, 4 }이다.

a, b, c, d가 정해지면 나머지는 결정된다.

위의 결과로 가능한 배열을 입력하면 다음과 같다.

정답 : 차례로 14, 22, 10

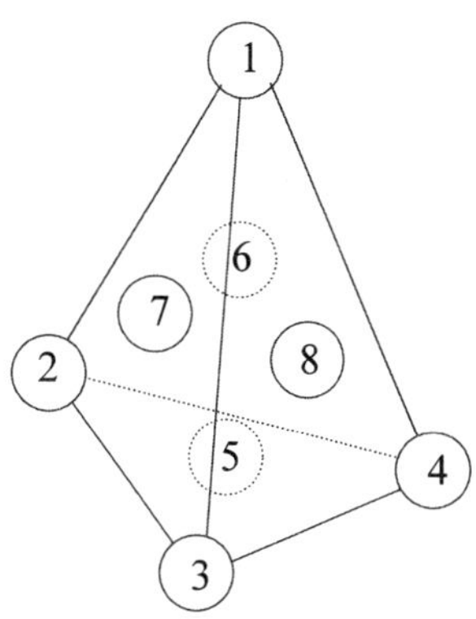

나의 노트

Q 문제 4

K = 15 일 때, a + b + c + d = □ 가 된다.

따라서 가능한 경우는 { a, b, c, d } = { 1, 2, 3, 6 }, { 1, 2, 4, 5 } 두 가지이다.

□ 안에 알맞은 수와 위의 두 가지에 대한 수의 배열을 구해보아라.

풀이 12, 두 가지 모두 불가능함.

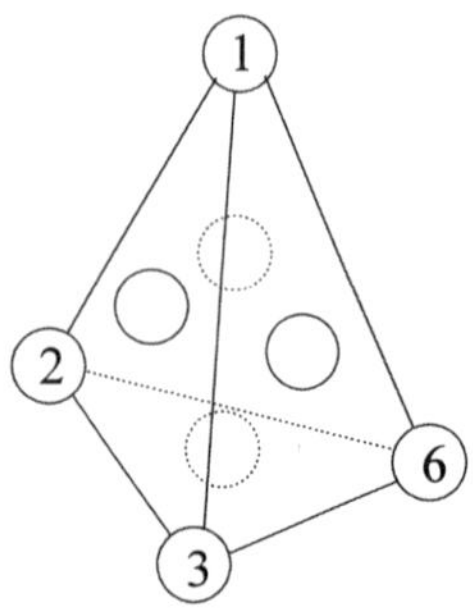

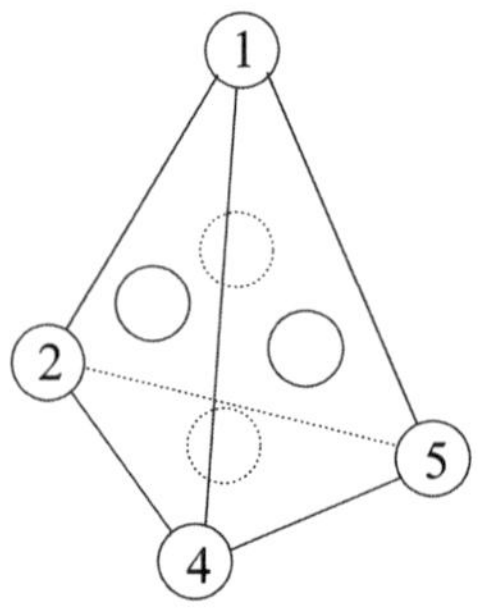

Q 문제 5

K = 16 일 때, a + b + c + d = □ 가 된다.

따라서, 가능한 경우는

{ a, b, c, d } = { 1, 2, 3, 8 }, { 1, 2, 4, 7 },

{ 1, 2, 5, 6 }, { 1, 3, 4, 6 }, { 2, 3, 4, 5 } 다섯 가지이다.

□ 안에 알맞은 수를 찾고 위의 다섯 가지에 대한 수의 배열을 구하여라.

풀이 14

{ 1, 2, 5, 6 } 만 가능함.

{ 1, 2, 3, 8 }, { 1, 2, 4, 7 }, { 1, 3, 4, 6 },

{ 2, 3, 4, 5 }는 불가능함.

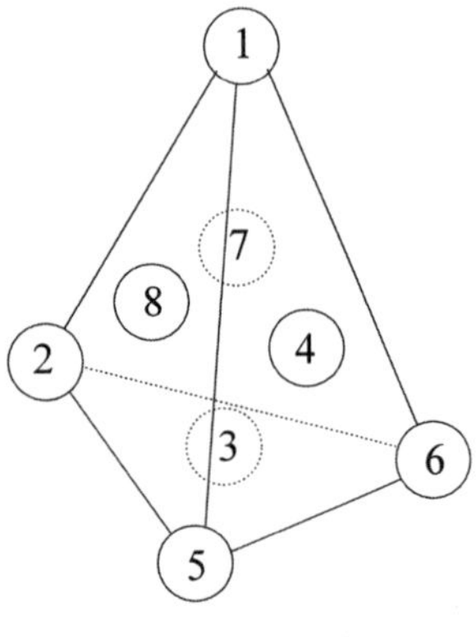

문제 6

K = 17 일 때, a + b + c + d = □가 된다.

따라서, 가능한 경우는 { a, b, c, d } = { 1, 2, 5, 8 }, { 1, 3, 4, 8 }, { 1, 2, 6, 7 }, { 1, 3, 5, 7 }, { 2, 3, 4, 7 }, { 1, 4, 5, 6 } 여섯 가지이다.

□안에 알맞은 수를 찾고 위의 여섯 가지에 대한 수의 배열을 구하여라.

풀이 16

{ 1, 3, 5, 7 } 만 가능함.

{ 1, 2, 5, 8 }, { 1, 3, 4, 8 }, { 1, 2, 6, 7 }, { 2, 3, 4, 7 }, { 1, 4, 5, 6 }는 불가능함.

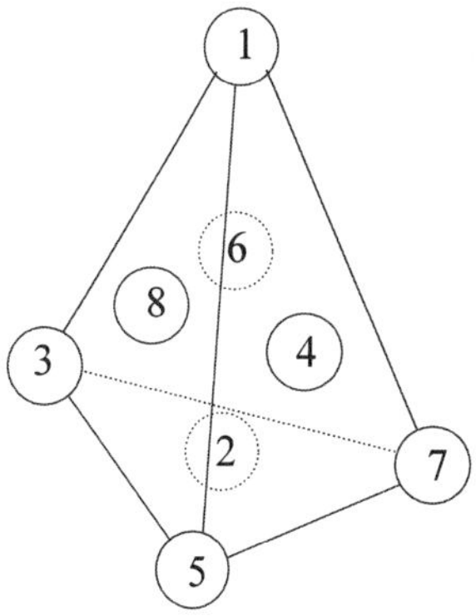

문제 7

K = 18 일 때, a + b + c + d = □가 된다.

a + b + c + d = 18

a + b + c + e = 18

이므로 d + e = □

이 때, K = 18이면 불가능한 이유를 설명하라.

K = 19, 20, 21, 22일 때도 같은 방법으로 배열을 구하고 가능 여부를 판단하여라.

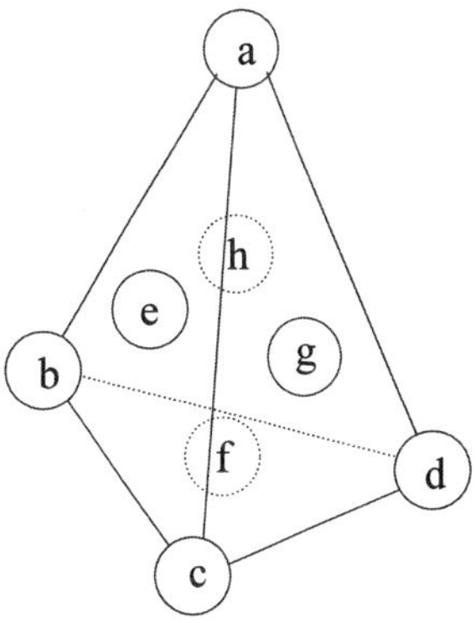

풀이 각 면의 합이 같지 않다.

따라서 K = 18인 경우는 문제에 알맞은 수의 배열이 없다.

부 록

HIKIMI
PUZZLE
ひとりぼっち

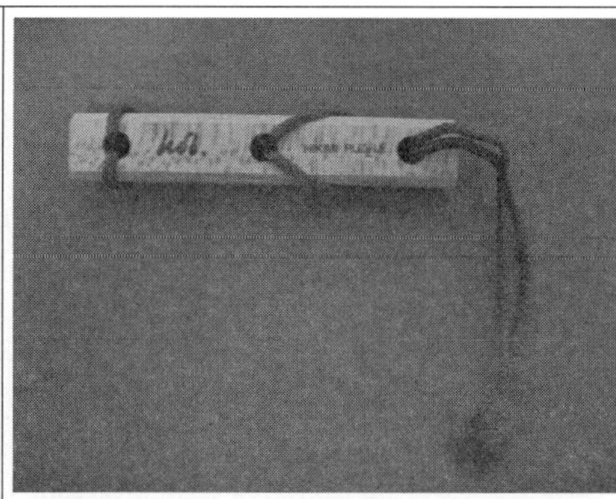

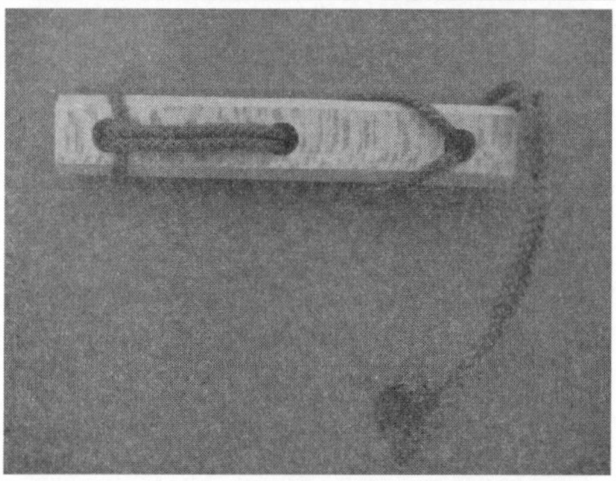

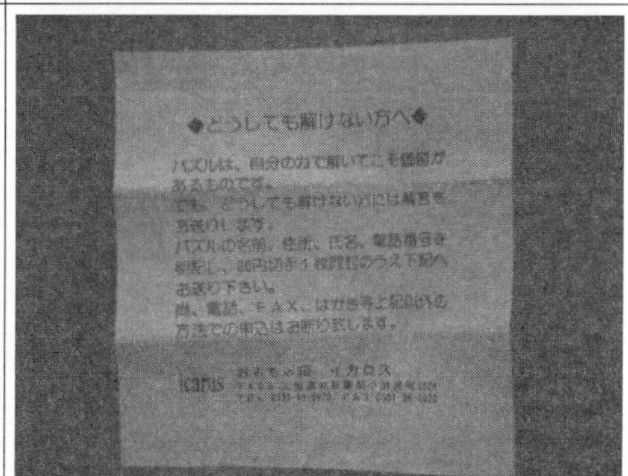
◆どうしても解けない方へ◆
パズルは、自分の力で解いてこそ価値が
あるものです。
icarus
イカロス

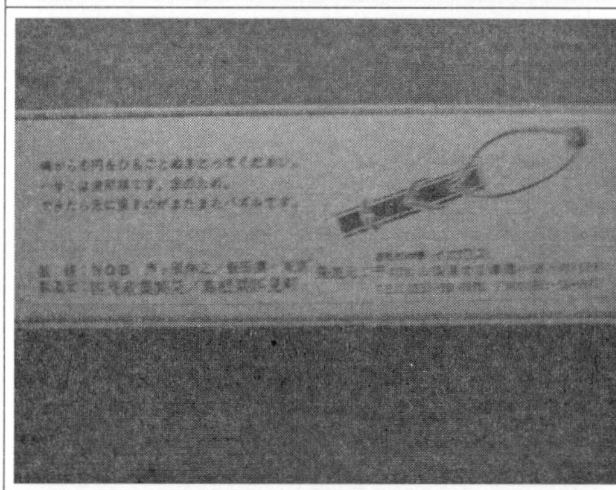

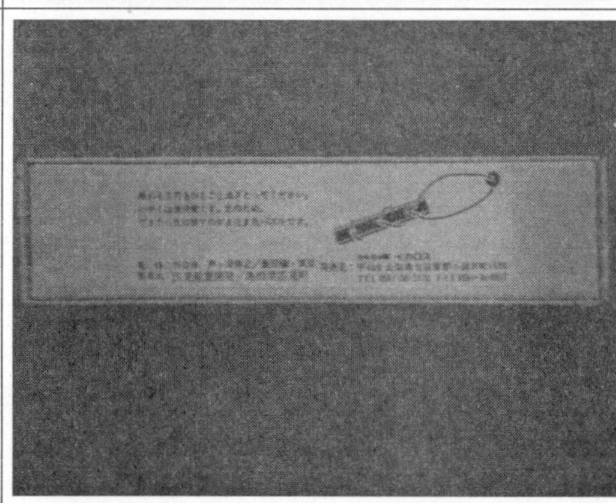

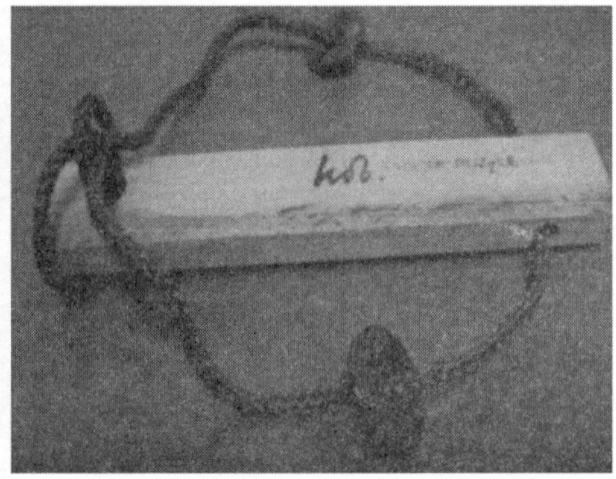

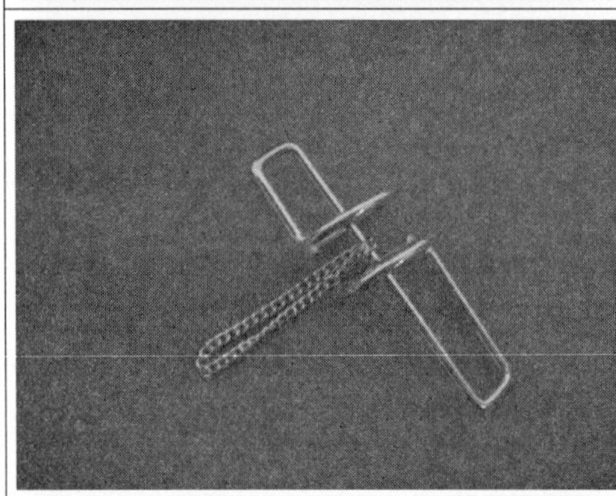

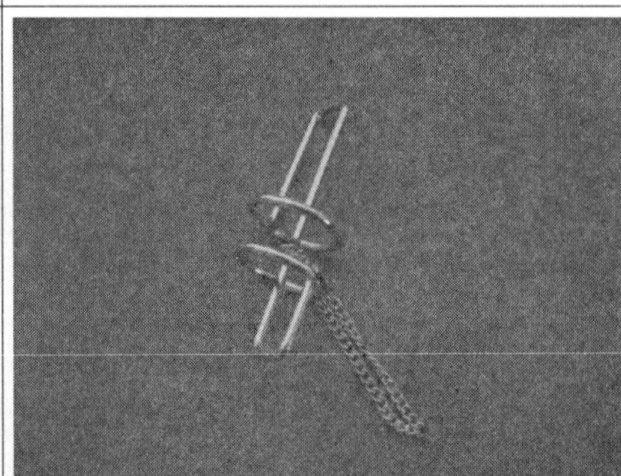

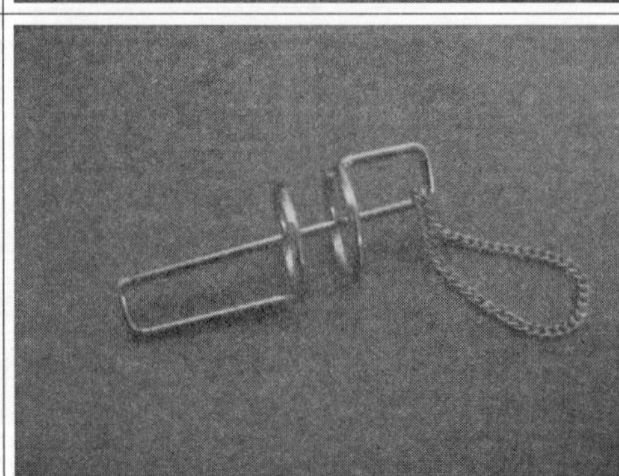

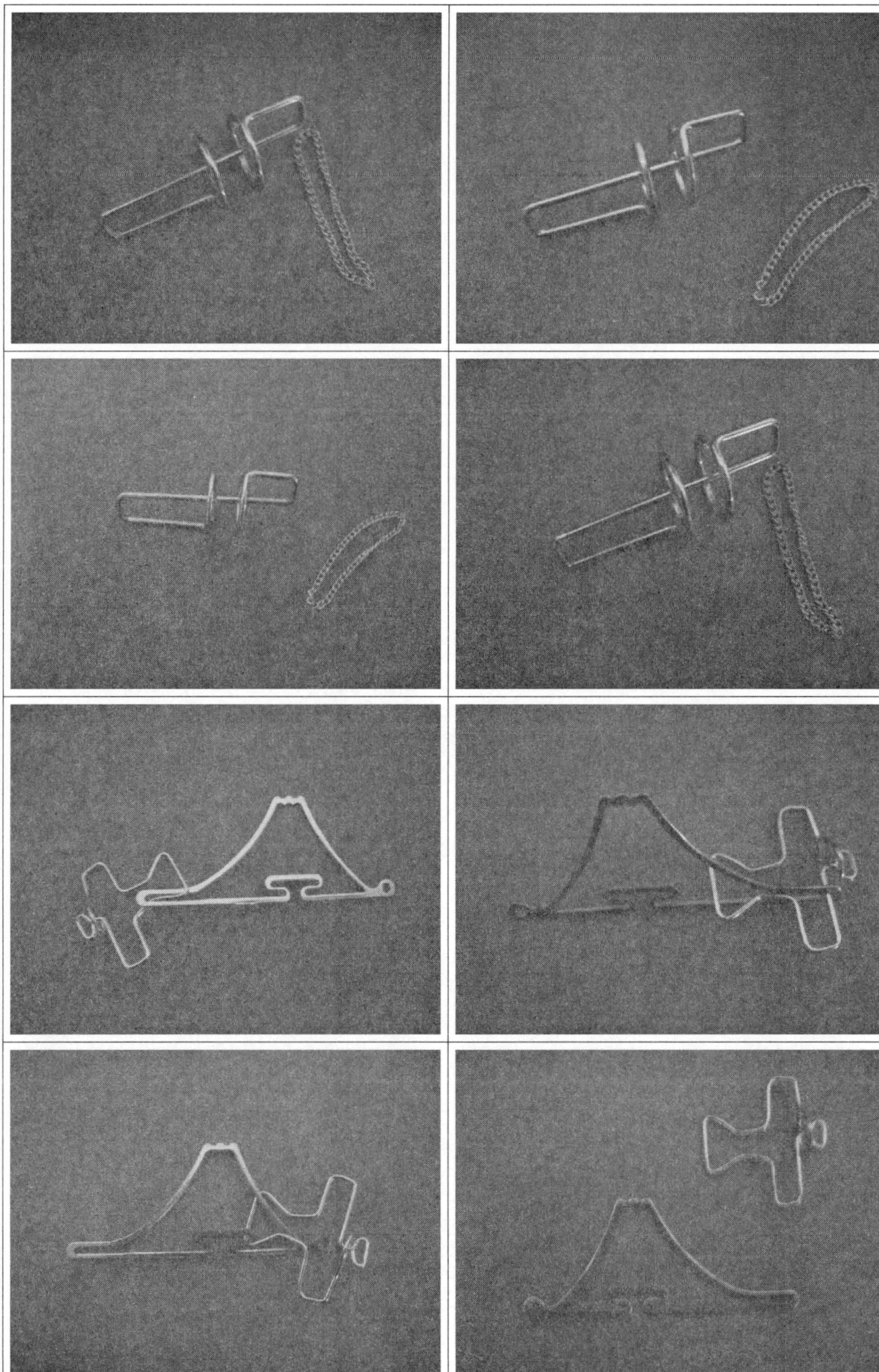

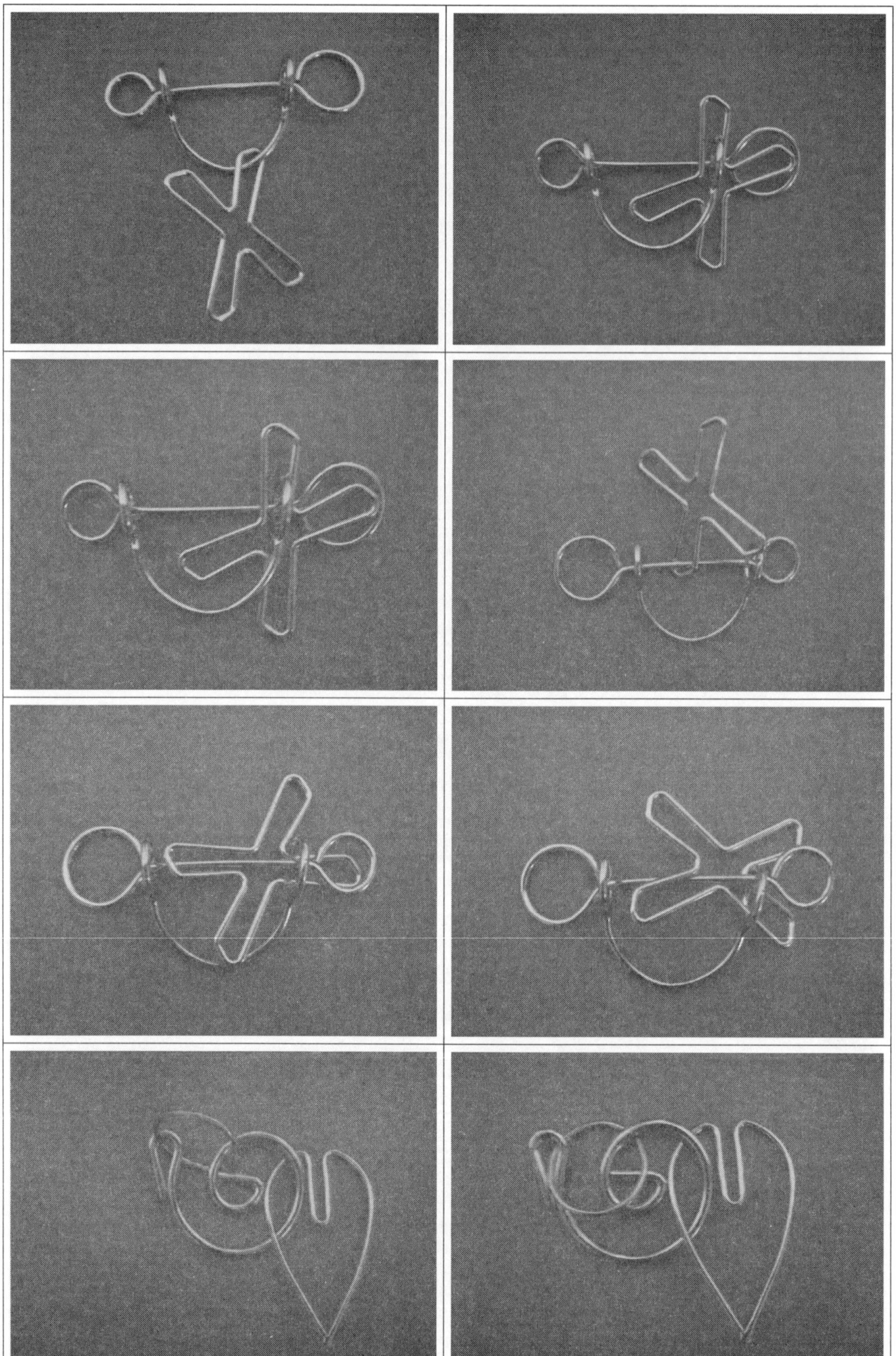

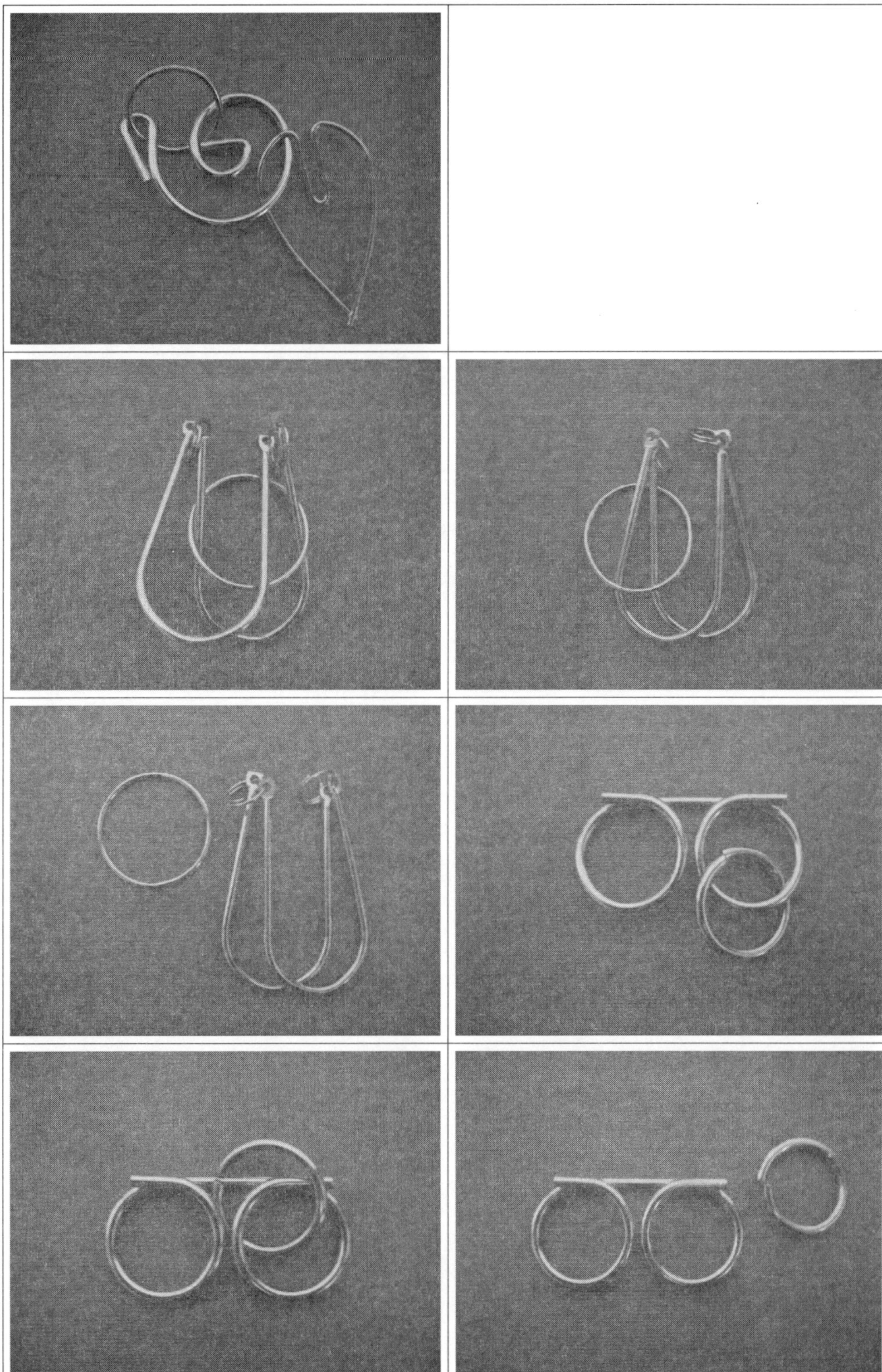

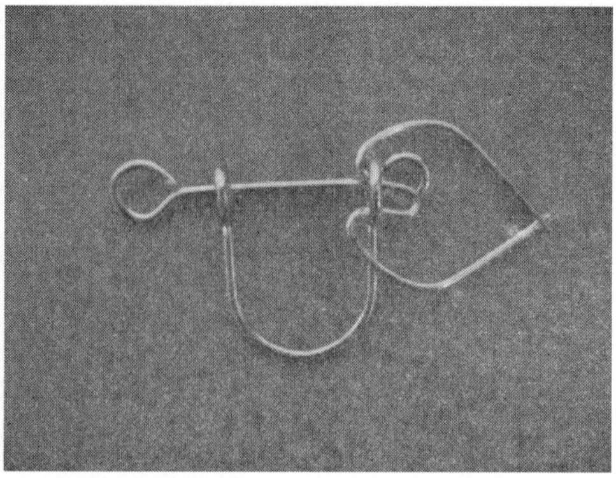

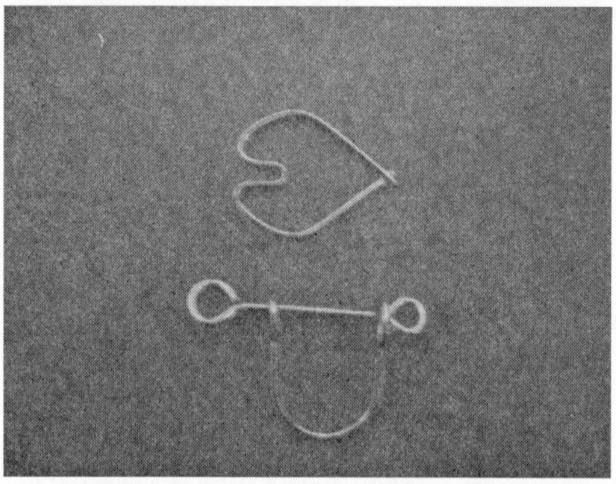

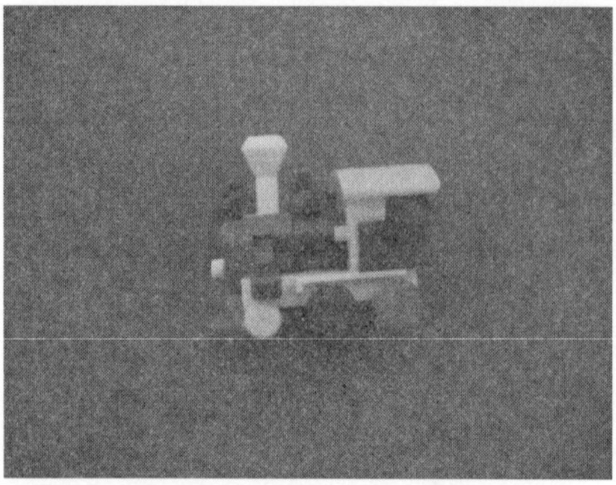

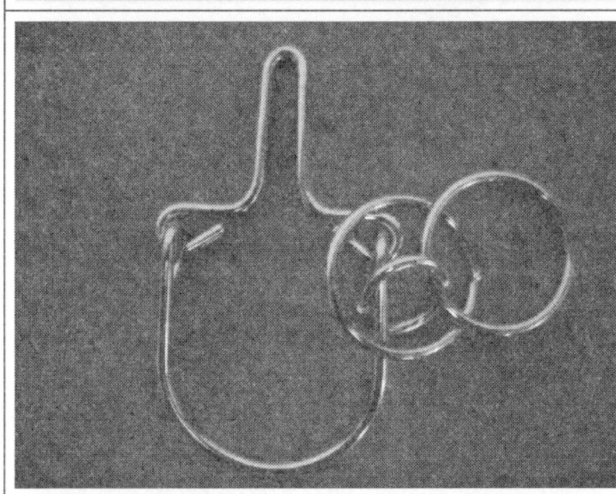
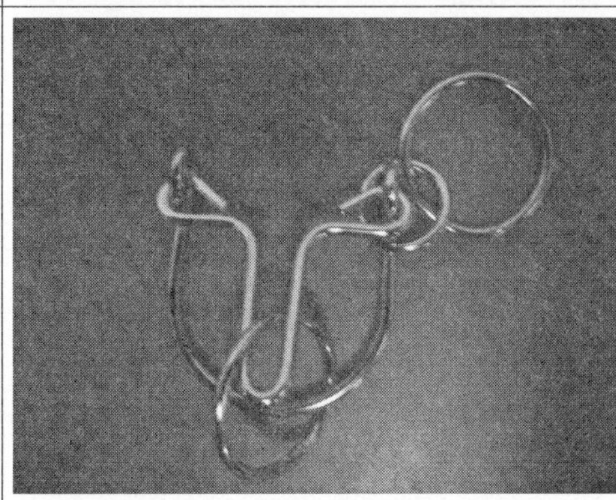
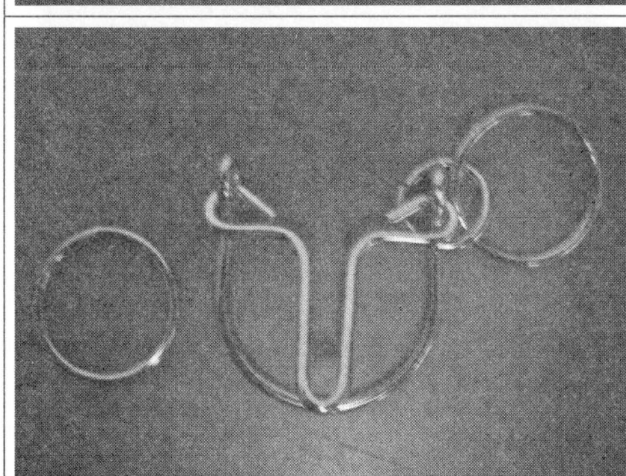
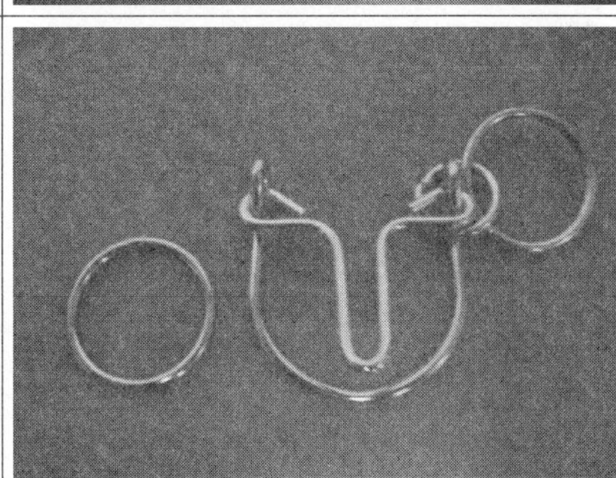

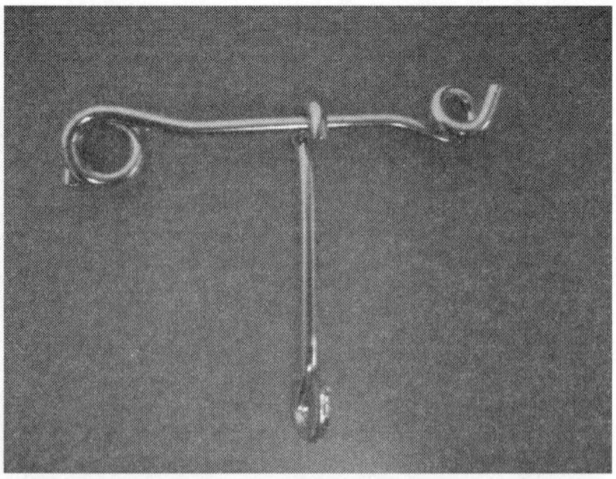
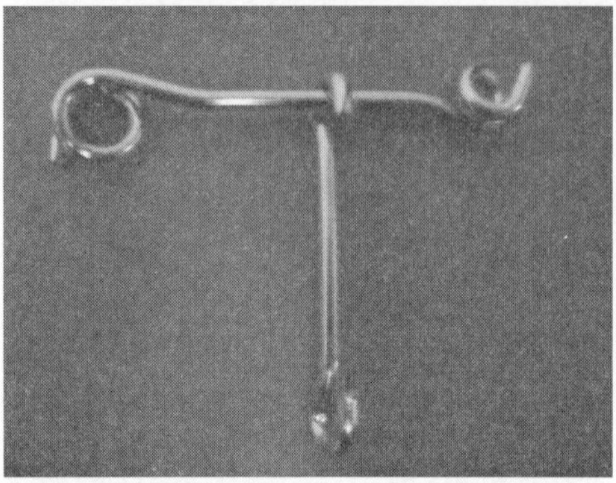
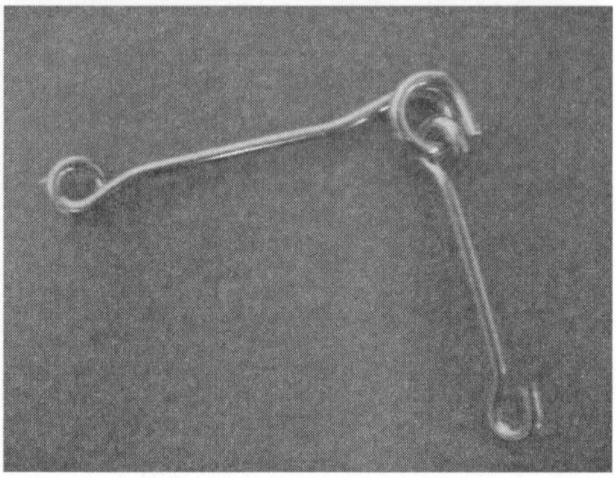
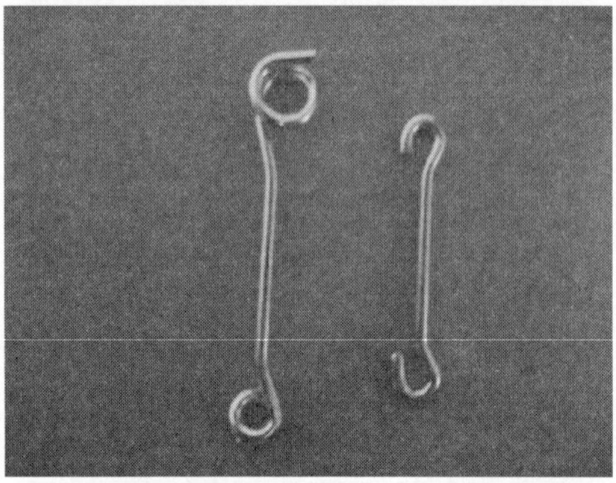

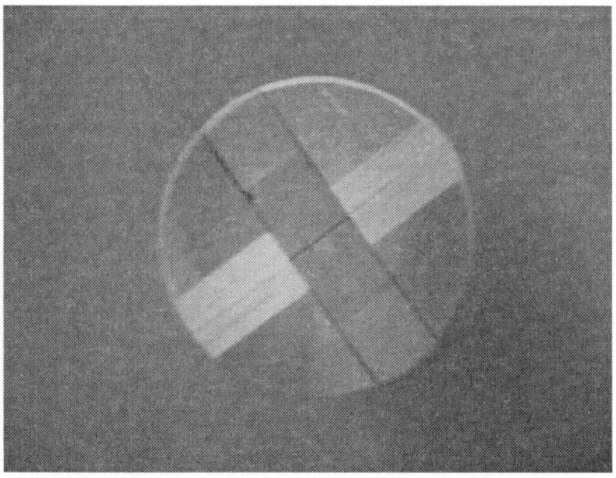

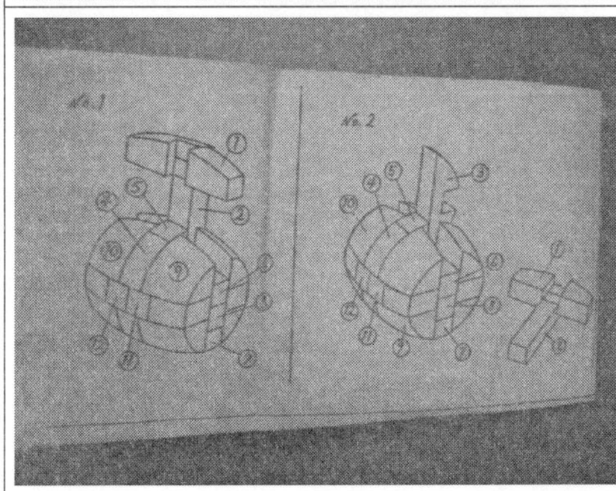
No.1
No.2

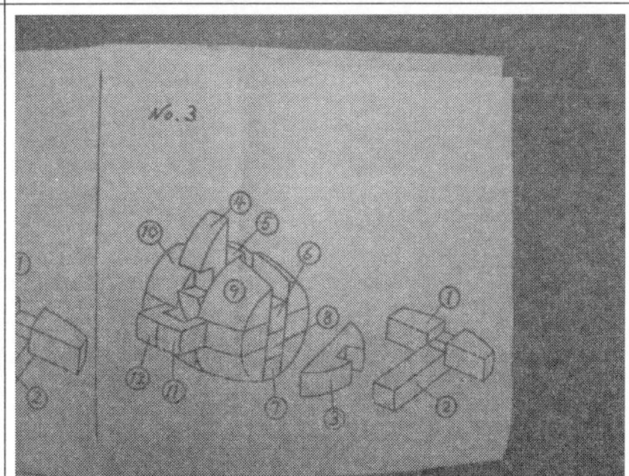
No.3

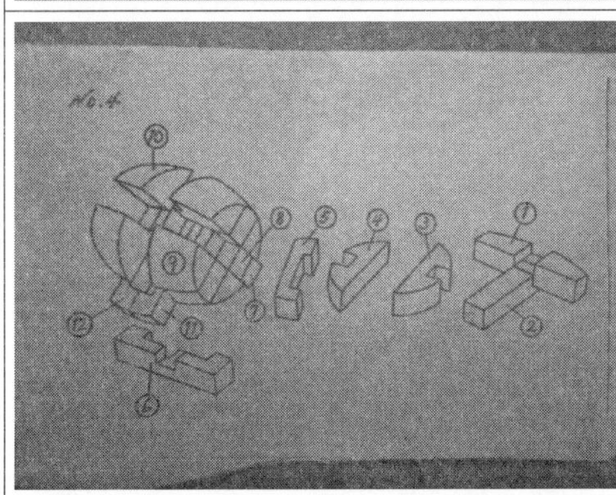
No.4

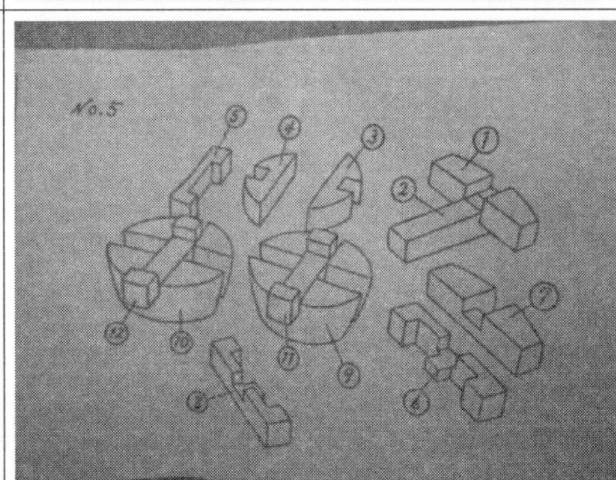
No.5

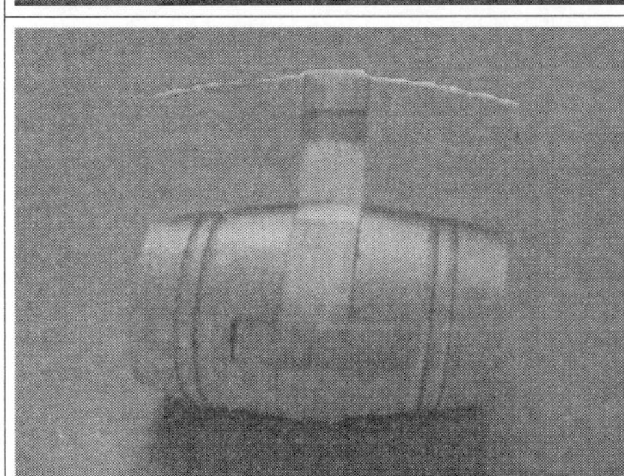

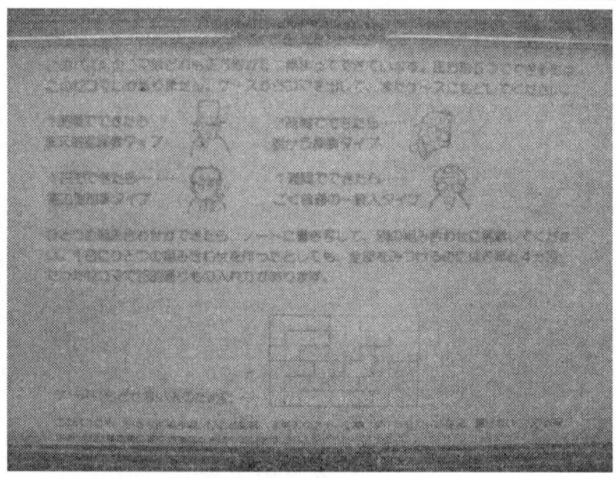

好敵手登場

Täfelchen-Lege-Spiel
Fröbel

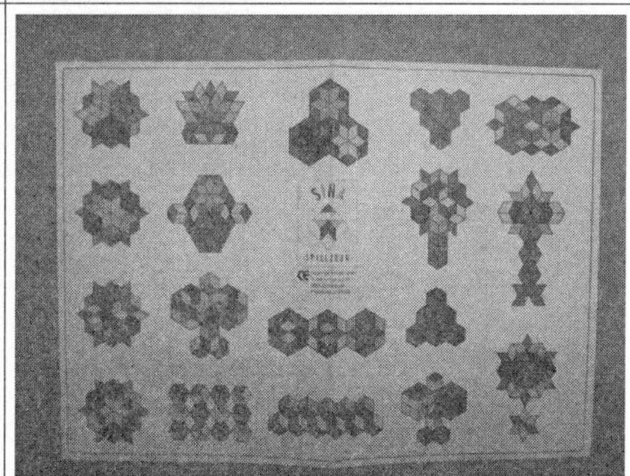

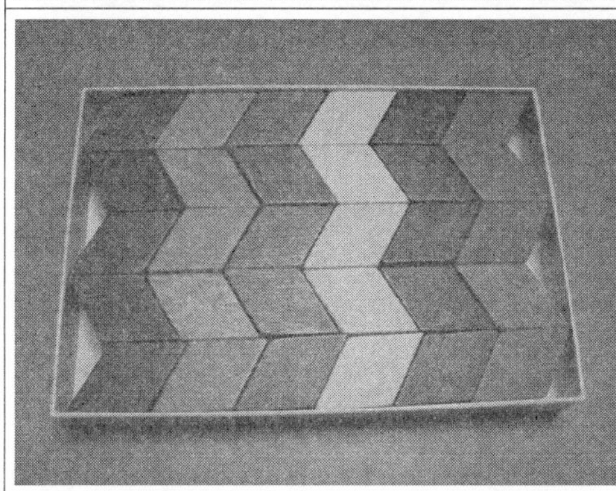

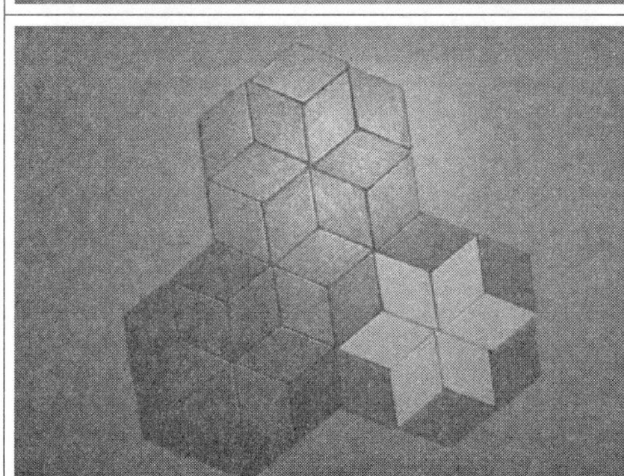

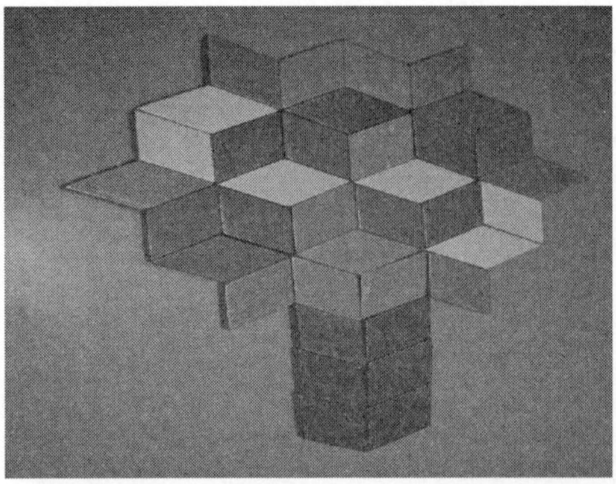

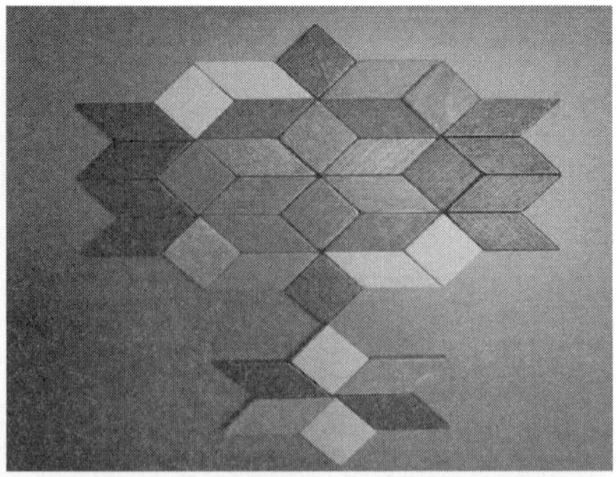

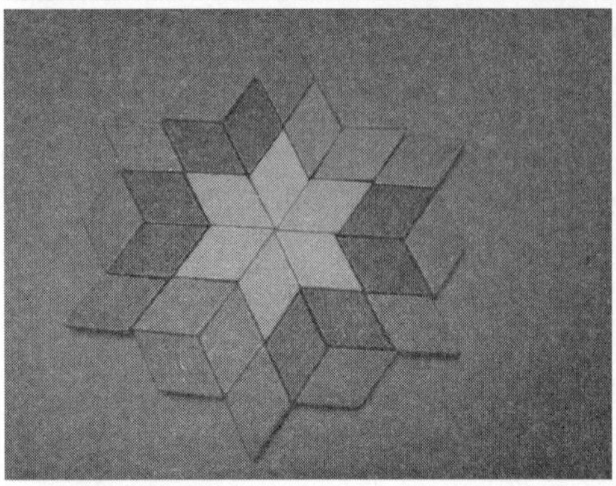

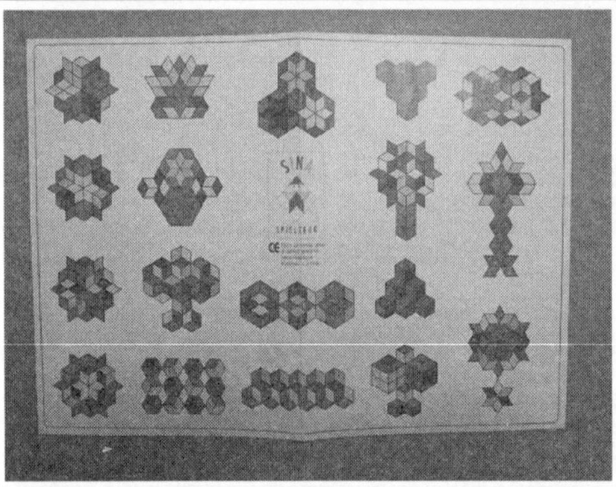

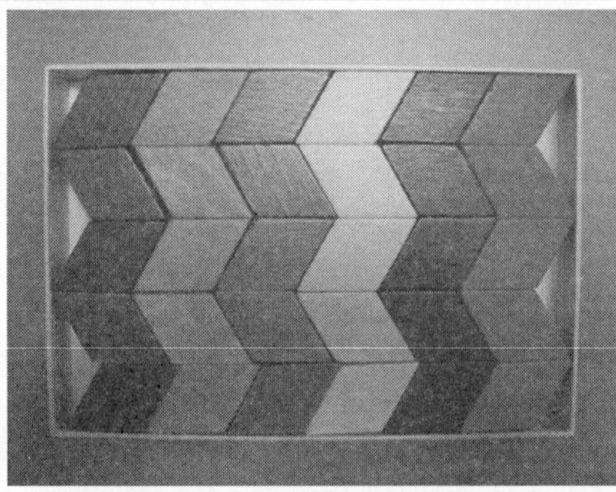

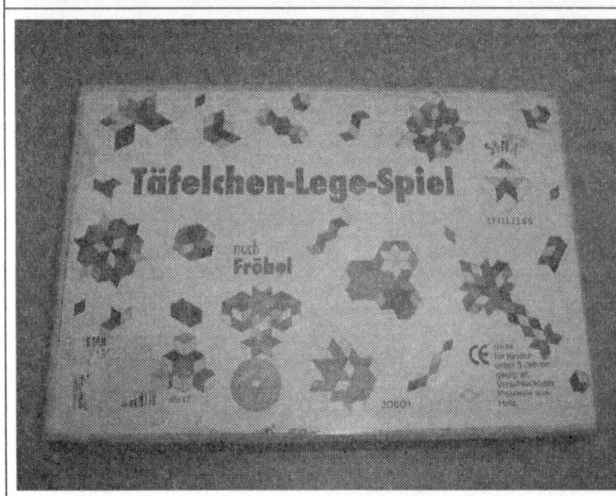
Täfelchen-Lege-Spiel
nach
Fröbel

요술달걀

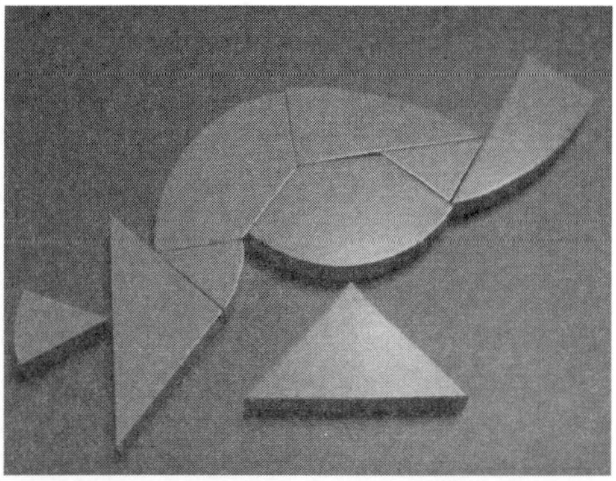

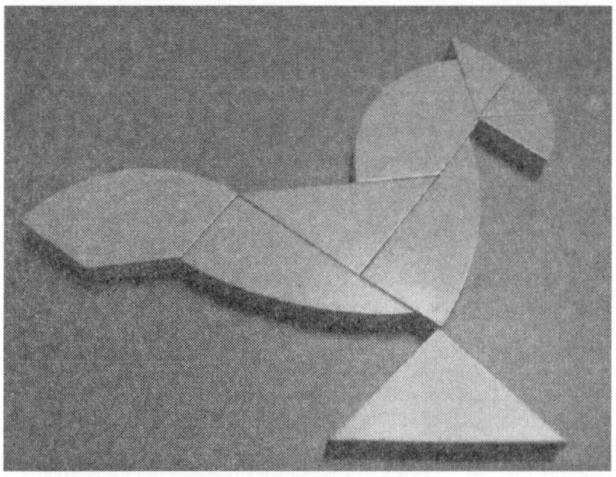

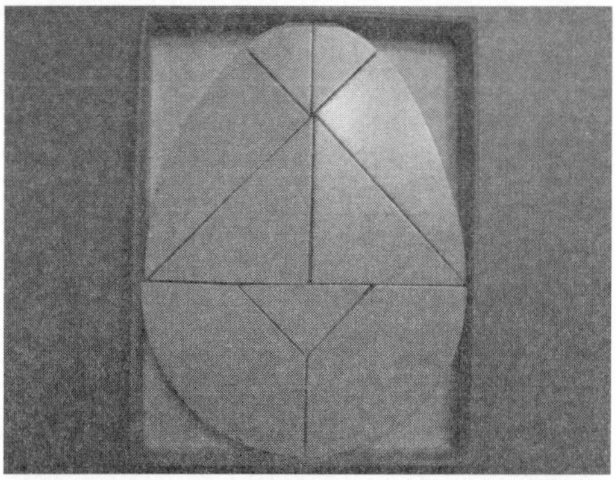

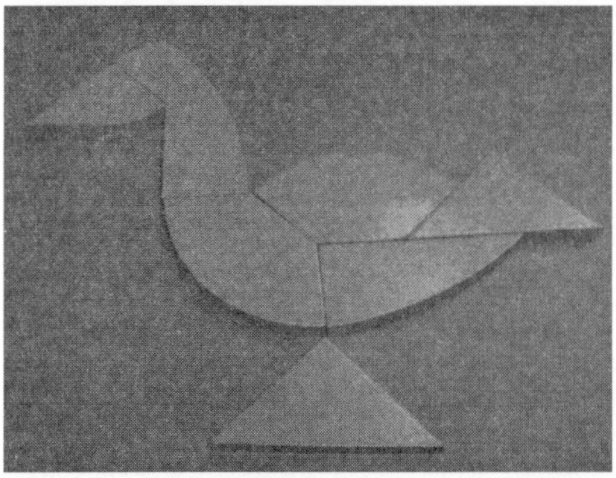

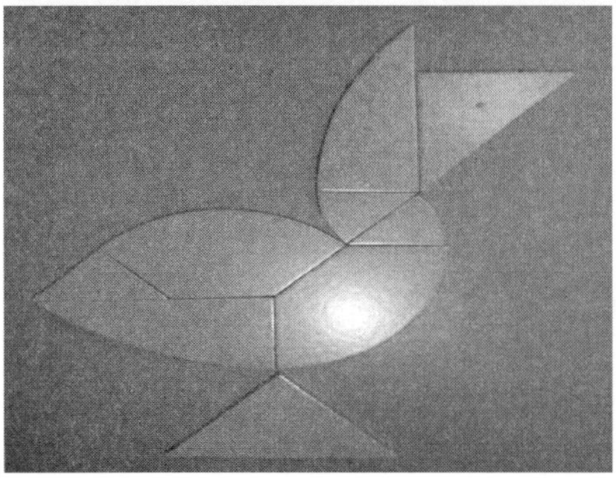

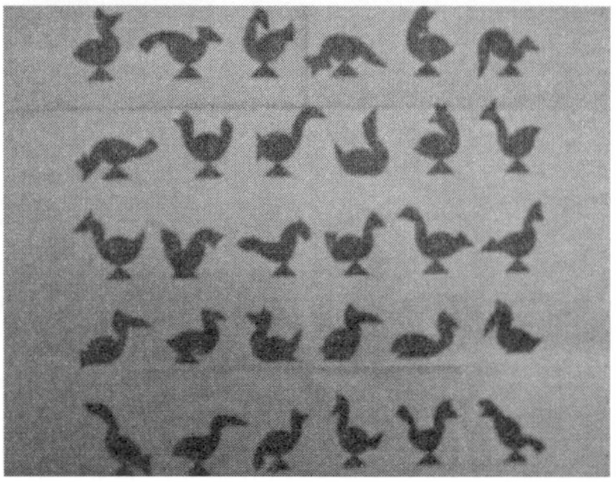

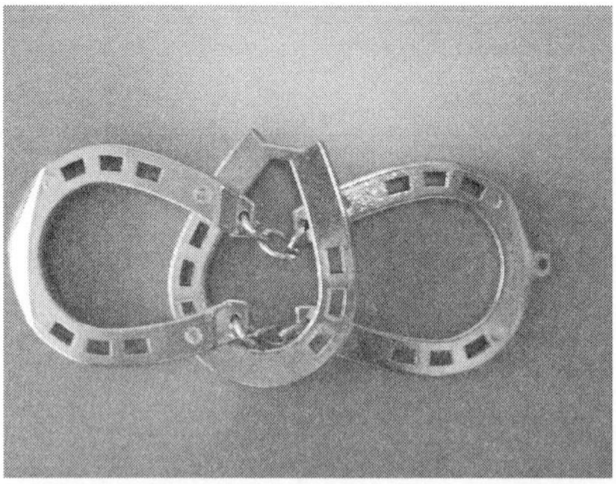

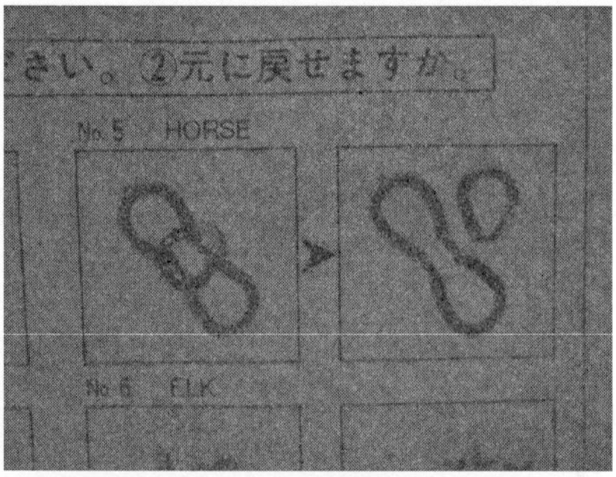
さい。②元に戻せますか。
No. 5 HORSE
No. 6 ELK

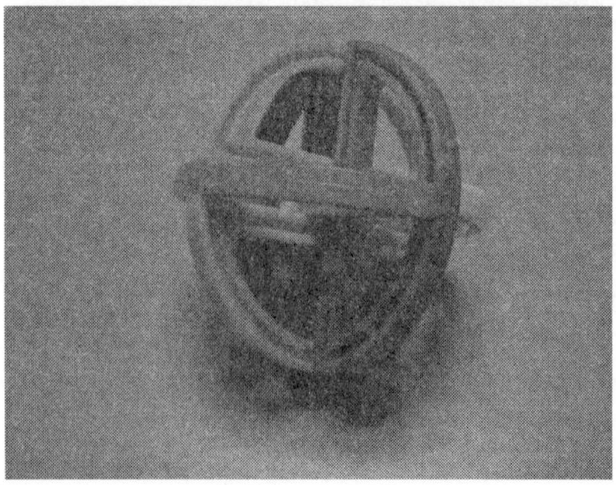

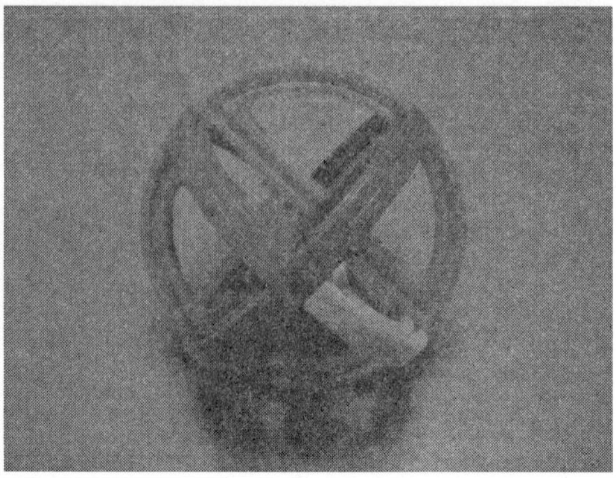

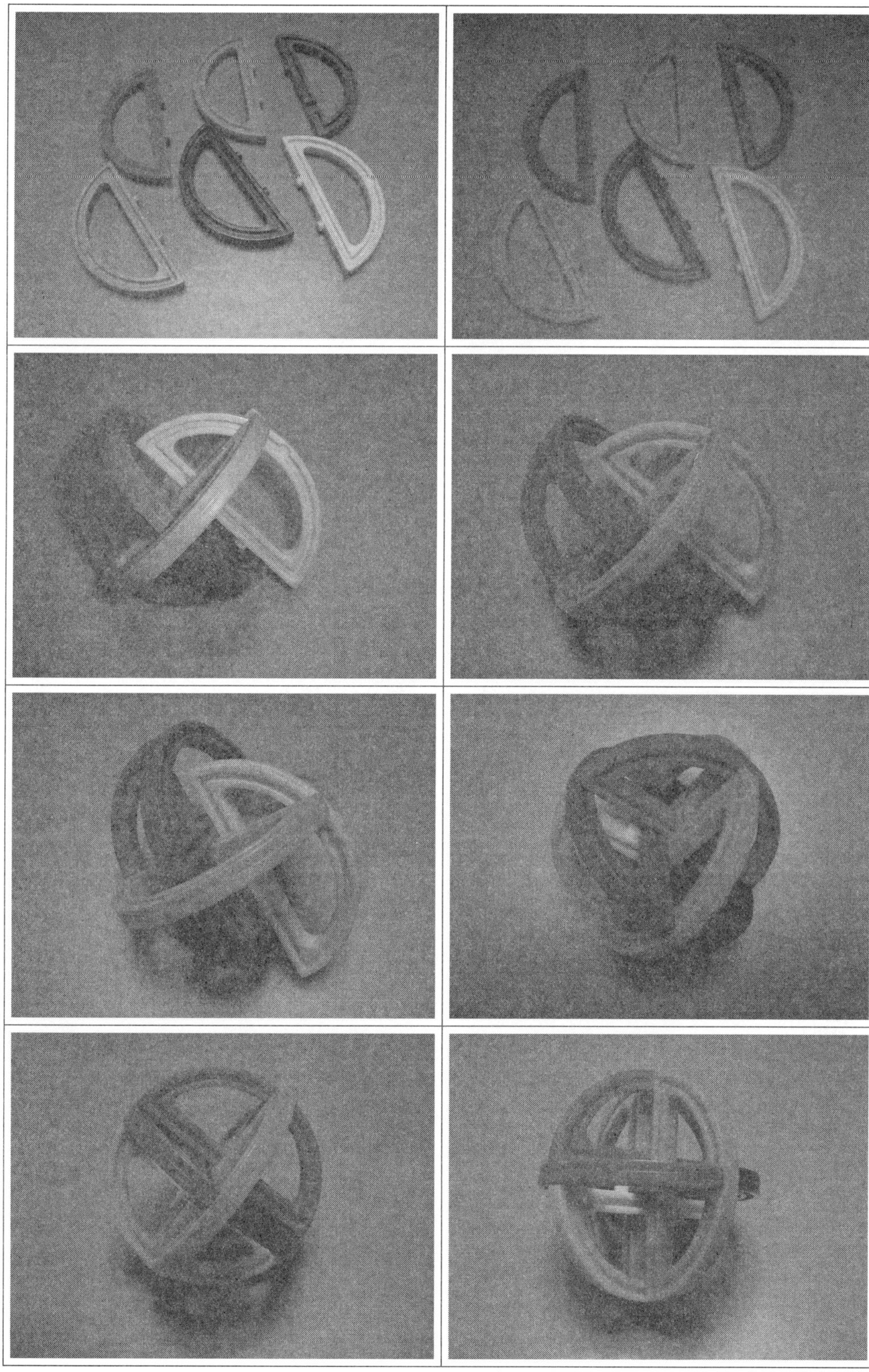

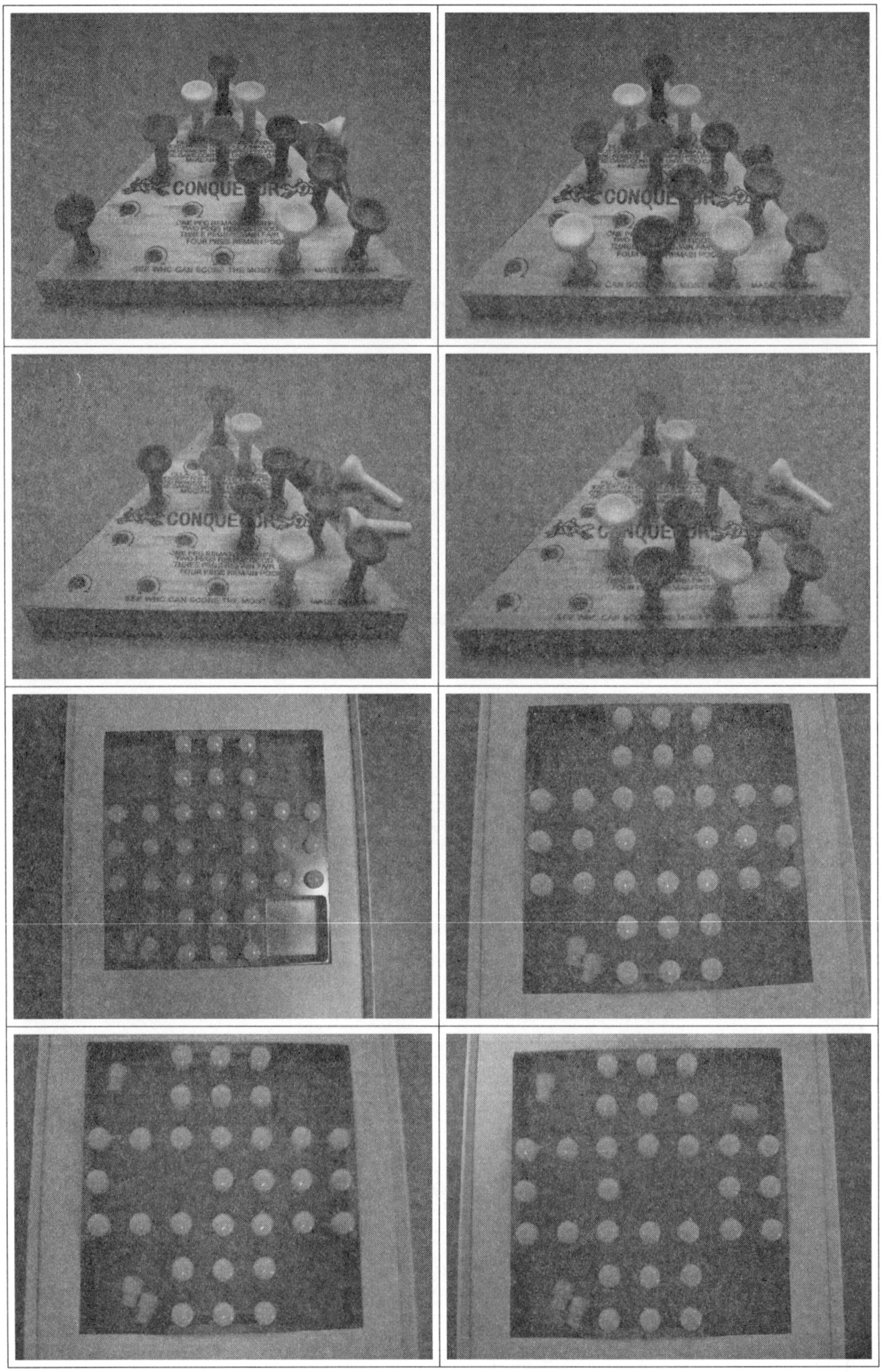

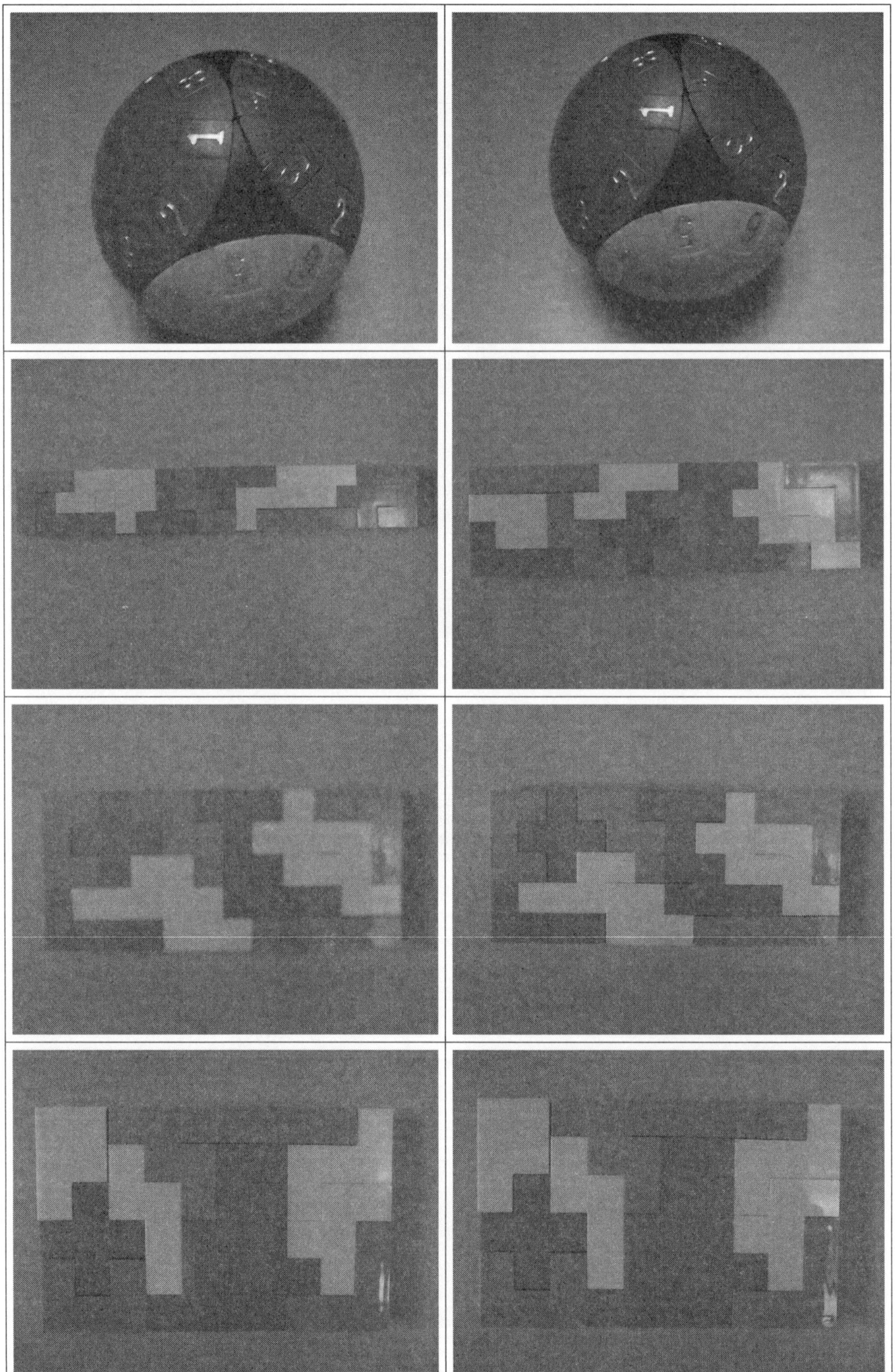

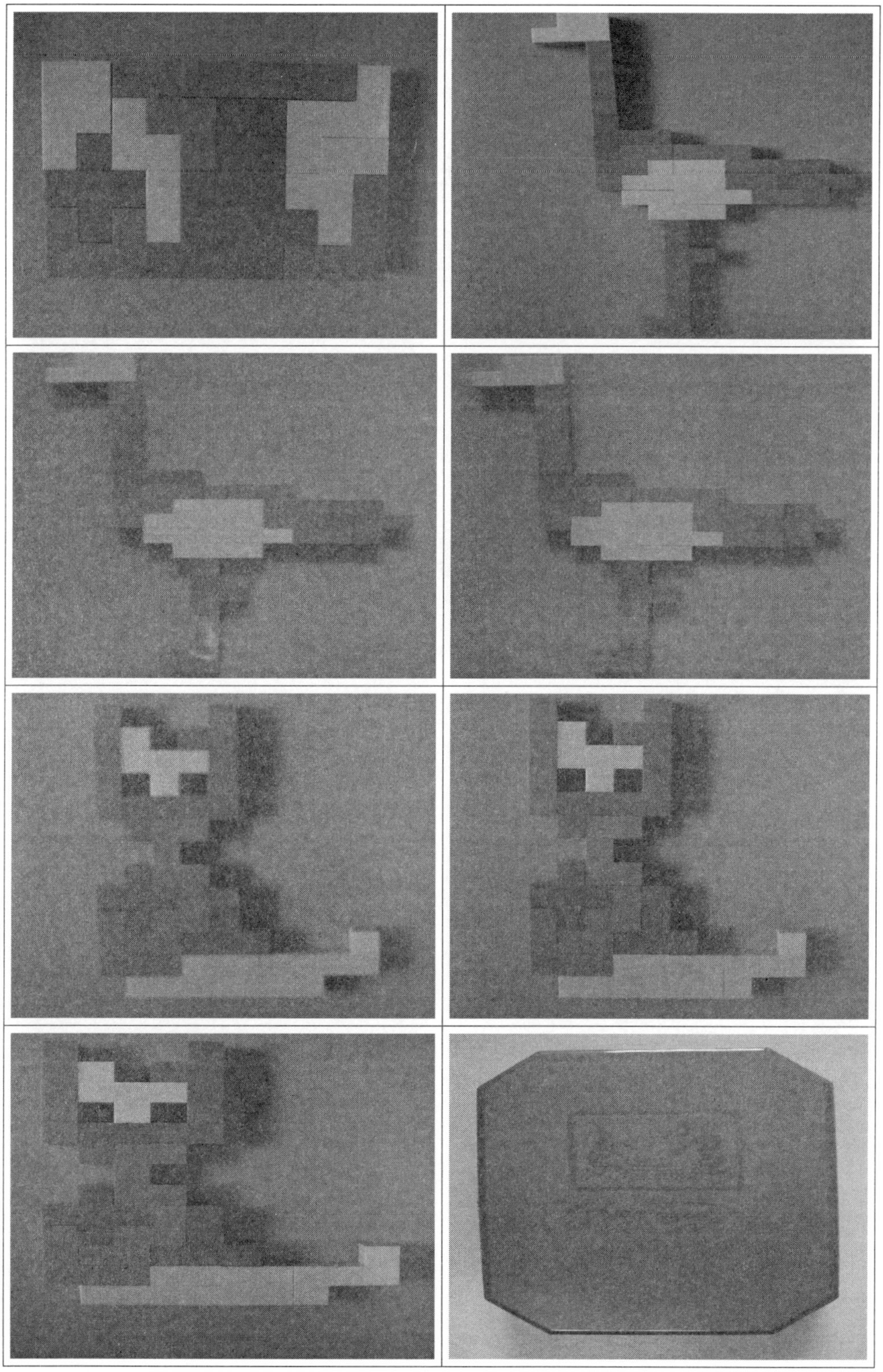

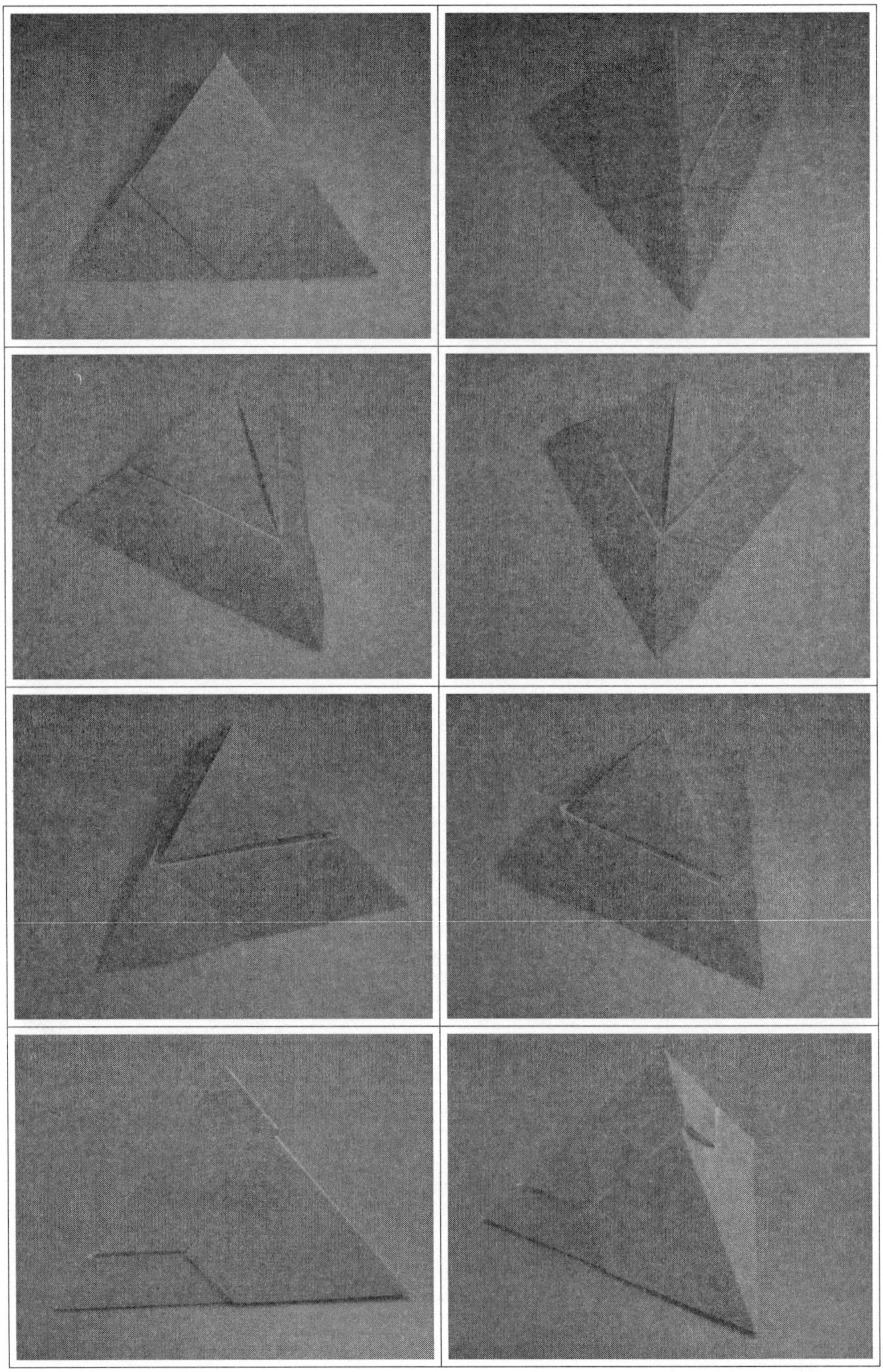

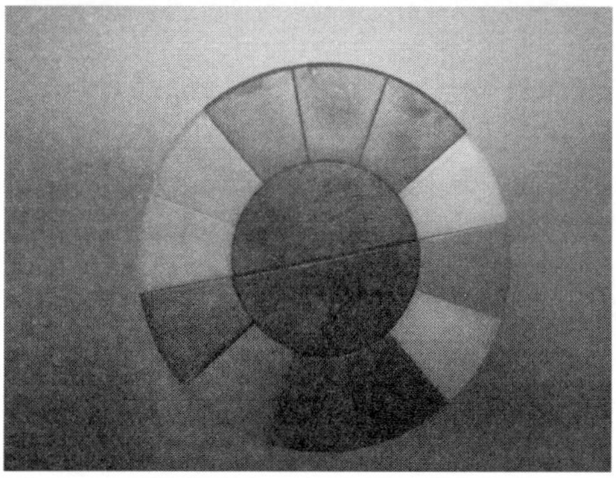

참고사이트

1. 수리퍼즐카페 http://cafe.daum.net/emathpuzzle
2. 수학클럽카페 http://cafe.naver.com/mathclub.cafe
3. 창의iN카페 http://cafe.naver.com/crin.cafe
4. http://www.jouhnrausch.com
5. 소마큐브 http://www.highland.madison.K12.il.us/jbusden/somacube/default.html
6. 다양한 수준의 퍼즐문제 http://helmet.stetson.edu/~efriedma/
7. 정다면체, 준정다면체의 전개도, 다면체의 성질 http://www.korthalsaltes.com/
8. 마방진 http://myhome.netsgo.com/dairyong/index.htm
9. 여러가지 퍼즐 다운 http://math.exeter.edu/rparris/winarc.html
10. 인제대학교 창의력교육센터 http://ecc.inje.ac.kr
11. 생각하는 수학 시리즈⑱, 퍼즐을 이용한 창의성 신장Ⅱ, 경문사(2007)
12. 김향숙저, 하루 10분 즐거운 창의력 교과서, 살림Friends(2009)

12 생각하는 수학

퍼즐을 이용한

창의성 신장 I 제2판

지은이 김향숙 · 박진석 · 방승진 · 도석수 · 김영미
펴낸이 박문규
펴낸곳 KM 경문사
펴낸날 2006년 6월 30일 1판 1쇄
2009년 10월 10일 2판 1쇄
등 록 1979년 11월 9일 제9-9호
주 소 121-818, 서울특별시 마포구 동교동 184-17
전 화 (02)332-2004 팩스 (02)336-5193
이메일 kms2004@kyungmoon.com

값 16,000원

ISBN 978-89-6105-230-6
ISBN 89-7282-735-5(세트)